新版
基礎有機化学実験
その操作と心得

畑　　一夫
渡辺健一
共　著

丸善出版

序

　畑，渡辺両博士共著の基礎有機化学実験がその初版刊行以来異色ある内容のため広く用いられつゝあったことは周知であるが，その後満十年を経て今回その改訂版が上梓せられることになったのは学界のため慶賀に堪えない．

　十年という年月は人生に取っては決して短いとは云われないが，化学のようにその進展が目まぐるしいまでに迅速な学問に取ってはその進歩の道標をきざむとして十年では明かに長すぎる．しかし著者の両博士が現下大学科学教育問題山積の内にあって身辺多忙を極むる際，努力を払ってこの新訂を敢行せられたことには敬意を表しなければならない．

　私は本書初版が世に出た 1957 年の当時東京都立大学総長の職にあった関係上，本書に序文を求められ，その巻頭に拙文を載せさせて貰った因縁により，今回またまたこの新訂本にも序文をと著者から要請があった．しかし最早老骨の出る幕ではないことを自覚して一応辞退したものゝ翻意して再び序文に筆を執ることゝしたのは著者と新版発刊の慶びを頒ちたい懐いからである．

　さて有機化学の近年の進展はその電子理論もさることながら，生化学との関連に於て構造論，反応論にも日新の進歩のあとが見られつゝある．しかし研究，教育両面に於てその基礎としての実験法の重要さはいつに変らぬものであり，この方面の手引書も決して従来乏しいとはいえないが，本書がこれら良書の内にあって殊にその特色を発揮して群を抜いている点も多々あると思う．

　先ずその第一は文章であって，まことに読み易く理解し易いくだけた文体で，科学書にありがちの生硬さは全くない．第二に各項の説明は痒ゆいところに手の届くような親切極わまるものであり，第三に挿図が豊富で，その 130 に及ぶ各図は精細美麗であることは全巻に亘っての感じである．

内容は 12 章に別かたれているが，これを大別すれば第 1 章から第 8 章に及ぶ総論的部分，第 7 章と第 8 章とは本書の本命である有機実験の手引の部分，第 9 章から第 12 章はいくぶん附録的ではあるが，こゝには化学研究者として心得べき諸条項，即ち文献のこと，術語のこと，記録のことなどまで実に親切周到を極めた記載がある．

　以上述べたような行き届いた記載が各章に盛られながら簡潔を忘れず全巻の頁数が約 250 に纒められている点など，学生を初め，研究者が座右本として各自所有するのに最も手ごろの書物として敢えて学界に薦める次第である．

1968 年 3 月

柴 田 雄 次

はしがき

　本書の初版が世に出てすでに十年を経た．本書は，はじめて有機化学実験を行なうにあたり，"いつ，だれが，どこで，どのような実験をする場合にも，まずどうすればよいか"という第一段階の手引きとして，十分に役立つ新しい必携書であることを願って書いたものである．この性格は今回の改訂でも全く変わっていない．実験の内容とそのやり方は指導者によって考え方と方針があろうから，実情に適した独自のものが検討されるのがよい．

　従来，一般の内外実験書では，内容の一部分として実験の心得と操作法その他の注意が適宜に編入されており，大学で行なわれる練習実験にあたっても，最初にこのような問題についての指導が与えられている．実際には，大学の課程では実験時間がきりつめられ，加えて学生諸君の実験経験が乏しくなっているため，実験とくに有機化学実験の基礎的な知識，技術，考え方および危険防止の導きが従来以上に要求されている．ところが，貴重な実験時間を多くさいてそれに当てることもできず，学生諸君も実験操作法，文献調査法および安全に関する部厚い書物などを，自分で別々に詳しく調べる暇も少ない．学生数の増加に伴い，何事も指導者に接触してそのコツなどを豊富に身につける恵まれた余裕も乏しいのが実情であろう．本書はこれらの事情を考慮して，なるべく自学自習で有機実験の基礎を身につけ，安全な実験のコツを覚えることに重点を置いている．

　このような立場から，本書は単に化学専攻者のためだけでなく，広く工業有機化学，生化学，薬学，農芸化学，医化学などの諸分野にわたって共通の基礎を与えるものである．さらに，大学，短期大学だけでなく，工業高等専門学校や工業高等学校な

どでも，親しみやすい参考書として最適であろうし，研究所や会社に新しく入られた若い研究員の方々にも，有益なコンサルタントとなることは，初版以来の実績で明らかにされた．現在の高校，中学では，有機化学の授業と実験が比較的少ないが，理科担任の先生方は本書を手引きに，危険感を去って，各種の有機化学的実験をとり入れた指導をしていただきたいと願っている．

　初版以来，このような広い範囲の要望を満たしてきた本書は，多くの読者の批判を容れ要求に応えて，このたび全面的に内容を一新することになった．実験に関するあらゆる問題の考え方と方法を身につけるという立場に徹底すると，その扱い方と主張が従来の実験書のたぐいとは根本的に変わってくる．第一に浮かび上ってくるのが人命の尊重である．今後の科学教育は，安全性を別にした技術や理論だけのつめこみを事としてはならないと信ずるからである．したがって"危険の防止，事故の対策"の項だけに限らず，本書のいたるところにこの立場があらわれる．第二に，本書のバックボーンとして"実験の考え方と進め方"について，はっきりと"実験の手法"ということを掲げ，単に便利な手引き書から一歩前進しようとした．さらに，利用価値のある小量実験の考え方と方法の問題を充実させた．これは，入門者にとっては一つのガイダンスであり，熟練者，指導者にとっては一つの批判となるであろう．第三に，実験器材の問題を実験の基本操作から独立させ，器具のデパートとして注意を喚起した点にある．一つの実験器具は一つの実験操作にだけ使われるとは限らないからである．第四に，参考書や文献などの手引きをすると共に，記録と報告のアドバイスをしている点である．練習実験は研究に通ずるという理念から，実際に役立つものである．第五に，主として有機化学で使われる略語と略記号，単位と符号などを，初心者に見やすいように編集して使用者の便に供した．

　以上を総括してみると，"ユニーク"ということばが浮かぶが，著者の意図するところを御理解いただいた読者の御支援と御叱正があればこそ，ここに改訂版が生れたものと，感謝にたえない．今後も御批判をいただいて，いっそうの良書にしたいと願っている．

　終りに，本書の出版に御尽力いただいた野原　剛君に厚く感謝する．

　　昭和43年3月

　　　　　　　　　　　　　　　　　　　　　　　　　　著　　　者

目　　次

1. はじめて有機化学実験を行なう人のために ……………… 1
2. 実験にのぞむ一般の注意 ……………………………… 4
3. 危険防止のための注意 ………………………………… 9
4. 実験器材のはなし ……………………………………… 16
   - 4・1　実験器具のガラス ……………………………… 16
   - 4・2　いろいろの器具と用法 ………………………… 19
   - 4・3　器具の値段 …………………………………… 58
5. 実験の基本操作 ………………………………………… 60
   - 5・1　ガラス類の取扱い …………………………… 60
   - 5・2　簡単なガラス細工 …………………………… 66
   - 5・3　栓の扱い方 …………………………………… 72
   - 5・4　実験装置の組みたて方 ……………………… 76
   - 5・5　加　　熱 ……………………………………… 77
   - 5・6　冷　　却 ……………………………………… 85
   - 5・7　かきまぜ，振りまぜ ………………………… 87
   - 5・8　ろ　　過 ……………………………………… 89
   - 5・9　抽　　出 ……………………………………… 96
   - 5・10　蒸　　留 ……………………………………… 99
   - 5・11　減圧蒸留，真空蒸留 ………………………… 106
   - 5・12　水蒸気蒸留 …………………………………… 111
   - 5・13　溶解と溶媒 …………………………………… 115

  5・14 蒸　　　発……………………………………………119
  5・15 再　結　晶……………………………………………120
  5・16 昇　　　華……………………………………………126
  5・17 乾　　　燥……………………………………………127
  5・18 融点の測定……………………………………………134
  5・19 クロマトグラフィー…………………………………142
  5・20 気体物質の取扱い……………………………………146

6.　試薬の常識……………………………………………………149
  6・1 試薬の品質と扱い方…………………………………149
  6・2 危険な試薬……………………………………………154
  6・3 酸とアルカリの濃度…………………………………159

7.　有機化学実験の考え方と進め方………………………………162
  7・1 有機化学実験ではどんなことをするか……………162
  7・2 有機実験の考え方……………………………………165
  7・3 有機実験の進め方……………………………………169
  7・4 有機化学反応の方法…………………………………172
  7・5 合成実験の道すじ……………………………………182
  7・6 分離と確認の要領……………………………………186

8.　大量と小量のはなし……………………………………………190
  8・1 大量と小量の実験……………………………………190
  8・2 小量法はなぜ必要か…………………………………191
  8・3 少量・微量物質の取扱い……………………………193
  8・4 小量実験の操作法……………………………………194
  8・5 合成実験例……………………………………………199

9.　化学文献活用の手引き…………………………………………201
  9・1 化学文献と学術書を活用しよう……………………202
  9・2 単行学術書……………………………………………204

9・3　定期刊行学術雑誌 ………………………………………… 207
　9・4　辞典とハンドブック ………………………………………… 212
　9・5　Beilsteins Handbuch および Chemical Abstracts の使い方 ……… 215

10. 化学の術語と略記号 ……………………………………………… 226
　10・1　化学の術語を知るには ……………………………………… 226
　10・2　化学文献・図書の略記法 …………………………………… 234

11. 実験の記録と報告 ………………………………………………… 236
　11・1　見過されている Writing の問題 …………………………… 236
　11・2　記録と報告の意味 …………………………………………… 237
　11・3　実験ノートの書き方 ………………………………………… 238
　11・4　実験報告の書き方 …………………………………………… 240
　11・5　犯しやすいあやまち ………………………………………… 242

12. 実験の事故と対策 ………………………………………………… 244
　12・1　火　　災 ……………………………………………………… 244
　12・2　薬　　害 ……………………………………………………… 248
　12・3　爆　　発 ……………………………………………………… 252
　12・4　傷　　害 ……………………………………………………… 254

索　引　器材索引 ……………………………………………………… 257
　　　　事項索引 ……………………………………………………… 262
　　　　表の索引 ……………………………………………………… 266

1 はじめて有機化学実験を行なう人のために

　人類がはじめて人間としての立場を確立して独立できた大きな原因は，道具を使うことを覚えたことである．＜道具の使用＞とは，別のことばでいうと一つの基礎技術である．つぎにこれに劣らぬ画期的発見は＜火の使用＞である．道具の使用が物理的発見なら，火の使用は化学的発見であり，この二つは人間文化の基礎技術として限りない偉力を発揮した．こうして長い原始文明の時代を経て，偉大な生産技術としての＜農業技術＞が人類のものとなった．そしてこれらの諸技術のうえに人類有史文化が開花発展することになった．

　いま有機化学実験を始めるにあたり，このことを思いうかべ，有機化学という高度に発達した一つの文化を習得するためには，まず第一に道具の使用，第二にいかに上手に火熱を利用するかをおぼえ，そして第三にこれらを武器として，ものを作りかえることを練習するのだと心得ていただきたい．有機実験に用いる多くの器具材料を手にして，その性質をのみこみ，十分に駆使できる知識と技術を身につける．ガスの炎，電熱などを危険なく使いこなして，上手に実験を進める．そして，多くの材料（薬品）から化合物を合成して新しい生産をすること，分解してその性質を調べることまで覚える．化学が実験を生命とする学問である以上，これらの基礎技術は有機実験の重要な基礎である．

　有機化学実験の注意の第一にこのようなことをいうわけは――実験をはじめてみるとよくわかると思うが――，基礎実験の中で，有機実験はどいろいろの器具を使いこなし加熱

1. はじめて有機化学実験を行なう人のために

と冷却の問題がデリケートであり，火による利益と思わぬ災害が多く，またせっせと物をつくらなければならない実験はないからである．実際，はじめて実験をする場合，器具の勝手がわからないのと，何だかこわそうな薬品を使うので，かたくなっておずおずとしたり，あるいは困惑している学生諸君のいるのも，決して不思議なことではない．けれども，注意して行ないさえすれば，間もなく平気でどんどんできるようになる．このような場合につまらぬ失敗をしたり，まわりみちや困惑をしないためにも本書を熟読していただきたい．本書には実験を行なうに当って，これだけは最低限度ぜひ心得ておかねばならない点を具体的に示したつもりである．

現代の有機化学は実に多くの新しい部門にわかれているが，有機化学実験の基礎は地味なものである．原子物理学の活躍している現在，有機化学の領域ではまだわからないことが多く，実験をしてみればなおさら非理論的で失望することさえもある．だからといって，めくら実験をしてはいけない．有機反応は単純でないので，理由のわからぬことが多いのもやむを得ない．さらに，有機実験をする目的をよく心得ていただきたい．有機化学の手段があまりに多岐にわたり，面倒なものも多いため，手段と目的とを混同しやすいからでもある．いわゆる蒸留や分析などの操作が上手になり，合成の収率をよくするだけでなく，ここからやがて実験の方法，考え方を自分で会得して，講義や本で学ぶ有機化学の理論と同じレールに乗り，思考と共に進むことに最終の目的がある．もし諸君がその本末をまちがえると，正しい実験ができなくなるばかりでなく，化学の本当の姿を見失うであろう．

化学の実験は講義より面白いとよくいわれる．とくに変化に富みスリルの伴う有機実験はたいへん面白い．しかし，もし諸君が与えられた仕事を，単にテキストに書いてあるとおり機械的に進める態度に終始するならば，おそらくしばらくやるうちに飽きてくるであろう．はじめの興味はうすらぎ，終りにはいやになるかもしれない．ここには〈Cook Book Chemistry〉はあっても，自己活動と創造の喜びはないからである．ひどいときは，自分で実験をしていながら，その意味や，扱っている物質の名称や構造式すら理解していないことがある．その逆に実験に頭を働かせて，学問としての自己活動をするよう努力するならば，馴れてくるにつれ，実験の興味は無限にわいてくるものである．これは実験操作法のコツでなくして，有機実験学習のコツである．すべての練習実験は，研究に通ずるものであり，常に研究的態度で臨むならば，その成果ははかり知れないものがあろう．

はじめは，与えられた処方（ダイレクション）に従って忠実に実験を行ない，反応状況

1. はじめて有機化学実験を行なう人のために

をよく観察すると共に，キチンと実験記録をとる．一つの実験をはじめから終りまで進めてゆくうちに，ダイレクションに書いてない場面で，頭を働かせ，自分の考えで処理しなければならないことがでてくる．実験を一つ行なったら，その反応と方法について勉強をする．その場合，参考書や諸文献を利用する必要を生ずる．最後に実験報告をつくる．ここで自分の実験の検討を十分に行なう．そして他人に読ませるわかりやすい文章を書かなくてはならない．まことにあたりまえのことばかりであるが，実はこのあたりまえのことが，割合におろそかにされがちなのである．なぜならば，ともするとそのダイレクションの記述通りにできたかどうか，収率はどうか，などということにあまりに注意を向けすぎるため，限られた能力と時間ではどうしてもそれだけに終る傾向になる．この本を読まれる諸君は，実験の常識や操作を覚えるだけでなく，もっと大きな総体的な点から有機化学実験の勉強をしていただけると思う．これらの問題については，7章の＜有機化学実験の考え方と進め方＞を熟読して実験にとりかかっていただきたい．

有機化学実験はその性格上多くの危険を伴う．火の使用による利益と危険のあることは，その特徴の一つとしてはじめにも述べたが，実験の災害は火災に限ったことではない．引火，爆発，火傷，傷害，中毒，そのほかさまざまの突発事故がある．これらの危険は，その性質と防護法をよく心得ると共に，細心の注意をもって乗りこえてゆかなければならない．しかし，どんな事故も逃れられるスーパーマンに急になれるものではない．指導者の注意を守り，よく考えながら実験し，実地に見聞しながら経験を積んでゆくより方法はない．したがって，事故をおこすのはどちらかというと初心者に多いのもその証拠である．事故だけは，おこしてしまっては取り返しのつかないものもある．3章，12章の危険の防止と，事故と対策をよく読んで平生の心構えをつくっていただきたい．

実験にのぞむ一般の注意
―実験以前の問題―

2

　実験室にはいって，これから実験をはじめようとする．張切ってとりかかる前に，どうすればうまくゆくか考えてほしい．実験は自分一人でやるものでなく，ほかの人たちといっしょである．はじめは実験室にも実験のやり方にも馴れていない．実験に伴う危険も潜在している．そこには正しい実験態度が必要であろう．

共同実験室という社会のエチケット
　化学実験室は学問の場であり，共同の場でもある．実験者はいつも正しいエチケットを守り，できるだけチームワークをよくしなければならない．日本では，何をするにも狭い中で，たがいにひざをつき合わせている．一人が身勝手に無責任なことをすると，たがいにさしさわりを生じて不愉快である．またそのために思わない事故がおこる．一人でやっているときには何ごともなくすんだかもしれないが，共同の場でいっしょのためにおこる事故がある．有毒ガスや悪臭ガスを放って平気でいたり，近くで引火性物質を扱っているのにバーナーに火をつけていたり，不注意で周囲へ水を飛ばしたりするのは，いずれもよろしくない．風上で硫化水素を発生させて実験していたら，風下にいた実験者が臭いと思いながらそのうちに中毒して倒れたという笑えぬ例もある．このように，大部屋で他人の実験のために被害を受けることはよくある．ガスを出している人は，知って注意しているからいいというものの，迷惑な話である．とくに放射性のものはにおいもないし，すぐわからないから，知らない人はひどい目にあう．いずれも完全な設備の中で行なわなくては

いけない実験である．引火性物質の蒸気を出すときは，まわりの状況によく注意して始めねばならないが，まわりの人々もたがいに協力しないといけない．大体，引火性溶媒などを普通の実験室で大量に扱うのはよくない．風の流れ，蒸気の比重などの関係で，思わぬところへ流れていって引火することがある．引火の原因はバーナーなどの炎がおもなものであるが，そのほか案外気がつかないでいる原因に電気器具のスパークがある．直流型のブラシ付モーター，電気冷蔵庫，レギュレーターやパイロットランプの切点の火花などその例である．ものを捨てるときの注意は別にあげるが，有害悪臭のものをそこいらにやたらに捨てるのは迷惑である．水銀を散らばしてそのままにしておくと，少しずつ蒸気になり人体に害を与える．いずれも，共同実験室という一つの小社会の中で，良識のある実験者として守らねばならない最低限度のエチケットである．

室内と机上の清潔整頓

化学実験は実験室で，主として実験台上で行なわれるのが普通である．そこで実験を始めるにあたって，また実験中，実験後においても第一に心がけなければならないことは，実験台とその周囲の清潔と整頓である．器具と試薬，扱う物質と製品などをきちんと整理して，分類しておくことである．これを混乱させると実験にならない．当然のことであるが，実験は整然としかも厳密に行なわなければよい結果は得られない．清潔，整頓，分類は科学研究にのぞむ基本的態度である．すぐ使わないものまで沢山ちらばっており，乱雑でほこりっぽい実験台でごたごたやっていては，よい実験と思考ができない．さらに実験に失敗したり，危険な事故をおこしたりしやすい．みてくれをよくするのではない．清潔はまた実験器具についてもぜひ必要で，きれいに洗浄されよく乾いたガラス器具類を使わないと，実験にとんだ失敗をすることがある．ときには付着している異物が，不安定な物質を分解，爆発させることもある．実験器具はできるだけ他人のものを使わないことである．このような実験台であれば，万一大切なサンプルを机上にこぼしても，楽に回収できるし，誤って火を出しても，あたりが片付いているから楽に処置できるものである．一般に可燃性の有機溶媒類や爆発性物質などは，実験に必要な量以上は実験台においてはならない．

周到な準備―器材，試薬，身仕度―

これから行なう実験の意味（目的および方法）をよく理解し，実験に必要な資材をすべて注意深く点検しながら整えておくことは，どんな実験にも必要である．さらに，実験に相応する身仕度をしてからなければいけない．この準備段階においても，ぶしょうは禁

物である．器材はできるだけ完全なものを選び，実験の途中でこわれたり足りなくなって困ったりしないように配慮する．使う試薬についてはとくに注意してほしい．まず試薬の容器にはってあるレッテルを無条件に信用しきって，全然確かめようともせずに，いきなり使うことは危険である．まして勘違いしたりぼんやりしたりして，違う試薬をうっかり使ってしまうのは，なおさら危険で，ときには大きな事故をおこす．また，試薬の使用量を間違えないように注意する．これらはみな実験の成功と安全のための常識である．身仕度は，あまりひらひらしない実験服か作業服をきちんと着て，手ぬぐいを身につけておくとよい．ちょっとやるだけとか，暑いとか，面倒だからといって，普段の服装で実験を始めると，随分とお気の毒な目にあうことがある．女性の髪の毛や長いスカートなどは火を引きやすい．有機化学系の実験には，このほかさまざまな準備がいる．万一の爆発に備えて，安全ついたてを用意したり，保護めがねをかけて眼を守ったり，保護手袋をはめたりすることがある．実験台上には雑布を，水道のそばにはクレンザーや手洗いせっけんを備える．なお，少々の砂を容器に入れてそばにおくとよい．これらはすべて個人の心がけで準備できるもので，小さな事故のとき役に立つ．

指導者の注意を守れ―指導者は安全保護者である―

初心者は実験に関する限り，指導者の示す注意を絶対に守る必要がある．初歩の実験では，実験者にはそれとわからぬ場合にも，危険に対する配慮がされていることが多い．また共同実験を全体に円滑にすすめ，無理のないやり方のできる配慮がされている．事故をおこしたくなかったら，とにかく指導者の注意をよく守ってほしい．このことは，研究実験の初歩段階まで必要な心構えである．自分勝手にあまり余計なことやいたずらをすると，思わぬ失敗をすることになる．指導者は実験を教える教育者であると同時に，安全を守ってくれる保護者である．そして実験者は自分の実験に対する責任があることをはっきり自覚しなければいけない．

無理な実験をするな―無理は事故のもと―

化学実験では，十分慣れないうちは，思考力，注意力，体力などをほとんど100パーセントに出しきって行なうことが多い．そのため，夢中になっているときなど，自分でも気がつかずに随分疲れるものである．たとえば，半日練習実験をして夜家へ帰ってみると，ぐったりして何もする元気がなくなるというようなこともおこりうる．また，人間だから，その日は何となく疲れた感じで，どうも実験する気が進まないというようなこともあろう．こんなときに無理して強行しても，いわゆる"ついてない"というか，失敗しがち

で，結局やらなかったほうがよかったというようなことにもなりかねない．ことに，危険を伴うような実験の場合には，無理な実験は原則的にしないほうがよい．こんなときに事故をおこしやすいからである．女性の場合は，男性以上に生理・感情面で大きなファクターがはいりこんでくるから，なおさら注意する必要がある．学生実験で事故をおこして失敗する例が，女性に割合に多いのは，こんなところにも隠れた原因があるのかもしれない．実験者の健康状態の低下と，それに伴う精神活動の低下が，実験活動にどのように影響するかという問題は，概念的には想像できても，その実態を知るのはむずかしい．しかし，疲れていたり心が動揺していたりたいへん暑いときなどに，平常の場合なら当然しないような失敗をついぼんやりとおかしてしまうという経験を，大なり小なりした人もいるのではなかろうか．要はなるべく気分さわやかな状態で実験にのぞむのが好ましい．実験にも急がば回れということがある．化学実験は品物の製造ではない．実験を早く沢山すること，あるいは競争意識をもってすることと，能率の向上や研究の成果とは直接の関係はない．実験の成果は行なう時間に正比例するものではない．

一人ぼっちで実験するな―協力による安全―

すくなくとも初歩のうちは，一人ぼっちで化学実験をしては危険である．あまり危険性のない実験をするときも同じである．研究者になって慣れてきても，さきに述べたように，無理をしたり急いだりしているようなときは単独実験は危険である．ことに，夜間に居残って一人でやるのはいちばんいけない．初心者に対しては指導者がこのことをはっきり指示する必要がある．とかく事故のおこった場合は，おこした本人はたいていぼかんとしているもので，応急処置をするのは周囲の人達であることが多い．たまたま一人ぼっちでいるとき，たとえ小さな事故でもおこると，即座に適切な処置ができず，あわててますます事故を大きくすることがある．ましてひどいけがをしたり，火に包まれたり，中毒で倒れたりしてしまったら，そのまま一人で天国ゆきである．事故対策のための協力は化学実験においてはたいへん重要であることを，よく心得ておかねばならない．

大体，一人で実験をするような場合は，実験を急いでいてあわて気味かあるいは人一倍やろうと力んでいるときが多く，あまり普通の精神状態のときとはいえない．そのうえ，無理して疲れているとすればますます危険である．休日に一人で実験するとか，夜おそくまで一人で実験するなどは，さも勤勉で立派なようにみえるが，化学実験に関する限りそう単純に立派とはいえない．そしてこういうときに致命的な事故で死去した例もある．

2. 実験にのぞむ一般の注意

実験のあと始末—実験に責任を—

　一つの実験を終了したら，そのあと始末をするのは常識である．また，一日の実験を終ったら，ある程度のあと始末をして帰る．この場合は，安全を確かめることが大切である．こうしたことは，さきに述べた「清潔，整頓，分類」と「周到な準備」の心がけにそのままつながるものである．あと始末では，余計なものを捨てるが，化学実験で扱う物質の中にはただ捨てると危険なものが多い．簡単に捨ててしまっては危い物質の処理法は p. 11 に述べるが，実際実験のあと始末にあたっては，反応後の混合物のようなものの始末をすることが多い．たとえばナトリウム，カリウムなどアルカリ金属を使う反応では，ときにはよくみえない形で金属が混合物の中に残っていることがある．これを不注意に流しに捨てるとあぶない．そこに引火性溶媒など捨ててあればなおあぶない．

　実験を途中で止めて帰るとき，注意しなければならないのは冷却水である．還流，蒸留などの冷却水を流したままにしておくと，夜など水圧が上ったとき，ゴム管がはずれて洪水になることがある．水流ポンプの流しっぱなしも困る．水の不始末による洪水は意外に多いものである．実験に使ったガス，電気のあと始末をよくして，点検して帰るのは常識である．ガスには，バーナー自身のコック，ガス管をつけた元のコック，部屋全体の元栓と三段階の点検のあることを，指導者は教育する必要がある．どれを閉め忘れてもよくない．電気器具もたいてい三段階に切るようになっている．

　以上のことは，自分の実験にはっきり責任をもつ態度があれば，安全にできるはずである．指導者はいちいち細かなところまで点検できない．

3 危険防止のための注意
―備えあれば憂い少なし―

　実験をすることは，多かれ少なかれ未知の世界へふみ入ることであるから，常に多少の冒険と失敗を伴うのは当然である．ただこの失敗を，取り返しのつかない事故としてでなく，経験と発展に役立つものとして反省したいものである．

　有機実験でもっとも注意しなければならないことは，火災，爆発，薬害である．そのために，これらの性質をよく知り，危険を未然に防がなければならない．化学工場のようなところでも，やはり事故が起こるのであるが，ある工場の統計によると，初心者が率にして50%，2年位して少し馴れてくると62%，それからは年数と共に低減して，10〜15年が最低で10%，20〜30年が却って増加して20%となるそうである．これからみると，はじめて行なう人は，当分はよくよく気をつけないといけないことがわかる．どんなつまらぬ失敗といえども，後にして思えば，いずれも厳粛な自然法則のあらわれでないものはない．はじめからその性質を知っていれば，大抵の事故は防げるはずであるが，そうばかりいかぬから困る．

　一般にどんな場合に事故が起きやすいか，いわゆる事故発生の要因はつぎのようである．

（1）　実験者の基本的な防災知識と認識の不足
（2）　実験者の過失：過信，不注意，疲労
（3）　応急対策の失敗

3. 危険防止のための注意

（4） 基本的管理対策の欠除

つぎに，実験中の危険を防ぐための一般的な安全指針を示す．

実験の意味と性質を知れ―危険度の感知―

さきに述べたように，化学実験では，行なっていることの意味と性質をよく理解していなければならない．学生実験のような場合は，何もかも十分わかっていてうまく行くはずの性質のものであるのに，何かとトラブルがおこるのはやはりこの問題の重要さを物語っている．とくに，有機化学実験を行なう場合がやっかいである．反応の装置，反応のスケール，試薬の扱い方と加え方，反応のさせ方，有害物の発生，副反応の発生など，要素はなかなか複雑である．そしてとくに，発熱反応を行なうような場合に注意を要する．

学生実験のとき，以前にこんな例があった．シクロヘキサノールを硝酸で酸化してアジピン酸を合成する反応で，反応の暴走がおこり，学生は顔に熱硝酸を浴びてしまった．常法通り，かきまぜ機，滴下漏斗，温度計をつけた三つ口フラスコを用い，約90℃に熱した濃硝酸の中へシクロヘキサノールを滴下した．ところがこの滴下を"slowly"にせよと実験書には示してある．早く加えると，反応温度が上昇してあぶないわけだが，全部滴下するのにはなかなか時間がかかる．そして終り頃になるとささかじれてきて，無意識に滴下が速まってとことこと落してしまった．反応温度は急に上昇しはじめ，しまったと思うのとどかんときたのと，ほとんど同時だった．そして，眼は熱硝酸の洗礼で，しばらくは病院通いの悲運になった．"slowly"といわれても，初心者にはどうもぴんとこない．一度にどっと加えない限り，静かにとことこと加えても，"slowly"じゃないかという先入観で，この種の失敗をおこすことになる．同時に，"反応しているところへあまり顔を近づけるな，また保護めがねをかけよ"という教訓にもなる．酸化，スルホン化，ニトロ化などのように，反応を抑制しながら行なわせる場合には，一方の物質はできるだけゆっくり添加し，かきまぜは十分にしなければならない．反応の様相をよく観察している必要がある．また，扱うスケールの大きさでその危険度も違ってくるが，場合によっては，小スケールでも制御のきかなくなることがある．いずれにしても，実験の性質を知って，反応の暴走には極力注意しないとあぶない．

これが研究の段階になってくると，その内容がよくわからない反応や，新しい反応を試みる場合が多くなってくる．このような場合は，必ずしも予期する反応がおこるとは限らないし，異常反応のおこる場合があるから，万全の準備が必要である．いつ爆発してもいいように準備し，有害物質が発生しても安全なようにドラフトの中で行ない，実験物質を

皮膚につけたり，吸入したりしないようにする．用いる試薬の純度や器具の清潔にも周到な注意をする．事故に関係する反応には，副反応が原因していることがある．実験スケールを大きくするときは，とくに気をつけなければいけない．また最近は，化学の急速な発展に伴い，危険，有害，不安定な化合物を扱うことが多くなってきているので，事故のないようにいっそう注意して，安全対策を考えて実験する必要がある．

実験中の行動—落着いてまじめに—

　実験はどんな場合にも落着いてまじめに取組むことである．社会では，ときにはきまじめ一方の人間では困ることもあろうが，その点化学実験は落着いて誠実な人間を常に歓迎している．時間を急いだり，手を抜いたり，あわてたりしていると，よく失敗する．これは初心者よりも，むしろ少々慣れてきた人に必要なことである．実験に慣れてくると，その要点とコツが自然にわかってきて，あまり必要でないことに神経質になったり，やたらに時間をかけたりすることがなくなる．しかし，これは実験に手を抜くのとは別の問題である．手を抜くというのは面倒くさがりの気分であり，実験をなめている証拠である．それを裏書するように，少々慣れてきた場合におこす事故は意外に多い．

　実験中は，そばにいて実験経過をよく観察しなければいけない．とくに，反応をさせているときは，なるべくそばについていないと失敗する．人と話にふけるのもよくない．一般に反応の状況を観察する場合，フラスコを上からのぞいたり，ドラフトに首をつっこんでみたりするのは，危険である．また，十分慣れないうちは，二つの実験を同時に併行して行なうのも好ましくない．集中したよい実験ができにくい．

ものを捨てるときは考えて—潜在する危険—

　私たちの日常生活では，ものを捨てるほど無造作なことはない．ところが化学実験室では，そこに意外な危険が潜在している．たいていの実験室では，いわゆるごみ捨て箱と，実験の廃棄物（ぬれものや固形物）を捨てる陶器のかめのようなものが備えてある．そこで実験中の廃物は，固形物ならこのかめへ，液体なら流しの中へ水と一緒に捨てることになる．だが，いずれにせよ捨てるときには，「これでよいのか」とまず考えてもらいたい．そのまま捨てると危険なものがあるからである．

　そのまま捨ててはいけない固形物にはつぎのようなものがある．引火性物質のしみこんだろ紙や布など，発火性物質（たとえばナトリウム，リン），発熱性物質（たとえば生石灰，塩化アルミニウム），有毒物質，猛臭物質，そしてマッチの燃えがらなどである．液体物質では，多量の有機溶媒，濃い酸，アルカリ，水と激しく反応する物質，猛臭物質，

タール質のようにべとべとしたものなどがある．また，水に溶けない固形物も流しに捨ててはいけない．以上のような注意は，その理由を説明するまでもない．一般に，有機溶媒を捨てるときは，水道の水を十分に流しながら，少しずつ少しずつ，流しの中に捨てるのがよい．エーテルなどのように揮発性で水に溶けにくいものは，一度に多量を捨てると，下水管の中にエーテルの蒸気が充満し，どこかでもれて引火爆発する危険がある．濃い酸やアルカリは流す前に水で薄める．水と激しく反応する試薬類はみな，捨てる前に十分に安全処理する．有機実験でよく使うものとして，使用後の金属ナトリウムを捨てるときにはとくに細心の注意が必要である．また，たがいに強く反応し合うような物質を，同時に，あるいはつづけて捨てることも避けたほうがよい．要するに，発火，引火，爆発，有毒ガス発生のおそれのあるような捨て方をしないよう注意をすればよい．

事故の対策を心得ておけ

さきに述べたように，初心者が実験を始めるとき，そのほとんどは火災や中毒の心配をしていない．その証拠に，火災がおきたらそこですぐ使える防火用砂や消火器のあり場所や，消火器の種類を確かめようとする者はいない．もし出火して出入口をふさがれたら，どこからどう逃げるか夢にも考えない．少々の悪臭ガスが出ても割合平気である．通風の加減，ベンチレーター，ドラフトの具合に気を配らない．ここでもまず，指導者がそれらをよく管理し，実験者にはっきりと指示しておくことが必要になる．また，少なくとも研究のできる程度の実験室で，一つの事故がおこった場合，それがほかの事故に波及しないようにしておくことや，出入口の近くで引火の危険がある実験をしないよう，また万一出火で出口をふさがれたときの逃げ口と方法を講じておくことも，指導者の責任である．いわゆる一般の傷害，火災，爆発，中毒などの予防と対策については，救急法や安全対策の書物* などに一応詳しく示されている．しかし問題は，自分の実験で，自分の実験室の現在の環境で，事故をおこさないために，また事故がおこったらどの程度のことができるかを心得ておき，また工夫しておくことではなかろうか．このことはもちろん実験室や組織の安全管理と予算の問題に関連するが，実験者や指導者もそれなりに保安と応急対策にできるだけの努力と注意をするのは当然であろう．おわりに，大切なことは，事故がおこってもあわてないで他人の協力を頼むことであり，協力することである．

以上は，実験をするとき各人が心得て臨まねばならないことであるが，さらに全体として考えられ，しかも各人も知っておらねばならない一般的な問題を補足する．

---

* たとえば，日本化学会編：化学実験の安全指針，丸善 (1966).

(1) 化学実験室の出入口は，2個所以上あることが望ましい．出入口が一つしかない小さな部屋の場合は，出入口で危険な実験を行なわないこと．
(2) 消火器*，消火毛布**，救急箱*** は出入口の近く，実験台の近くのわかりやすい場所に明示して置き，各人はその使い方を知っておく．廊下にある防火砂，大

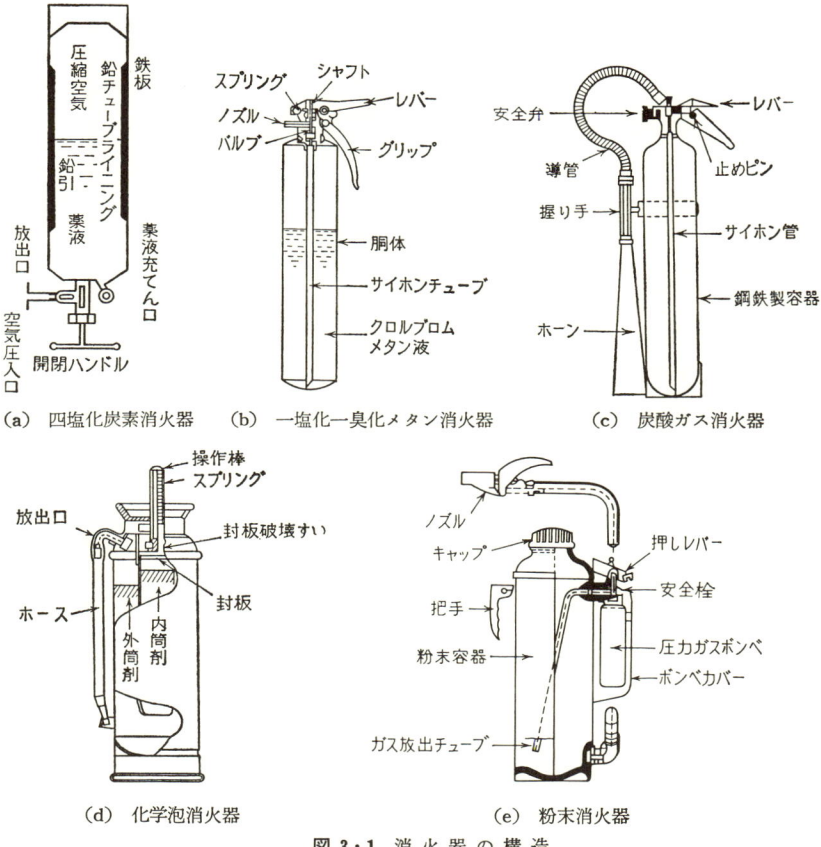

図 3・1 消火器の構造

---

  * 消火器には多くの種類があるから，その種類，性能，使い方を周知させる．また，性能を維持するために，必要にして十分な点検と補充を怠ってはならない（表3・1，図3・1参照）．
 ** 消火毛布 (fire blanket)：寝具用の大きさのものを細く巻いて細長い箱に入れておき，紐を引くと毛布が引出されて開くようにしてあるもの．身体に引火したとき，また引火しそうなとき，その他危険なとき，水にひたしてから全身にかぶる．
*** 救急箱の補給は管理組織によって定期的に行なわれること．

表 3・1 化学消火器概要

{A: 一般可燃物, B: 可燃性液体, C: 電気設備(感電性)}
(化学実験の安全指針 p. 156 から抜粋)

名称	薬剤	容器	方式	放出時間(sec)	適応火災	消火性能	長所	短所
酸アルカリ消火器	(A剤)炭酸水素ナトリウム水溶液 (B剤)硫酸	赤色(軟鋼)	両剤混合で発生する二酸化炭素による加圧	40〜60	A	普通	射程大(〜10 m)不凍	容器の腐食
四塩化炭素消火器	四塩化炭素	赤色(黄銅,鋼)	蓄圧式、手動加圧式	30〜60	B, C	普通	射程大(6〜8 m)不凍、補充容易	有毒ガスの発生、腐食性大
一塩化一臭化メタン消火器	クロルブロムメタン	赤色(黄銅,鋼)	同上	15〜40	B, C	やや大	同上	有毒ガスの発生、比較的高価
炭酸ガス消火器	液化二酸化炭素	赤色で首部緑色(ホーン付)	高圧容器式(安全弁付)	20〜80	B, C	大	消化後の汚れがない、耐久性大、不凍	射程小、風の影響大、重い
化学泡消火器	(A剤)炭酸水素ナトリウム水溶液 (B剤)硫酸アルミニウム水溶液	赤色	両剤混合で発生する二酸化炭素による加圧	40〜60	A, B	やや大	消火確実、射程大(6〜10 m)、不凍	消火後の汚れ大、薬剤の耐久性小
粉末消火器	炭酸水素ナトリウム粉末	赤色	蓄圧式加圧式	10〜60	B, C	大	消火効力大、不凍	射程小、重い、消火後の汚れややや大

型消火器，非常ベル，タンカのあり場所を知っておく．
（3） 大実験室には洗眼器や安全シャワーがとりつけてあるのが理想で，もし設備があるならばその使用法を心得ておくこと．
（4） 各人が部屋の空気の汚染に注意すること．
（5） 危険薬品には防災ラベルなどはっきりした標識をつけ，適当な警告を表示してあるのが望ましい．個人で使用する場合，指示を守り勝手なことをしないこと．
（6） 各人が，医務室の場所と状況，付近の電話の場所を知っておくこと．
（7） 防火扉が廊下の要所にある場合，各人はその使用法と出入の要領を知っておくこと．
（8） 夜間連続実験の手続と心得を知っておくこと．

4 実験器材のはなし

　この章では，有機化学実験に用いる一般的な器具と，実験に必要なさまざまの品物について概観し，その名称と用途および取扱いの注意を述べる．どんなものが，どんなふうに利用されるかを知って，能率よく活用し，できるだけ創意を生かした実験をしてもらいたい．道具はそれを使う人いかんによってその効果を発揮し，生命も長い．なお，一般的な器具の標準市販価格を付記して，実際上の便を計った．

4・1　実験器具のガラス

　実験によく用いられる器具には，ガラス器具が非常に多い．最近は，ポリエチレン製の実験器具が進出してきたが，加熱できないことと硬さの問題からみて，やはり実験器具の主体はガラス器具といえよう．実験には多種類のガラス器具を，小さなものから大きなものまで上手に使いこなすことが要求される．そこで，器具全般について述べる前に，ガラスとガラス器具の基礎的な常識を簡単に説明する．
　実験中におけるガラス器具の取扱い方と注意や，簡単なガラス細工については5章（基本操作）にまとめて述べる．

a.　実験器具に使われているガラス

　現在市販されているガラス器具のガラスに関する簡単な知識は，器具の選定の上にも，

4・1 実験器具のガラス

器具を購入する場合にも，実験操作をする場合にも必要であろう．ガラスは大昔から作られていた人類文化財の一つであり，ローマ時代にはすでに現在に近い品質と形態のガラス器具ができていた．しかし今世紀にはいり，ガラス工業と技術が著しく進歩し，いわゆる化学用ガラスも種々のものが作られる便利な時代になった．実験器具用のガラスには以下に述べるような各種のものがある．

ソーダガラス（軟質ガラス） これは化学用でない普通の品物にも用いられているが，実験器具ではとくに耐熱の必要のないもの，厚く重みをつける必要のあるものなどに用いられている．たとえば，分液漏斗，ろ過びん，デシケーターなどはこれでよい．膨張係数が大きいので，熱の変化に対して弱く，割れやすい．200°C位で軟かくなってしまう半面，細工はし易い．水や酸を用いるとアルカリ分がとけて出てくるのでこの点も大きな欠点である．たとえば軟質ガラスの容器の中に希薄な酸の規定液を入れて長時間置くと，その濃度は溶け出してくるアルカリのために著しく減少することが知られている．ソーダガラスの基材はソーダ（Na_2CO_3），石灰（$CaCO_3$），ケイ酸（SiO_2）であり，この中に失透防止や耐水性の向上などのため少量の異種物質を加えるのが普通である（たとえばアルミナなど）．材料が安く細工が容易なために，軟質ガラス製品はもっとも安価である．このほか，薬品の安定のために遮光を必要とするときなどは色つきのガラスを用いる．

ホウケイ酸ガラス（硬質ガラス） 市販されている一般化学実験器具のガラスであり，硬質ガラスあるいは超硬質ガラスなどといわれている．昔硬質ガラスといわれていたものは，カリガラスであるが，現在は次第に用いられなくなっている．カリガラスはソーダガラスのナトリウム分をカリウムで置きかえてその硬度を増したものであるが，ホウケイ酸硬質ガラスは，ホウ素を多量に入れてその性能をずっと高めてある．

これによって耐水，耐アルカリ，耐酸性が高まるとともに，350°C位まで軟化点を引きあげることができる．このガラスの見わけ方は簡単でないので，信用ある製作所のマークを見てきめるのが一番簡単である．

これらはビーカー，フラスコ類をはじめ，およそ熱のかかる化学実験ガラス器具類にはすべて用いられている．

特殊硬質ガラス パイレックス（米国），エナガラス（ドイツ），テレックス（東芝），ハリオ（柴田）などの硬質ガラスがある．安心して使える優れた実験器具であるが，値段は高い．また高熱反応用器具にも用いられる．このほかに純石英を高温でガラス状にした石英ガラスなどあるが（軟化点1200°C），普通の有機化学実験では使われない．

4. 実験器材のはなし

b. 実験用ガラス器具

さて，化学用のガラス器具の必要条件としては，大体つぎのような性格が求められる．
（1） 成形加工が容易なこと
（2） 無色透明で，化学変化が外部からよく観察できること
（3） 化学薬品や水，空気などに耐久性のあること（低アルカリ度）
（4） 耐火耐熱性のあること
（5） 容積形状の変わらないこと

そしてこれらの要求に答えて，熱に丈夫でこわれにくい現在の硬質ガラス器具が生まれてきた．しかし，一方の条件を満足すると他の条件に欠点がでることが多く，なかなかすべてに都合よいものは求められない．ここに，硬質ガラス器具の欠点と考えられるものをあげる．
（1） 機械的，熱的衝撃に弱い（熱伝導悪くひずみを生じやすい）
（2） たわみ性が少ない
（3） 接合，連結に不便である（一般に細工がしにくい）

要するに，熱の急変に強いガラス器具を作ろうとすれば，ガラス器壁を薄く硬くする必要があり，機械的に強くするには肉厚のものでないといけない．ホウケイ酸ガラスは薄く硬くという条件を生かして，機械的な弱さと細工のしにくさをある程度見越したものであって，しかも原料の関係で高価になっているのはやむを得ない．要するに，機械的衝撃を与えないことが大切である．

c. よい器具，わるい器具

実験にはよいガラス器具を用いたいものである．それではどのような標準からよいわるいをきめればよいか？　以下にその大要を述べる．
（1） ガラス材質のよいもの　　均等に透明なものがよい．ガラスを横からすかしてみて，青味がかっているのは鉄分の多い証拠で，よくないとされている．
（2） 形状のととのっているもの　　いびつでないもの，器具の口がラッパ形をしていないもの（ラッパ形をしていると，栓が次第にゆるんでぬけやすい），漏斗などの円錐形の部分がまがってないもの．
（3） 曲りの部分は自然で無理のないもの
（4） 肉の厚さが平均しているもの
（5） すじ，泡などなるべくないもの　　硬質の場合は少しぐらいならそれほどさしつ

かえないが，軟質では絶対いけない．いずれにしてもないのがよい．

（6）なましの十分なもの　　なましの悪いものは，ひずみがかかっている．なましが不十分かどうかは，目で見てわからないが，ひずみ検査器でみるとすぐわかる．硬質ガラス器具，肉厚軟質ガラス器具は，とくになましのよいということが大切である．

（7）すり合わせがピッタリしていて，水を入れてももらないもの，軽くまわるもの．

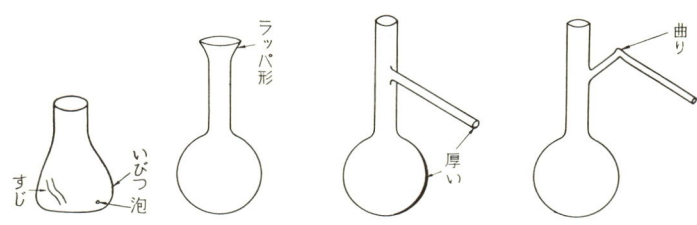

図 4・1　わるいガラス器具

d. ガラス器具に文字の記入

ガラス器具に，文字や記号をしるしたいときは，簡単にはガラス用の鉛筆かマジックペンで間に合う．しかしすぐに消えやすい．消えないようにするには，ガラスペン（ダイヤモンドペン）で書く．あるいはフッ化水素酸を用いる．字を書きたい部分にパラフィンをとかして塗る．その上から，釘などで文字を書いてガラス面を露出させ，その部分へフッ化水素酸を滴して数分放置する．あとは水洗して酸を洗い去り，パラフィンをこすりおとす．ビーカー，三角フラスコなどに，その重さを書いておくと実験に便利である．

4・2　いろいろの器具と用法

1. 試験管（test tube, Reagenzglas）　　5 ml, 20 ml の試験管は必要である．20 ml の試験管は，軟質のものも用意しておくと，窒素の定性試験のとき，細工をするとき，アンプル作りなど，何かと便利である．5 ml の試験管は，少量物質のテストなどに利用される．5 ml の試験管を，まとめて立てられるような台を作っておくとよい．ヨーグルトの空びんや，小さな空罐もよいが，浅いボール箱に穴をたくさんあけたものや，図 4・2 のように，木の台

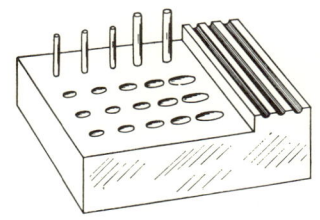

図 4・2　試験管立て

に適当な穴をあけ，試験管だけでなく，いろいろの小道具をおけるようにすると便利である．試験管ばさみも一つはほしい．

2. ビーカー (beaker, Becherglas)　ビーカーには 1 ml ぐらいのものから 10 l ぐらいの大きさのものまである．既製品で市販されているのは，50 ml の大きさ以上である．ビーカーの材質は硬質ガラス製，陶器製，ポリエチレン製がある．ガラス製が普通で，陶器製は特殊な場合にしか用いない．熱をかけない場合は，ポリエチレンのビーカーが便利である．

ビーカーの形は，縦の高さがとくに長いものや，口径が底面より狭くなった円錐形のもの（コニカルビーカー）もあり，用途により適当なものを選ぶ．小型ビーカーは微量，少量物質の操作にはどうしても必要である．ビーカーに重量を記入しておくと試料などの秤量に便利である．

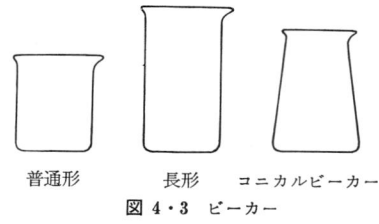

図 4・3　ビーカー

3. フラスコ (flask, Kolben)　フラスコは反応容器をはじめ，ひろく使われるものである．ごく少量の反応には，試験管を用いる．フラスコの形は，図 4・4 に示すよう

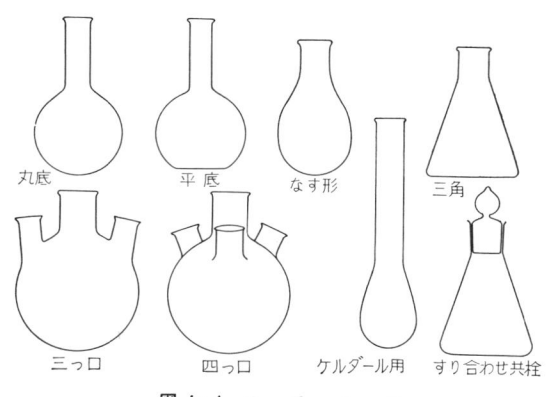

図 4・4　フラスコ

に，丸底，平底，なす形，三角（エルレンマイヤーフラスコ），三つ口，四つ口などの種類があり，特殊なものとしてはケルダール分析用フラスコ，すり合わせ共栓フラスコなどがある．

丸底は反応容器にもっとも適している．平底は液体を入れておくによく，洗びんにも用

いる．加熱に対して弱いので，有機化学実験にはあまり使われない．なす形はやや肉厚で，機械的に強いので，危険な反応や減圧蒸留の受器に用いる．またこの中で結晶が析出したり，内容物が固化したりしても，それを容易にかき出すことができるので，便利である．

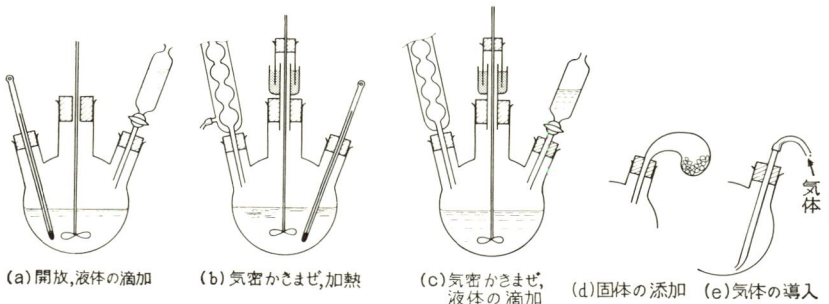

(a) 開放, 液体の滴加　(b) 気密かきまぜ, 加熱　(c) 気密かきまぜ, 液体の滴加　(d) 固体の添加　(e) 気体の導入

図 4・5　三つ口フラスコの使用

三角フラスコはすわりがよいので，液体を入れておくのにもっとも適しており，蒸留の受器にもよく用いる．ただし機械的に弱いので注意を要する．また，バーナーで加熱するのは避けるほうがよい．

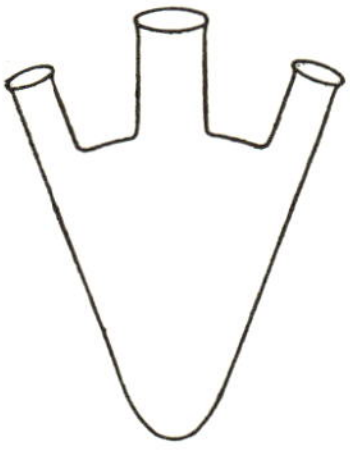

三つ口フラスコは，有機反応でとくに愛用される．三つ口フラスコの用い方は，臨機応変であるが，基本的な形式を図 4・5 に示す．いずれも，その首のところに力がかかるので，ひずみをかけて割らないよう，注意が必要である．図 4・6 に示すような円錐形で底の細い三つ口フラスコがある．グリニャールフラスコとよばれ，かきまぜ，こねまぜに能率的で，加熱や冷却が容易なうえに，内容物を取り出すにも工合がよい．

図 4・6　グリニャールフラスコ

図 4・7 はセパラブルフラスコとよばれ，三つ口フラスコを二つに開くことのできるも

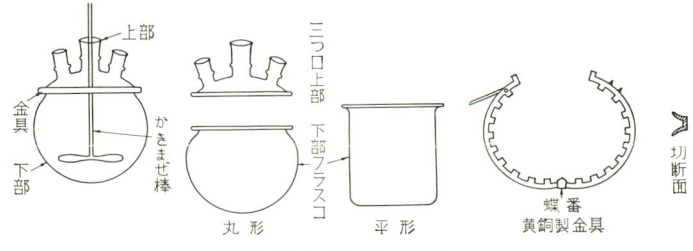

図 4・7　セパラブルフラスコ

22　4. 実験器材のはなし

ので，いろいろの長所をもっている．大きさは 100 ml〜2 l のものがある．上部をとりかえると，三つ口だけでなく一つ口から四つ口まで自由にかえられる．

　丸底フラスコを実験台上に置くのに便利なように，コルク製や木製の**フラスコ台**がある．コルク製のものをコルクリング（cork ring）とよんでいる（図 4・8）．また，セメントと石綿繊維でできたものもある．

　4. 蒸留フラスコ（distilling flask, Destillierkolben）　蒸留フラスコは目的によって種々の形のものがつくられている．常圧で蒸留するには図 4・9 のようなものが普通に用いられる．

　(a) は標準の蒸留フラスコで，低・中沸点物質の蒸留に適している．(b) は，枝のついている位置が低く，高沸点物質（沸点約 200°C 以上）の蒸留に適している．(c) は Emery のフラスコと

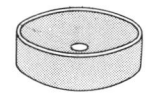
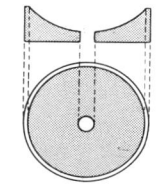

図 4・8　フラスコ台

よばれ，蒸留される蒸気と残液の分離をよくし，フラスコ内の液が激しい沸騰をしても，液の一部が枝からあふれ出ないように工夫してある．また，フラスコに液を入れる際に，不注意で枝を伝わって液をこぼすことも少ない．(d) は普通のフラスコに，蒸留用の枝をコルク栓でつけて用いる形式のもの．フラスコ中で反応その他の操作をした後，そのまま

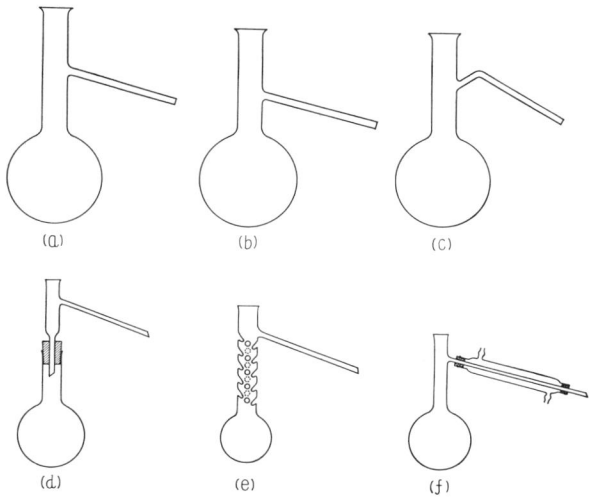

図 4・9　常圧蒸留フラスコ

枝をつけて蒸留できる．(e)は小型で長いフラスコの首に，外部からくぼみをつけて分留管の機能をもたせたものである．(f)は小型のフラスコの枝を長くして，枝の部分に小さい冷却管をつけられるようにしたものである．高沸点物質の蒸留のときは，何もつけずに，中沸点以下のときは，リービッヒ冷却器の形にして用いる．(d), (e), (f)は，少量物質の蒸留に適している．これらのフラスコ球部の直径は 3〜5 cm ぐらいがよい．

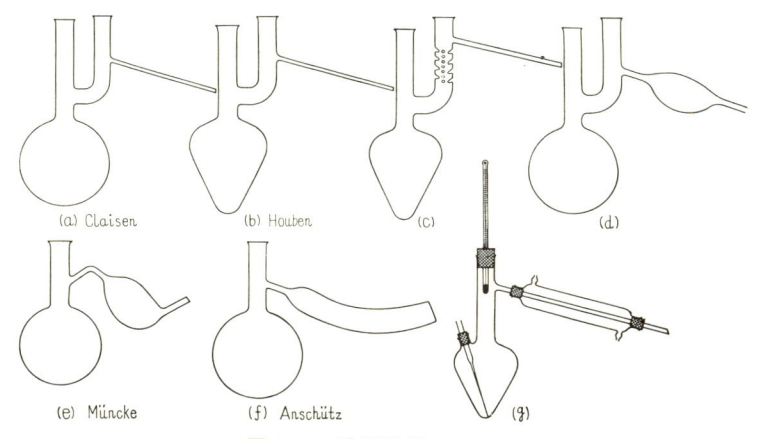

図 4・10 減圧蒸留フラスコ

減圧蒸留のためには図 4・10 のような各種のフラスコがある．(a)はもっとも一般的で，クライゼンフラスコとよばれるもの，(b)はその改良形で，球部がコニカルなため，内容物が少量になった場合にも効率よく蒸留できる．(c)はその首の部分を精留管式にしたものである．蒸留留分の融点が高く，すぐ固化する場合は，(d), (e), (f)のように，枝の部分が大きくひろがって，そこに結晶が析出しても管がつまらないような工夫がなされている．(g)は少量物質の減圧蒸留用に考えられたものである．

5. 冷却器（condenser, Kühler）　冷却器には蒸留用のものと還流用のものとがある．また，管の外側に水を通して冷す形式と，管の中へ水の通る管を入れ外側は空気で冷す形式とがある．大きさは大体冷却部（胴部）が 10 cm 位のものから長いものでは 1 m 以上のものまである．還流のための冷却器を**還流冷却器**（reflux condenser, Rückflusskühler）という．

一般に用いられている冷却器を図 4・11 に示す．

(a)は空気冷却器（air condenser, Luftkühler）で，大体沸点 130°〜140°C 以上の液

体蒸留用である．(b)の内部の管をとり出してそのまま(a)として用いられる．**還流冷却器**として用いる場合は，適当の太さと長さのガラス管でよい．

(b), (c) はリービッヒ (Liebig) 冷却器である．この冷却器はもっとも一般的に用いられるもので，蒸留に際し斜あるいは縦にして使用し，場合によっては還流にも用いる．しかし冷却能率はあまりよくない．この冷却管の内管は長さに比較して適当に太いものがよく，ガラスの厚みは取扱いにさしつかえない程度に薄いものが能率がよい．外管は太くても細くても能率には関係ないから，なるべく細いほうが取扱いに楽で値段も安価になる．液滴の出口は斜に切ってあるものがよく，先を丸めたり，細くひきのばしたりしてあるものはよくない．(b) は内管と外管がゴム栓でとめてあり，とりはずしができるので便利であるが，ゴム栓をしっかりしておかないと水が洩ることがある．(c) は封じこみになっているもので，あまり熱い蒸気が急に触れると，封じ込みの個所で割れることがある．(d) は蛇管冷却器（あるいはスパイラルコンデンサー）といわれ，低沸点物質の蒸留に好んで用いられる．エーテルの蒸留などに欠くことのできないものである．これは，リービッヒ冷却器の内管を非常に長くしたものと同じ効果がある．使用法は，垂直に立てて，上から蒸気がはいり，下から液体が出てくるようにする．大きなものほど，中の蛇管のつけ根が折れやすいので，取扱いに注意する．(e) は玉入冷却器で，考案者の名をとって，アリン (Allihn) 冷却器ともいう．有機反応の還流に，もっとも一般的に用いられる．効率はそれほどよくないので，フラスコの大きさに応じて，大きなものを使う必要がある．

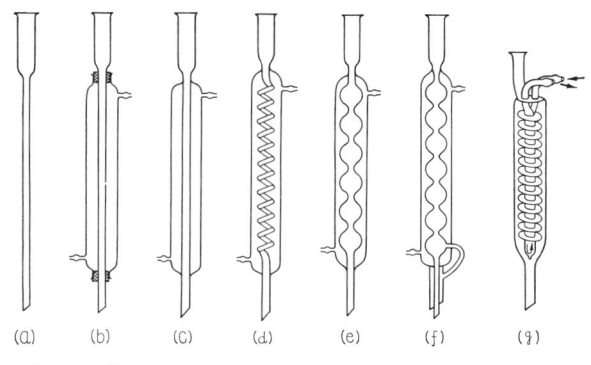

(a) 空気冷却器　　(b) (c) Liebig 冷却器　　(d) 蛇管冷却器
(e) (f) 玉入冷却器　　(g) Dimroth 冷却器

図 4・11　冷　却　器

また，沸騰が激しいと，冷却された液が玉の部分に止まって踊ったり，上へ噴き出したりすることがある．(f) は Michel によって改良された型で，液が円滑に落下する．(g) はジムロート（Dimroth）冷却器といわれ，内部の水管と外部の空気で冷却される能率のよい冷却器である．能率のよい還流をするときに重宝である．冷却水は蛇管の部分にはいり，下へ流れ，中心の縦形の管を上へ流れて排出される．逆にすると，うまく流れない．水の出入口の，ガラス封じこみの部分から割れやすいので注意する．

6. 分留管* (fractionating column, Fraktionierkolonne)　分留を行なうとき，フラスコの上部に装置する分留管には，様々の種類のものが考案されている．精密複雑なものもあるが，ここでは有機化学実験室でよく使われる比較的簡単なものを図4・12に示す．管の長さは別にきまっていない．

(a) はもっとも簡単であるが能率はよくない．(b) は管の中へ小さいガラス球その他の充填物をつめて使う．簡単で割合に能率がよいので，一般によく使われる．充填物は，その間を蒸気が自由に通過し，凝縮液は常に均一に拡がった状態で下降するようなものがよい．蒸留物質に対して安定なものでなくてはいけない．(c) はこの種の単筒分留管の中では，相当に効率のよいもので，よく使われている．管内に内方下方向きに，交互に突起の出ている形のものである（蒸留フラスコの首にこの形式をつけたものは図 4・9 に示した）．

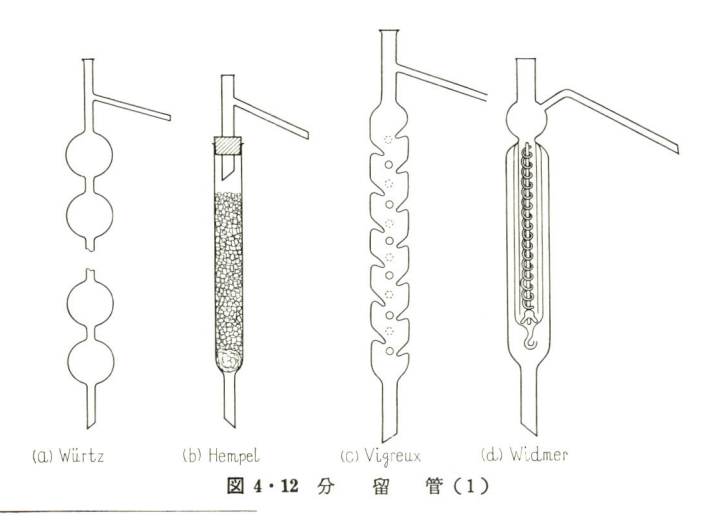

(a) Würtz　(b) Hempel　(c) Vigreux　(d) Widmer

図 4・12　分　留　管（1）

---

　*　分留・精留の理論と実際については，専門書を参照されたい．たとえば，化学実験法（東京化学同人）の 2 章（市来崎・新井）が詳しい．

26　4. 実験器材のはなし

(d)はウィドマー（Widmer）分留管といって，やや複雑な構造で，内部のらせん状部はとり出して洗うことができる．全長は概して短いが，効率はよい．(e)は高沸点物質の分留に適している．(f)は球部ごとに，白金の網を入れて用いる．(g)は少量物質の分留用のもので，管の中には，小さなガラス球か，グラスウールをつめて用いる．これらの分留管で蒸留するとき，蒸気の凝縮が多すぎるならば，管をアスベストなどで巻いて保温して，蒸気が順調に管の上部へ達するようにする．

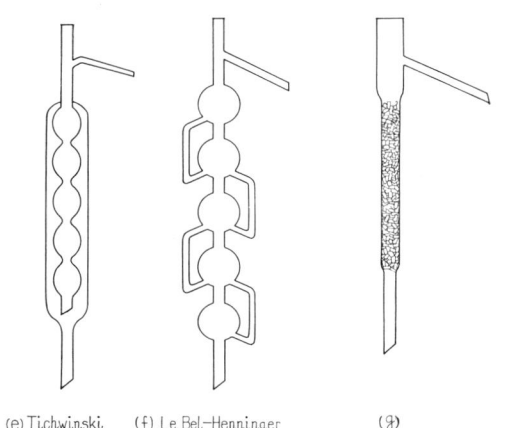

7. 温度計（thermometer, Thermometer）　一般の温度計には，内部の毛細管に温度を示す液体（水銀あるいは赤い色をつけたアルコール）と，窒素が封じてある．有機実験では，100°Cまで測れるアルコール温度計と，360°Cの水銀温度計があれば，大抵の目的には間に合う．図 4・13 に代表的なものを示す．

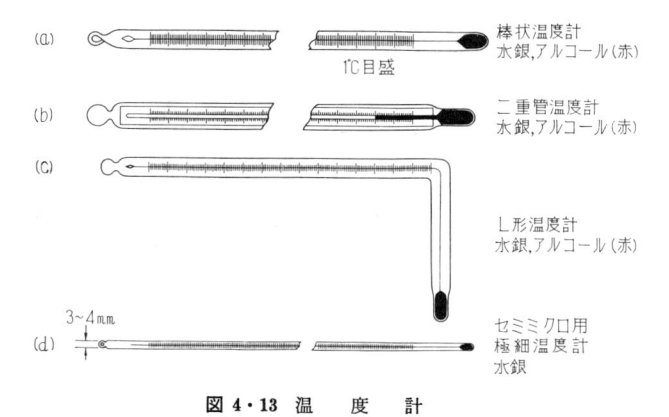

(e) Tichwinski　(f) Le Bel-Henninger　(g)

図 4・12　分　留　管（2）

図 4・13　温　度　計

（a）は一般に用いるもの，目盛の字が消えやすいのが欠点である．(b)は二重管温度計で，文字板が封入してあるので消えることなく，融点測定用には都合がよい．(c)はL字

形をしたもので，装置の関係などで長い棒状では工合がわるいような場合に使われる．(d) は細い温度計で，セミミクロ操作に適している．

温度計は一応検定済になっていても，ときどき検査してみないと，数度ぐらい違うことがある．とくに長い間使用したものには狂いが多い．温度計をかきまぜ棒のかわりに使ったり，そのほか温度測定以外のことに使ったりしないほうがよい．

8. かきまぜ棒（stirrer, Rührer）　合成などで本式にかきまぜをするときには，目的に適したかきまぜ棒を，モーターで回転させる（5・7 かきまぜの項を参照）．代表的なかきまぜ棒の例を図 4・14 に示す．

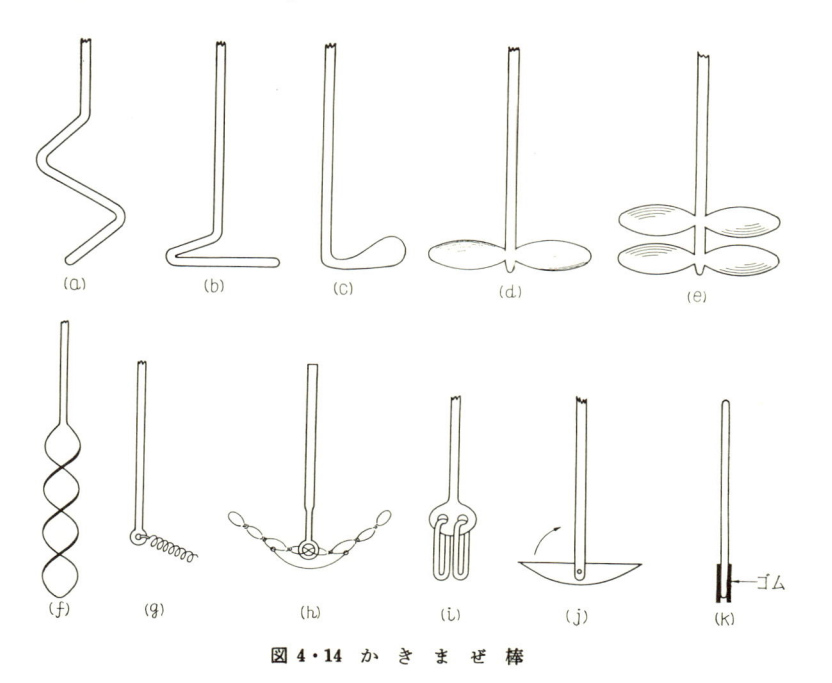

図 4・14　か き ま ぜ 棒

(a)〜(f) はガラス棒で自作する．これらは軟質ガラス棒で，慎重に細工し，十分に焼きなましたものでないといけない．反応中にひびがはいって割れると，途中で替えるのに困る．とくに (c)〜(f) はそうである．(f) は，細長い容器のためのものである．これらのガラス製かきまぜ棒は，その幅が反応容器の口の大きさ以下のものでないと，中へさしこめない．(g), (h), (i) は，ガラス棒にステンレススチール線，ニクロム線，ガラス環

28 4. 実験器材のはなし

などをとりつけたもので，口の狭い容器に入れられる．回転させると遠心力でひろがる．(j) は，ポリエチレン，テフロンなどの月形の板を，回転できるようにガラス棒にとりつけたもので，容器に入れるときは幅を狭くして入れる．かきまぜのときは，(j) の形になり，効率がよい．(k) は手で液をかきまわすときのかきまぜ棒で，普通のガラス棒に短かいゴム，ポリエチレン，ポリ塩化ビニルなどの管をはめ，操作中に器壁にぶつけて容器を割らないようにしてある．

9. 塩化カルシウム管；U字管　反応容器や受器などを密閉したくないが，空中の湿気や二酸化炭素にさらしたくない場合に，塩化カルシウム管をつける*．図 4・15 の (a) にその一例を示してある．普通はガラス製で，自作できる．塩化カルシウムの両端には，固定のために，綿かグラスウールを軽くつめておく．(c), (d) は普通の U 字管で，

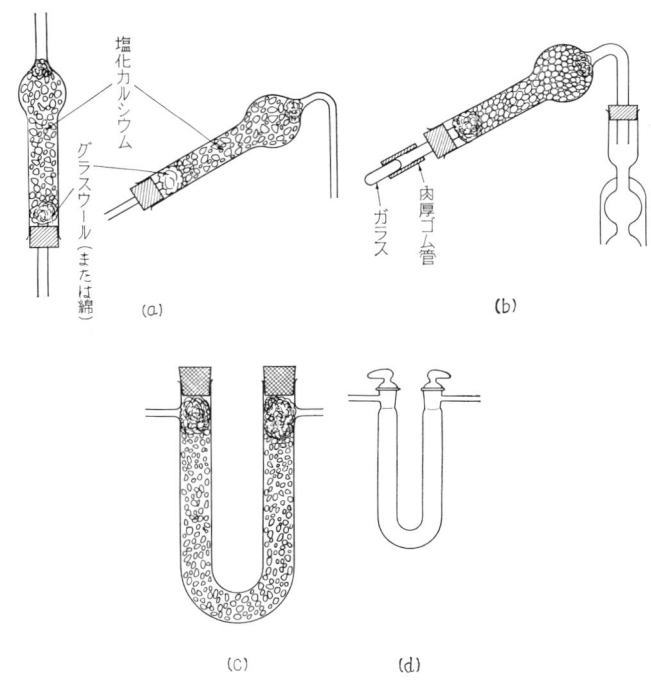

図 4・15　塩化カルシウム管，U 字管

---

* 二酸化炭素を防ぐにはソーダ石灰を入れる．塩化カルシウム管とは，今はこのような目的の装置の名称になっているのであって，この中へ目的に応じた吸収剤を充填すればよい．

主として気体の乾燥に用いるものである．(c) は両端にゴム栓あるいはパラフィンで煮たコルク栓をする．(d) はすり合わせコック付きで，使用しないときは外気を断つことができる．塩化カルシウム管やU字管に，塩化カルシウムなど潮解性の吸収剤が入れてあるときは，そのまま大気中に放置しておくのはよくない．使わないときは，デシケーターの中に入れておく．あるいは (b) のように，空気に通ずる部分に肉厚ゴム管をはめ，ガラス棒で栓をしておくとよい．塩化カルシウム管をつけて反応を行なうとき，一時反応を中止して放置する場合なども，装置がよく冷えてから栓をしておくとよい．

10. 共通すり合わせ器具　すり合わせ器具が一般化し，ひろく実験用ガラス器具の連結に応用されるようになった．ガラス器具類の連結にいっさいコルク栓やゴム栓などを使わず，すべて すり合わせ 連結式にし，そのすり合わせ部分がどの器具にも共通して適合するような，いわゆる共通すり合わせ器具である．図 4・16 はその一例を示すもので，一揃いを用意すれば，反応に，蒸留に，抽出にと応用できる．この場合，すり合わせのもつ長所と欠点があらわれてくるのはもちろんであるが，いずれにしてもコルク栓やゴム栓を用いるよりも進歩している．しかし価格は数倍高価である．

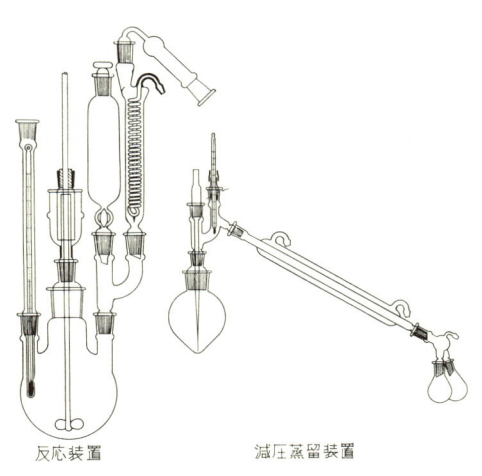

反応装置　　　減圧蒸留装置

図 4・16　共通すり合わせ器具

11. 漏斗（funnel, Trichter），**ろ過びん**（filter flask），**目皿**（perforated disk）　化学実験の中で，重要な操作の一つであるろ過のためには，さまざまの器具を用いている．これらを，その品名と用途をあげて逐次説明し，取扱い上の注意を述べる．すべて，ろ過の操作と関係あるから，5・8 のろ過の項を参照されたい．まず，ろ過に関係のある代表的な器具を図 4・17 に示す．

　(a) は普通の**ガラス漏斗**，直径 2 cm ぐらいのものから 20 cm ぐらいのものまであり，ろ過だけでなく，いろいろな用途に用いられる．定性分析，ひだつき ろ紙を用いる自然ろ過，目皿を使う吸引ろ過，熱ろ過，冷却ろ過などろ過の目的だけでなく，液体を移すと

30　4. 実験器材のはなし

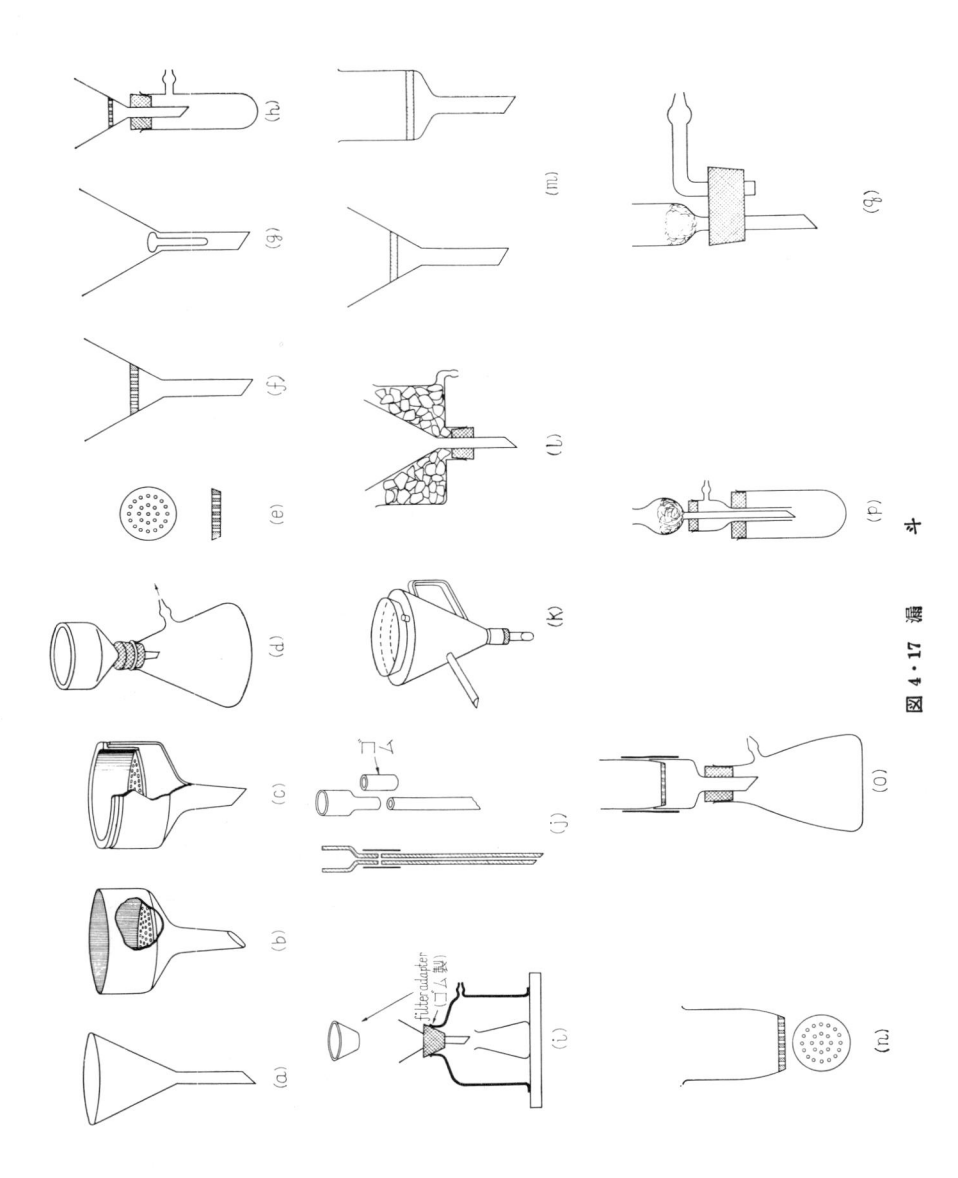

図 4・17　濾過

き，有害な蒸気を集めてアスピレーターで吸引するとき，などにも使われる*．(b) は有機実験になじみの深い吸引漏斗で，**ヌッチェ**（Nutsche）あるいは**ブフナー**（Buchner）の漏斗といわれる．陶製で，直径 3.5 cm ぐらいから 40 cm ぐらいのものまであるが，実験室で一般に使うには 10 cm ぐらいまでで間に合う．この漏斗の欠点として，穴のあいたろ過板と脚部との間の，外から見えない部分を，十分に洗うことができないので，しばしば前の実験に使った物質が見えない所に残っていて，つぎに使用するとき失敗したり不快な思いをしたりする．そこで (c) のように，このろ過板をとりはずしできる形式のものが作られている．使い方は，ヌッチェの脚にゴム栓をはめ，適当な大きさの安定したろ過びんにはめて，ろ過面にろ紙をぴったり密着させ，アスピレーターで吸引する (d)．

(e) は**目皿**といって，陶製あるいはガラス製の円板に，細かな穴をあけたもので，小さなガラス漏斗に入れ，ろ紙をのせて吸引ろ過する (f)．したがって，目皿の厚みの部分には適当な角度がついているのがよい．考案者の名をとって Witt の目皿といっている．

目皿を用いるのは，ヌッチェではろ過できない程度の少量物質をろ過する場合であるから，0.8〜2.5 cm くらいの直径のものが普通である．目皿は漏斗の中で自由に動いて，**使いにくいことがあるので，漏斗にガラス目皿をくっつけたものがある．これを**ヒルシュ**（Hirsch）の漏斗という．洗浄しにくいのが欠点である．

(g) は足長のピンのような形をしたガラス棒（Willstätter nail という）を，ガラス漏斗にはめこんで目皿のかわりに使うろ過法である．適当な大きさのものを自作して用いる．目皿を使うろ過は (h) のように小型のろ過びんか，枝つきの短かい試験管のようなものに，ゴム栓で連結して吸引ろ過する．(i) は**ろ過鐘**（jar bell, Glocke）といって，底の部分が，厚い円形ガラス板とすり合わせになっていて，減圧のときは密着し，常圧のときは開けることができる．ろ過鐘を用いるときは，ゴム栓の代りに，図のようなゴム製のフィルターアダプターを使うと，各種の漏斗が自由に使える．フィルターアダプターには各種の大きさがあり，一つのサイズでも各種の大きさの漏斗やヌッチェを受けられる．普通のゴムよりネオプレン製がよい．

(j) は**フィルターステッキ**（filter stick）といわれ，微量の結晶のろ過に適している．内径 5 mm ぐらいの頭の部分と，肉厚の脚とを，ぴったり合わせてゴム管で連結するようになっており，上下のガラス管の間へ丸く切ったろ紙片をはさんでおく．脚の部分を吸引すればよい．細い首の部分に結晶がたまるので，上下を分解してとり出す．

---

* 熱をかけないときと，吸引しないときはポリエチレン製の漏斗が便利である．

32　4. 実験器材のはなし

(k)は熱い溶液を冷えないうちにろ過する漏斗で，**保温漏斗**または**熱漏斗**（hot funnel, Heisstrichter）という．外側の銅製漏斗形のいれものの中に熱湯を入れ，枝をバーナーで熱する．その中にガラス漏斗をゴム栓でぴったりと固定してある．飽和に近い溶液が，ろ過している間に冷えて結晶が析出しないための工夫である．(l)は，氷などで十分に冷却して析出した結晶が，温まると溶けやすいような場合に，冷たいままろ過するのに使われる**冷却漏斗**（cold funnel）である．中のガラス漏斗を氷で冷やすようになっている．

普通のろ過はろ紙を用いるが，酸やアルカリ液はろ紙を侵すし，微細な粉末物質はろ紙を通過してしまう．そのため，漏斗のろ過面部分に，微細な穴をもつ半融ガラス層を固定した，いわゆる**グラスフィルター**（glass filter）が用いられる．(m)は代表的なグラスフィルターの例である．ガラスろ過層の目の細かさは各種あって，番号で区別してある．グラスフィルターは，使ったらすぐによく水洗し（吸引しながら水を通す），クロム酸混液で洗い，再び水洗して保存する．とくにアルカリ溶液をこした後は，十分に水洗しておかないとろ過面が侵される．

(n)は**グーチ**（Gooch）のるつぼといい，陶製で，底にはとりはずしのできる目皿がついている．目皿の上に，上質アスベストを均一にして，吸引ろ過する．(o)はろ過の一例で，るつぼの連結には，自転車のチューブのようなゴム帯を用いている．(p)はPregl filterといわれるもので，少量のろ液だけを目的物として得るのに用いる．ろには，グラスウールをつめて行なう．(q)はその簡易型である．

12. **分液漏斗**（separatory funnel, Scheidetrichter）

分液漏斗は互いに混合しない二液層を分離するのに用い，また反応容器の中に試薬を滴下する場合にも**滴下漏斗**（dropping funnel）として用いる．図4・18に代表的な型を示す．分液漏斗は，球部の形と，コックの部分が大切である．二つのすり合わせコックはどの漏斗にも共通して使えるものではない．下方のコックは，長時間おいてもほとんど洩らないものでないといけない．
(a)は普通の抽出用で，もっとも一般的なものである．中央の球部は下方コックの上の部分がなるべく細くなっているのが分離の効率

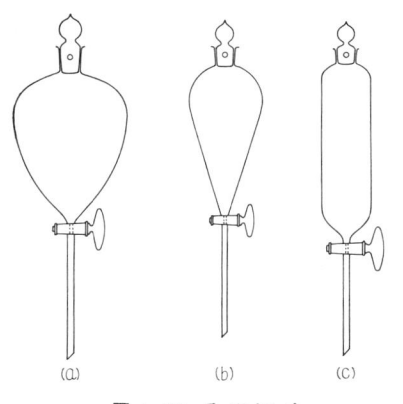

図 4・18　分液漏斗

がよい．(b) はやや小型のもので，下方コックの上部がずっと細くしてある．少量の液を扱うのに適している．(c) は滴下漏斗である．いずれも，すり合わせコックが固着しないよう，また紛失しないように注意すること．(p. 63, すり合わせ器具の取扱いの項参照).

13. 水流ポンプ(water-jet pump, Wasserstrahlpumpe), **アスピレーター**(aspirator, Aspirator)　水流ポンプは，水道の蛇口にしっかり取りつけて，水の流れによって減圧をつくるガラス器具で，吸引ろ過および簡単な減圧蒸留などにはなくてならない設備である．

アスピレーターとは，一般に空気あるいは水蒸気などを吸い出す装置の総称で，水流ポンプはアスピレーターの一種である．普通にはほとんど同義語として使っている．吸引ポンプあるいは filter pump ということもある．一般に用いている水流ポンプは図 4・19

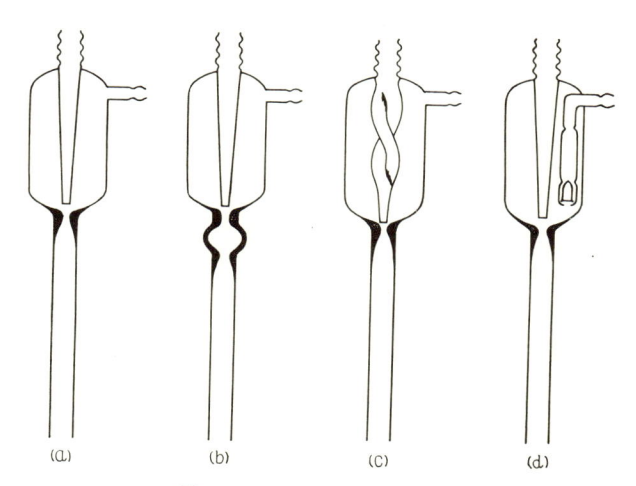

図 4・19　水　流　ポ　ン　プ

のようなもので，Bunsen の発案したものである．(a) はもっとも簡単な形である．(b) は水の噴射口のすぐ下に球部があって，そこからまた狭い部分を一つ経て流れるので，減圧作用が2回起こる．(c) はもっとも普通に用いられるものである．水流ポンプは，圧力の関係で逆流することがあるから，逆流防止の弁をつけたものも考案されている．(d) はその一例である．そのほか，金属製やポリエチレン製で，いろいろの形のものがあるが，日本ではあまり使われていないようである．

4. 実験器材のはなし

水流ポンプを水道の蛇口へ取りつけるのには、図4・20に示すように、なるべく肉厚のゴム管（長さ 5 cm 位）でしっかりとつなぐ。このとき蛇口とポンプとの間にすき間があいていてはいけない。ゴム管の上から綿布を三重ぐらいに巻き、その上を針金か丈夫な紐でしっかりと巻きつける。ポンプがはずれないように、針金か紐を水道の栓の部分へ2回ほどひっかけて巻く。つぎにまたその上を布で幾重にも巻き、その外側を紐で再びしっかりと巻く。これをいい加減にしておくと、水圧のために抜けて、ポンプをこわしたり、ゴム管が破れて水が噴出したりする。

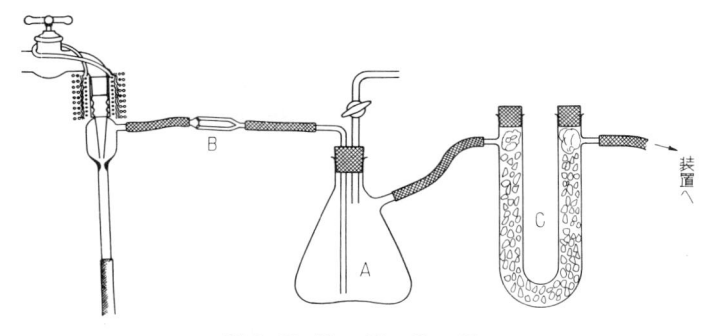

図 4・20　減 圧 装 置

ろ過や減圧蒸留に使えるようにするためには、図4・20のように安全びん A を取りつける。また十分な用心のために安全弁 B をつけることもある。もし扱っている物質が水分を嫌うものであれば、塩化カルシウムあるいは五酸化リンなどを入れた U字管 C を取りつける。連結に用いるゴム管は、すべて肉厚のものである（外径 15 mm ぐらいが扱いよい）。冷却器用の黒ゴム管は役に立たない。栓類は一切ゴム栓を用い、ピッタリとはめる。安全びん A のコックはグリースをぬっておく。上手に装置を組めば 15〜20 mmHg ぐらいの減圧ができる。普通の場合は B, C は用いず A の安全びんだけでよい。ポンプを止めるときに、そのまま水道栓をひねって水を止めると、水が逆流するから、まず A のコックを開いて、常圧に戻してから水を止めること。水流ポンプの下端に長いゴム管をはめて、針金で結びつけておくと、能率もよいし、水がとび散らない。

14.　メスシリンダー（graduated cylinder, Messzylinder）　　1 l, 200 ml, 20 ml の3種を用意しておくと、大抵は間に合う。少量の液を正確に測るには、**メスピペット**（measuring pipet, Messpipette）がよい。厳密な実験のときは、クロム酸混液でよく洗浄して

用いる．一般に，目盛のついた計測ガラス器具の乾燥は，電熱乾燥器などで熱を加えて行なってはならない．使用後は，すぐに洗浄した後自然乾燥して，いつでも使えるようにしておく．

15. デシケーター（desiccator, Exsikkator）　デシケーターは固体物質を乾燥したり，湿らぬように保存したりするものである．図 4・21 に代表的なものを示す．

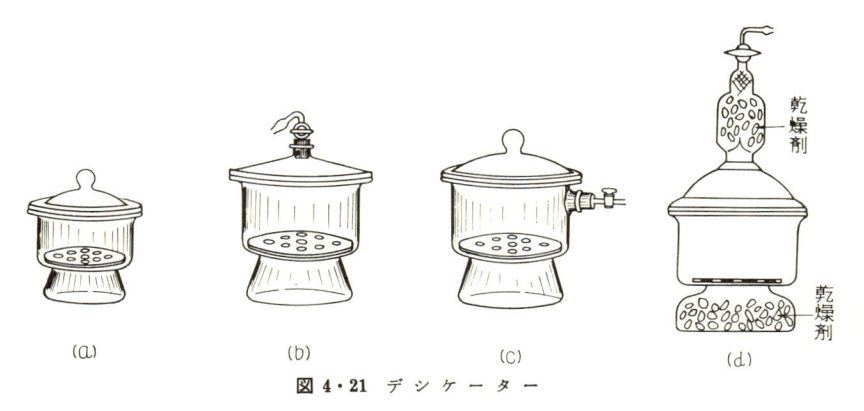

(a)　(b)　(c)　(d)

図 4・21　デ シ ケ ー タ ー

透明ガラス製と，光線を嫌う化合物のための褐色ガラス製とがある．(a) はもっとも一般的なもので，直径 15 cm ぐらいのものから 40 cm ぐらいの大きなものまである．蓋がすり合わせになっていて，ワセリンを薄く塗って使う．(b), (c), (d) は，デシケーターについているコックの先をポンプにつないで，器内を減圧にして用いるもので，(a) よりずっと能率がよい．大切なものを，常温でなるべく早く乾燥したいときに愛用される．いずれも，底の部分に適当な乾燥剤を入れ，穴のあいた陶製の板の上に，乾燥しようとする物質を置いて，蓋を密閉する．気温が上って内部の空気が膨張すると，デシケーターの蓋がとれやすい．温度の上る場所や日の当る所に置いてはいけない．デシケーターを持ち運びするときは，蓋の部分に手をかけて，抑えるようにして持つ．蓋がくっついてとれなくなったら，5・1, p. 64 に示す方法でとることができる．物質を入れて乾燥する場合の諸注意は，5・17, p. 127 を参照すること．デシケーターは見かけによらず高価であるから，取扱いには注意してほしい．

16. 洗びん（washing bottle, Spritzflasche）　普通，蒸留水を入れて用いる洗びんは，首の部分がすり合わせになっている．図 4・22 (a) は一般的な洗びんの例である．(b) は，平底フラスコに 2 本のガラス管を通したゴム栓をはめた手製の洗びんである．

(c) は，小型の三角フラスコを利用したものである．いずれも，一方から口で息を吹込んで水を噴出させる*．

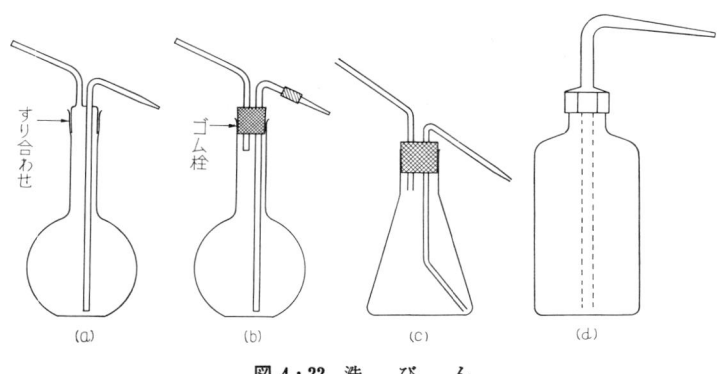

図 4・22 洗　び　ん

(d) は，ポリエチレン製の洗びんで，ガラス製のものより便利である．噴射管のついた蓋をびんの口へねじこむ．これを用いると，口で息を吹込んで噴射させる代りに，びんを握ると胴がへこみ，その圧力で水が出る．用途に応じて，エタノール，アセトンなどの溶媒を入れて使うことができるので，非常に便利である．

17. 洗気びん（wash bottle, Waschflasche）　気体の乾燥，洗浄などに用いられる．図 4・23 に代表例を示す．(a) は Muencke 式，(b) は Walter 式でもっとも一般に用いられるものである．(c) は Woulff 式，ありあわせのもので自作できる．(d) はもっと

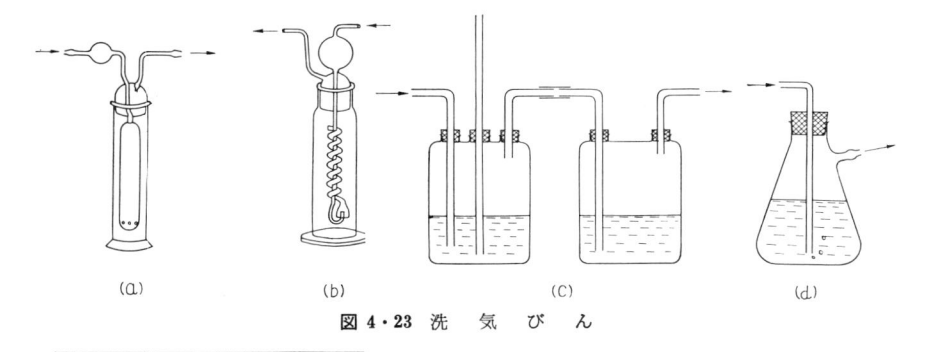

図 4・23 洗　気　び　ん

---

* 普通の有機実験では，ゴム栓を使った (b) か (c) で十分である．また，蒸留水のかわりに水道水で間に合うことも多い．

も簡単な即席手製でろ過びんを利用している．洗気びんを使う場合は，常に逆流を防ぐ注意を怠ってはならない．

18. 抽出器（extractor, Extraktionsapparate） 抽出器には，固体抽出用と液体抽出用とがある．もっとも簡単な固体の抽出は，抽出溶媒の中に固体を粉砕して入れ，十分還流した後にろ過すればよいが，手数がかかって不便であり，不完全である．そこで，連続して徹底的に抽出するために，各種の抽出器が考案されている．図 4・24 の (a) は，

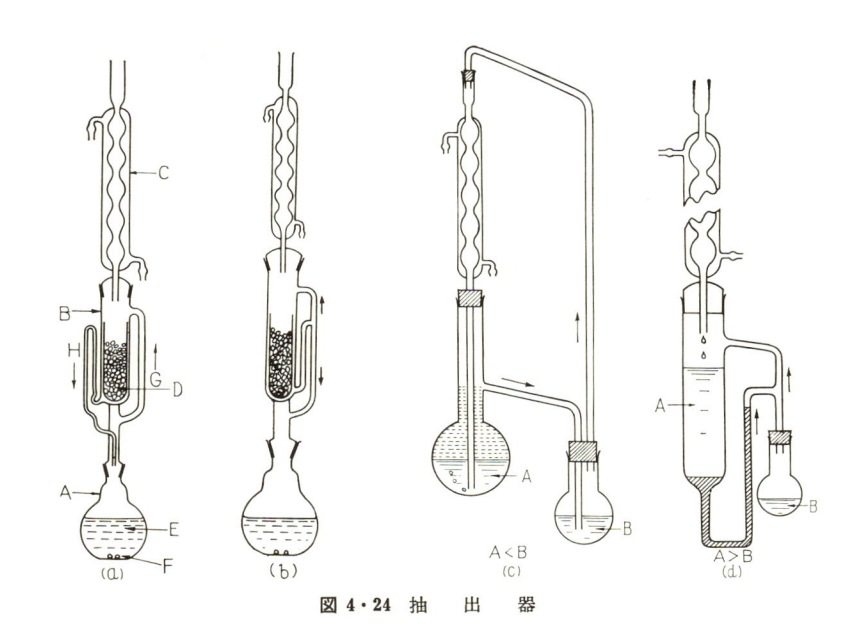

図 4・24 抽 出 器

ソックスレー（Soxhlet）抽出器といわれる．フラスコ部 A，抽出部 B，還流冷却部 C,の三つを，すり合わせで連結する．適合する大きさの円筒形ろ紙Dに，抽出する固体を粉砕して 7 分目に入れる．フラスコ部に，適当な溶媒 E を 8 分目に入れる．沸石 F を入れ，浴で加熱する．溶媒は静かに沸騰して，蒸気はGの側管を上って冷却器 C に達し，液化してD 部に溜る．D に液が溢れると，H の側管を伝わって全部 A へ落ちる．液が D にある間に冷えて，A に落ちたとき E の沸騰が中断されると，沸石が利かなくなって突沸するから，D の保温と E の液量に注意する．E の量が少ないと沸騰中断が起こりやすい．(b) のパーコレーターは，液が常に流れているので，その点の心配はない．

38   4. 実験器材のはなし

　液体を抽出するもっとも簡単な方法は，分液漏斗による抽出であるが，連続して徹底的に抽出できない．(c) と (d) は液体用の連続抽出器の代表的な例である．A が抽出される液体混合物で，B が抽出溶媒である．B は A と混和しない液である．装置 (c) は A の比重が B より重い場合，装置 (d) は A の比重が B より軽い場合に用いる．いずれも，B のはいったフラスコを浴で加熱して，B を循環させ，A の層を通過させて連続抽出する．

　19. 融点測定管　融点測定管は，図 4・25 に示すようなもので，普通はこの中に濃硫酸あるいはシリコーン油を入れて用いる．(a) はもっとも簡単なもの，(b) は (a) よりも能率がよい．(d) および (e) は温度計を装置した図である．温度計をさしこんだコルク栓には，横に切れこみをつくって，測定管のなかが気密にならないようにしておく．(c) は管の球部に二つの短かいガラス管の枝が出ていて，ここから測定用の毛管をさし込む形式である．融点測定のため，温度計をとり出さずにすむので便利である．(f) は浴の加熱を均一にするために，小さなかきまぜ機を装置したものである．

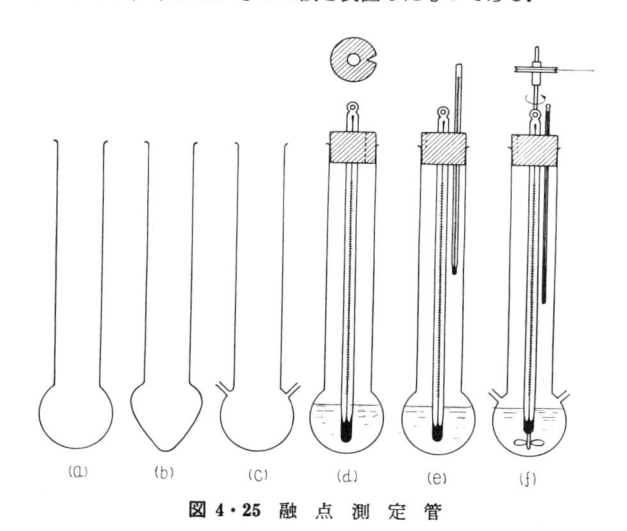

図 4・25　融 点 測 定 管

　20. 蒸発皿（evaporating dish, Abdampfschale）　蒸発皿は普通のものは磁製である．小さなものはガラス製のものがある．特殊なものとしてニッケル，銀，鉛製のものもある．大きさは，直径 4 cm ぐらいの小さいものから，数 l はいるものまである．磁製のものは質を選ばないと割れやすい．図 4・26 に示すようにいろいろの型がある．(a) は一

4・2 いろいろの器具と用法　39

般によく用いられる丸形，(b)は縁の部分を補強したもので，とくに大型の蒸発皿にこの型が多い．(c)は能率のよい平形，(d)は扱い易いように，磁製あるいは木製の柄のついたもので，**カセロール**（casserole, Kasserolle）という．(e)は液をあけるときに便利なように，くちばしをつけたものである．蒸発皿を直火で熱するときは，注意しないと割れることがある．小さな蒸発皿の操作には，蒸発皿挟みが必要である．

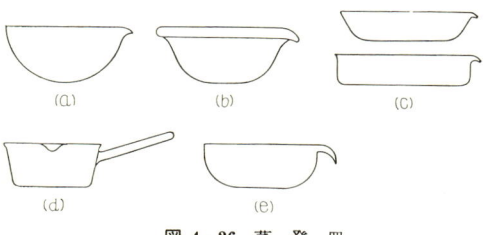

図 4・26　蒸 発 皿

21. 乳鉢（mortar, Mörser）　乳鉢は固体試料の粉砕器である．付属品として**乳棒**（pestle, Pistill）がついている．図 4・27 (a)は普通使われるもので，磁製，ガラス製，メノウ製などがあり，磁製が普通品である．(b)は鉄製で深い形をしており，大理石，ドライアイスなどを砕くに用い，形も大きい．(c)は鉢の底部に厚いゴムの輪をはめこんであるもので，座りがよくて安定し，不快な音も立てない便利なものである．大量の物質をすりつぶすには，乳鉢を台の上に固定し，乳棒を電力で機械的に動かして，自動的に粉砕する機械が市販されている．

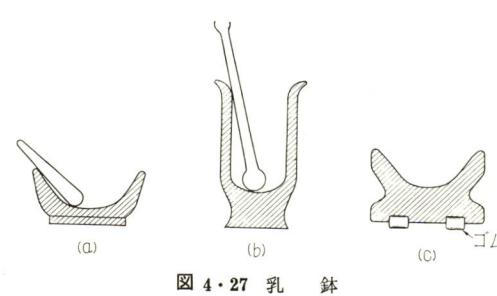

図 4・27　乳　鉢

22. スタンド（架台）（stand, Stativ）　スタンドは化学実験になくてはならない道具である．装置の組み立て，器具の支えなどに利用され，有機実験には少なくとも 2 個のスタンドが要る．スタンドは鉄製で，その種類も多いが，有機実験に割合関係の深いものを図 4・28 に示す．

(a)はもっとも一般的な型のスタンドで，Bunsen 型とよばれる．台と支え棒がネジこみになっており，はずすことができる．支え棒には，器具をはさむ腕のような金具——**クランプ**（clump）をとりつける．クランプをとりつけるのには特殊の金具——**ホールダー**（holder）を使う．スタンドを用いて，加熱装置，反応装置などを組みたてるには，さらに鉄製の**リング**をとりつける．一つのスタンドに二つのクランプと大小 2 種のリングをつ

40   4. 実験器材のはなし

けておけば大体間に合う．クランプにもいろいろの種類がある．クランプでガラス器具をはさむとき，鉄でガラスをしめつけて破損しないように，器具をはさむ部分に，あまり厚

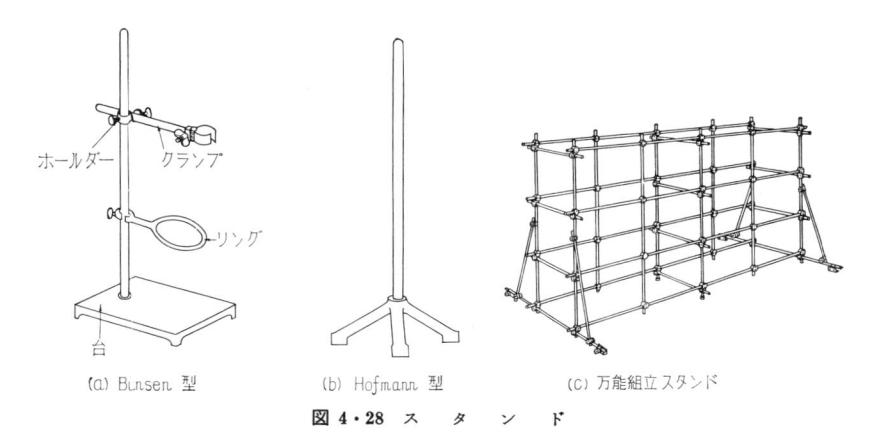

(a) Bunsen 型　　(b) Hofmann 型　　(c) 万能組立スタンド

図 4・28　ス　タ　ン　ド

くならぬように木綿布をまきつけておくとよい．クランプ，ホールダー，リングの締めねじにはグリースをよくぬっておかないと，知らぬ間にさびついてしまう．このスタンドは安定のよいように，台が重く大きくかさばっているので，複雑な装置を組み立てるときは取扱いにくい．(b) は (a) よりもかさばらず取扱いには軽便にできているが，重い装置をとりつけるとやや不安定である．(c) は万能組立スタンドで，これらの縦横の棒は自由にその位置を変えることができ，本数も増すことができる．これにクランプやリングを適当に取りつけて，種々の装置を組むことができる．最近は，一つ一つのスタンドの代わりに，実験台上に (c) のような組立スタンドを固定してとりつける方式が好まれるようになってきた．

23. 伸縮架台　　ガラス器具で各種の実験装置を組みたてるとき，どうしてもバーナーや受器などの高さを加減しなければならない．普通いろいろの厚さの木片などを積み重ねて高さを調節するが，図 4・29 のような金属製の伸縮架台を使うと，横のねじで自由に台の高さを調節することができるので，便利である．

図 4・29　伸縮架台

24. バーナー (burner, Brenner)，三脚 (tripod, Dreifuss)　　バーナーと三脚も実験室の日用品である．石炭ガス用のバーナーは 19 世紀に Bunsen が発案したもので，ブ

4・2 いろいろの器具と用法　41

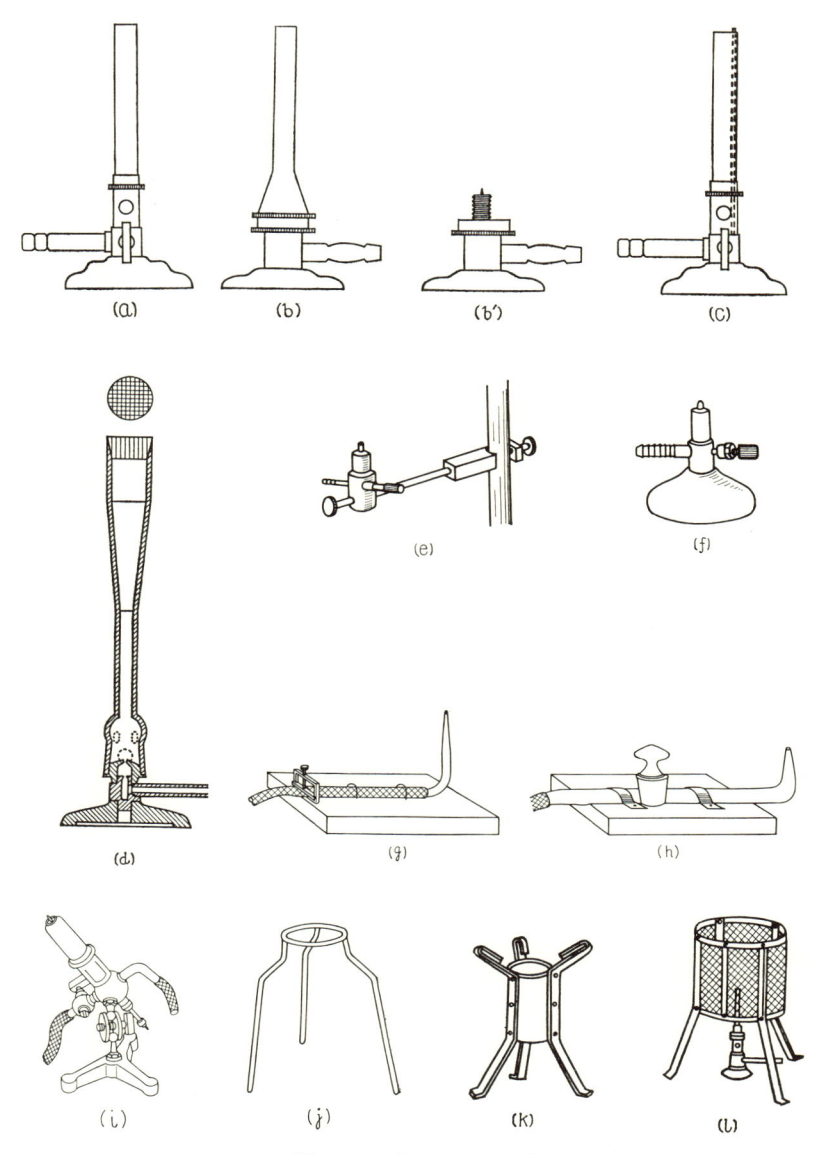

図 4・30　バーナーと三脚

ンゼンバーナーともいわれ，改良されつつ現在も用いられている．反応装置の加熱にはバーナーと共に鉄製の三脚を用いることが多い．スタンドのリングを三脚の代りに用いることもできる．図 4・30 にバーナーと三脚の主なものを示す．

(a) はブンゼンバーナーのもっとも簡単な型で，外側についたねじでガス送入を調節し，横の穴を左右に回して空気の送入を調節する．(b) はテクルバーナー（Teclu burner）といわれるもので，上のリングを左右に回すと空気の送入が調節でき，下のリングを回すとガスの送入が調節できる．ガスは細い穴から勢よく噴出するので空気穴付近が減圧になって空気が吸いこまれ，ここからガスが洩れることはない．上のリングをまわして筒の部分をとりはずし，(b′) のようにして，ガスの送入を弱くして点火するとミクロバーナー (f) の代用として使える．(c) は筒内に別の細い管が上の端まで出ており，予備点火式になっている．一般にブンゼンバーナーは，ガス量に比べて空気が多くはいりすぎると，火が消えるか，あるいは火が筒内へはいって，いわゆるバーナーの内燃になる．これを防ぐには筒先に銅の網をかぶせてもよいが，(d) のような網帽子のついたメッケルバーナー（Méker burner）がある．網はニッケル，銅，磁製などがあって，炎の安定と火力の補強を兼ねている．セミミクロの操作のためには (e), (f) のようなミクロバーナーがある．空気穴は一定していて，外側のねじでガス量を調節する．ガス量が多いと消えやすい欠点がある．(f) は Thomas のミクロバーナーという．(g) はガラス細工で自作できるミクロバーナーである．ガスの加減はスクリューコックでゴム管を開閉して行なう．(h) はガラスのすり合わせコックを細工したもので，たいへん使いよく便利である．(i) はガラス細工用のバーナーで，ブンゼンのブローパイプという．形式はいろいろあるが，図示したものがもっとも便利である．一方からふいごで空気を送ったり，ボンベの酸素を送ったりするようになっている．(j) は普通の鉄製三脚台．大きさは数種ある．(k) は風よけのついた三脚，(l) は金網で囲んだ三脚で，引火を防ぐようになっている．

25. 湯浴（水浴）(water-bath, Wasserbad)，油浴（oil bath, Ölbad)　湯浴は，加熱，蒸留，蒸発などに広く用いる．普通の湯浴は銅製で，割合に高価である．簡単な操作のためには，アルマイトやホーローのボールで代用され，牛乳沸かしなども役に立つ．中に入れて加熱する器具の安定や，酸・アルカリに触れさせない注意が必要である．また，使用後は水をはらって乾かしておくとよい．市販の湯浴を図 4・31 に示す．

(a) はもっとも一般的なもので，大小揃っている．(b) は内容の湯の量を多くして，すぐに水を追加しなくてもよいようになっている．(a), (b) ともに組合わせになったリン

グの蓋がついている．湯浴のからたきは禁物である．理想的な湯浴として(c)がある．自動給水式になっており，バーナーの周囲に細かい金網がはりめぐらしてあって，引火を防いでいる．さらに，湯浴の蓋の部分には 2～3 個の大きな穴があけてあり，そこに，たくさん小穴のあいた丸い枠をはめ，その上に大小のビーカーやフラスコを置けるようにしてある．したがって，器具の安定には理想的である．ガスで加熱するかわりに電熱で加熱する湯浴も普及している．(d) は，普通の湯浴に，自動給水の工夫をしたものである．湯浴の底には，金属のリングあるいはガラス棒を三角形にまげたものに布を巻いて沈めておき，器具の底部が直接に湯浴にあたらないようにするとよい．

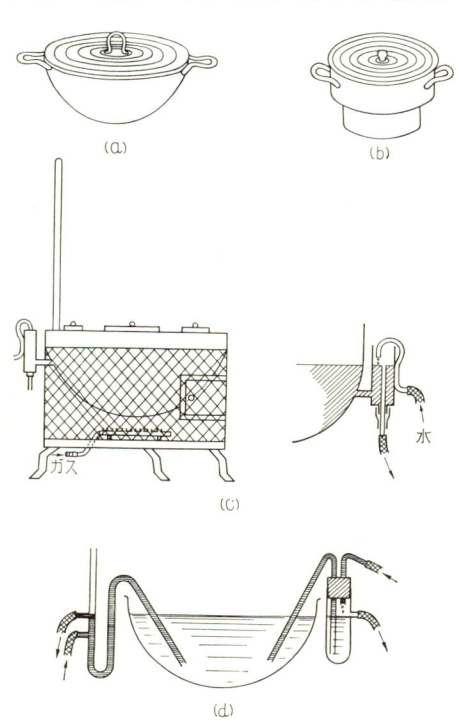

普通の湯浴あるいはその代用となる容器に，油を入れると**油浴**になる．

26. マントルヒーター（mantle heater, Heizmantel） 可燃性の溶媒などをよく使う有機実験で，引火の危険を避けながら，各種の実験器具を電熱で加熱するための道具である（図 4・32）．丸底フラスコ用，三角フラスコ用，ビーカー用，漏斗用などの種類があり，それぞれの器具の外側をすっぽり包めるようなマントルをガラス繊維の布でつくり，その中に特殊ニクロム線を平均に入れたものである．大きさも 50 ml 用から 5 l 用ぐらいまで各種のものがある．危険性が少なく，熱効率よく，均一に加熱することができる．スライダックを併用すれば，加熱温度を調節することができる．

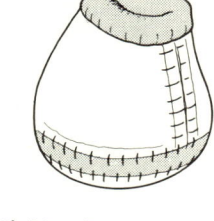

図 4・31 湯　　浴

図 4・32 マントルヒーター

44   4. 実験器材のはなし

27. 水蒸気発生器　水蒸気蒸留を行なうとき，液の中にふきこむ水蒸気を発生させるための装置には，図 4・33 に示すようなものがある．(a),(b) は銅製で，3 l 位の容量

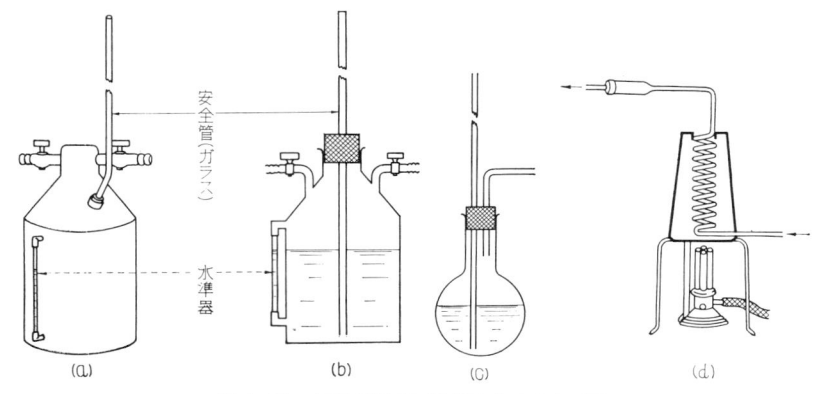

図 4・33　水蒸気発生器（栓類はすべてゴム栓）

のものが普通である．内部の水蒸気圧がわかるように長いガラス管で安全管をつくっておく．水蒸気出口のコックが二つある．一方の口を蒸留装置につないでコックをしめ，他の口のコックを開いておいて，中の水を加熱する．水蒸気が順調に出はじめたら，コックをきりかえて，水蒸気を蒸留液の中に導くようにする．水蒸気の送入を止めるときは，両方のコックを開いて火を引けばよい．水準器に注意して，決してからたきをしてはいけない．(c) は簡単に実験したいとき自作できる装置で，大型の丸底フラスコを利用したものである．(d) は**過熱水蒸気発生装置**で，発生した水蒸気をさらに加熱するようになっている．

28. モーター（motor, Motor）　かきまぜ，ふりまぜなどの動力にはモーターを用いる．実験室では一般に，1/20 HP 程度のものが適している．モーターは 5～10 アンペア程度のスライダックと共に用いて，回転速度を調節すると便利である．かきまぜには，滑車をとおしてかきまぜ棒をまわすが，滑車を使わないでモーターを直接かきまぜ棒に連結できる便利なかきまぜ装置もある（図 4・34）．

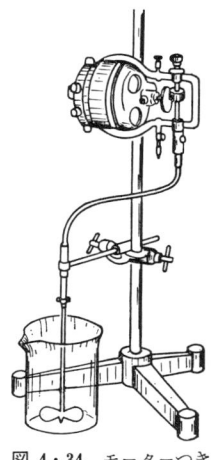

図 4・34　モーターつきかきまぜ装置

29. マグネチックスターラー（magnetic stirrer）　簡単で便利なマグネチックスタ

4・2 いろいろの器具と用法　45

ーラーというかきまぜ装置がある．図 4・35 に示すようなもので，原理は (a) にみられるように，特殊鉄片を硬質ガラス管あるいは合成樹脂の管に封入した小型のかきまぜ棒を

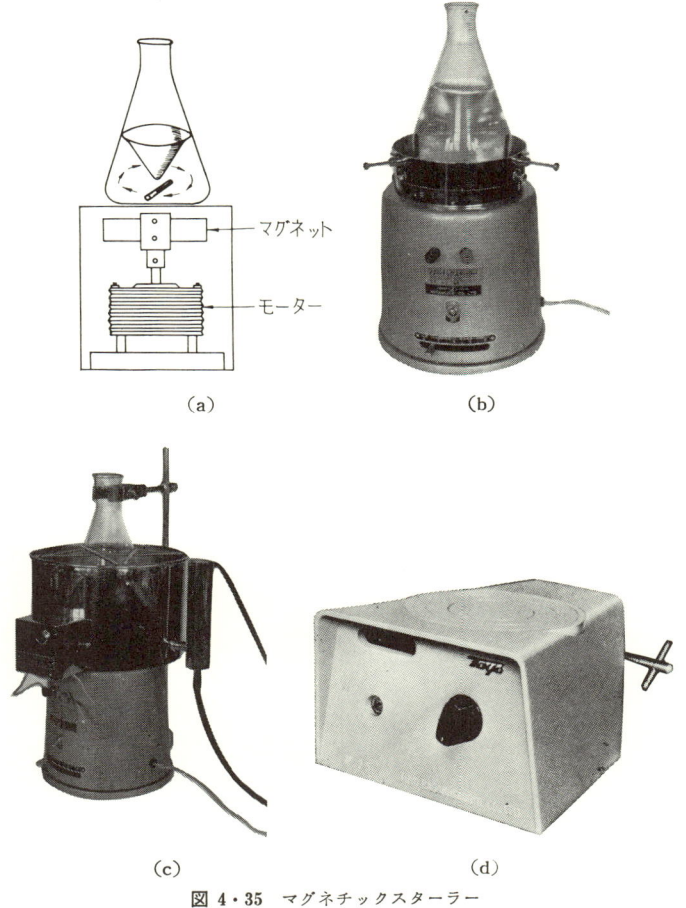

図 4・35　マグネチックスターラー

容器中の液体の底に入れ，容器の下に置いた装置の中でマグネットを回転させて，かきまぜ棒を一緒に回転させる仕組みである．回転速度を自由に調節することができる．(b) のようにして使い，また (c) のように湯浴を使うこともできる．これで困難な機械的かきまぜが非常に楽になるが，あまり粘度の高い液などのかきまぜはできない．(d) のような小

46 　4. 実験器材のはなし

型のマグネチックスターラーに柄をつけて，組立スタンドなどに直接とりつけられるようにしたものは，手軽で便利である．

30. ふりまぜ機（振盪機）（shaker, Schüttelmaschine）　有機反応の操作は，ふりまぜることが多い．簡単な場合は手で行なうが，手におえないほどの長時間あるいは大量の場合は，ふりまぜ機によらねばならない．いずれもモーターを利用したもので，たとえば図 4・36 のようなものが用いられる．

31. 上皿天秤　有機実験では，試薬の秤量に図 4・37 のような上皿天秤を用いることが多い．セミミクロ程度の実験では，50 g 用程度の小型上

図 4・36　ふりまぜ機

皿天秤を，普通の場合は 200 g 用程度のものがよく用いられる．ときには 2 kg ぐらいのものも必要である．これらの上皿天秤は，一般に右の皿と左の皿とがきまっていて番号がついているから，勝手に左右を変えてはいけない．使用するときは，試薬を皿の上にこぼさぬ注意が必要である．使わないときは，片方の皿をはずして他方の皿の上へ重ね，針が動かぬようにして，箱をかぶせ，ほこりがかからないようにして，酸や塩基のガスにふれ

図 4・37　上皿天秤　　　　　　　　　　図 4・38　自動上皿天秤

4・2 いろいろの器具と用法   47

ない所に置く．最近はさらに便利な，自動上皿天秤が普及してきた．図 4・38 に一例を示す．これは，たとえば 100 g 用の天秤ならば，5 g 以内の範囲は分銅を使わず目盛だけで読みとれるので，わずらわしさが軽減される．秤量物を置く皿の上下運動は，内部で機械油の抵抗をつけてあるので，早く静止する．また，天秤の重要部分であるエッジなどが，箱の中に納められているので，損傷が少ない．

32. 圧 力 計（manometer, Manometer） マノメーターともよばれている．減圧蒸留には必ず必要なもので，数種のものが用いられている．図 4・39 に主なものを示す．

（a）は両端が開いたガラス管の中に水銀を入れた開管式のもので，U字管の高さは約 80 cm ある．図の右下の口の一方を装置につなぎ，他方をポンプにつなぐ．両方の水銀柱の高さの差を，その時の大気圧（別に気圧計で知る）から引いたものが，装置内の圧力である．水銀が汚れた場合は取り出して洗うことができる．

（b）はもっとも一般に用いられる閉管型のマノメーターで，小型で扱いに便利である．両方の管内の水銀柱の高さの差が，直接に装置内の圧力を示す．目盛板を上下にスライドさせて読みとれるようになっている．ただし，減圧 1 mm～150 mm くらいまでの範囲しかわからない．測定後コックを開いて水銀柱をもとに戻すときは，きわめて徐々に気をつけ

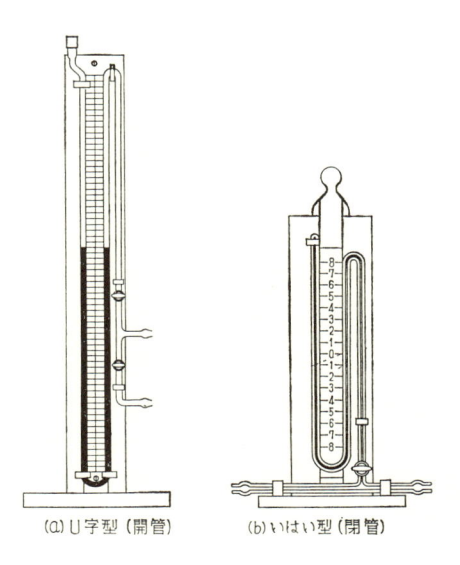

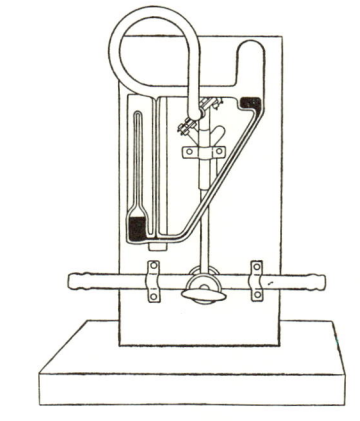

(a) U字型（開管）　　(b) いはい型（閉管）

(c) 回転式 MacLeod 真空計

図 4・39　圧 力 計

て行なわないと，水銀が勢いよく戻って閉管の先端をつき破ってしまう．(c)は回転式のマクラウド (MacLeod) 真空計で，高度の減圧を精密に測定するのに用いる．

圧力計を使うときは，ポンプとの間に安全びんを入れて連結することと，常時コックを開けはなしておかないこと，コックの開閉は注意して静かに行なうことが必要である．なお使用法は減圧蒸留の項 (p. 106) 参照．

33. ロータリーエバポレーター (rotary vacuum evaporator) 大量の溶媒を減圧低温で蒸発させるための便利な器械である．図 4・40 に示すように，濃縮しようとする液を入れるフラスコAと，凝縮した溶媒を受けるフラスコBと，フラスコ部分を回転させるためのモーターCとが組み合わされている．Dの口から水流ポンプで引きながら，フラスコを回転させると，Aの中の溶液がフィルム状の膜になってフラスコの内壁にひろがり，減圧下に能率よく表面から蒸発する．蒸気はフラスコBの中に突き出た内管の穴からBに入って凝縮する．Bの部分を水で冷せば凝縮の能率がよい．モーターCの回転軸はテフロン製で，フラスコBのすり合わせに頑丈に結合される．フラスコAとBは共通すり合わせになっていて，Aのところには各種のフラスコをつなぐことができる．

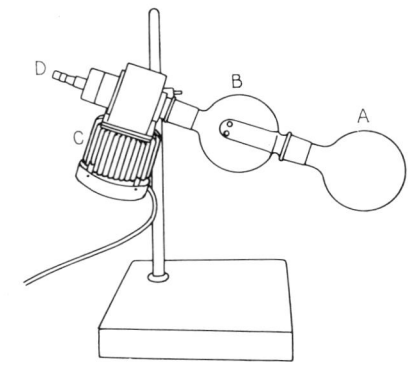

図 4・40 ロータリーエバポレーター

34. ナトリウムプレス（ナトリウム圧搾器） 溶液や溶媒の十分な乾燥のために，金属ナトリウムが便利に用いられる．この場合，ナトリウムを細い線状にしたナトリウム線 (sodium wire) を用いることが多い．ナトリウム線は図 4・41 に示すような，鉄製のナトリウムプレスを用いて作る．

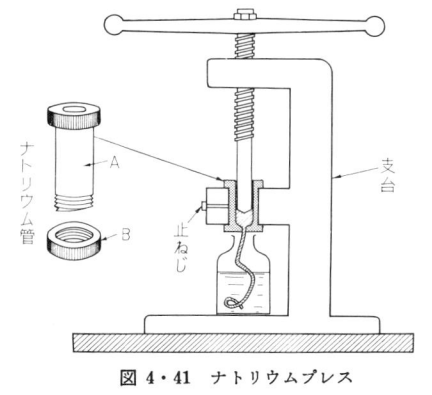

図 4・41 ナトリウムプレス

丈夫な鉄の支台に，外径 4～5 cm，長さ 10 cm ぐらいのナトリウム管をとりつける．ナトリウム管の上部から，管の内径にぴったりした鉄の棒をハンドルでまわしながら押し

こむと，ナトリウムが下の細い口から線状になって押し出されてくる．それをこれから乾燥しようとする液体* のはいった容器で受ける．支台全体に力がかかるので，厚く大きい板にねじで支台を固定しておき，操作するときは，その板を足で踏んで動かないようにしてハンドルを回す．

 ナトリウム管はさびないようにワセリンか油を塗って保存してあるので，使用に際してはまず塗ってあるワセリンなどを布でよく拭きとり，全体をエタノールで洗って乾かす．口金Bの中央には，ナトリウムの出口になる穴があいている．この穴は直径 2〜3 mm 程度のものである**．穴にごみやかすのつまっていないように点検する．支台の押し棒もきれいにする．ナトリウムを石油からとり出し，よく油をふき，よごれた表面は十分に切り取り，きれいな金属面の出たナトリウムを小さなさいの目に切って，ナトリウム管Aに7分目につめて，支台にさしこみ，口金 B をはめる．ナトリウム管は支台についている止ねじで固定する．ナトリウム管の下にあてがった受器のびんが倒れないように注意しながら，静かにハンドルを回すと，棒が下ってて管の中のナトリウムを圧搾し，Bの穴からナトリウム線が出てくる．終ったらハンドルを回して棒を上へあげ，ナトリウム管を支台からはずす．Bのねじが堅くなって回らなくなることがあるから，スパナーを用意しておくとよい．Bの両側を少し平らに削って，スパナーが掛りやすくしておくとよいし，またナトリウム管Aの止めねじを受ける部分を少し平らに削っておくとよい．こうすれば，口金Bをスパナーでとりはずすとき容易である．ナトリウム管をはずしたら，くっついているナトリウムのかすをガラス棒でけずりとり，そのあとを蒸発皿などに入れたエタノールを脱脂綿に含ませてよく洗ってナトリウムを完全に除去する．ハンドルの棒の先端もよく洗う．乾いた布でふいてから，ワセリンを十分にぬっておく．後始末をよくしておかないと，すぐにさびて使えなくなる．

35. 電気定温乾燥器　　実験器具の乾燥に，結晶の乾燥に，およそ加熱して乾燥してよいものすべてに用いる．断熱材を入れた金属製の箱を，底に入れたニクロム線の電熱で加熱する．所定の温度を目盛にセットしておくと，バイメタルによって電流が断続し，内

---

* あらかじめ塩化カルシウムなど一般の乾燥剤で大体の水分を除去乾燥しておいてからナトリウムを入れる．液体の乾燥の項 p. 133 参照．
** 製品によっては，この穴の径が非常に細いものがある．穴が細いほど細いナトリウム線ができるので，能率がよいはずである．しかし，細い穴は操作中にナトリウムがつまりやすく，つまったナトリウムを細い針金などでつついて出すことになる．これは非常に危険である．ナトリウムは，管内で非常な圧力がかけられており，穴をつつかれたとき，猛烈な勢いで噴出することがある．そこに手があれば，手はナトリウムの針で貫ぬかれる．手にはいったナトリウムは簡単にとれず，取返しのつかない傷になる．安全を考えると，口金の穴はむしろやや大き目のほうがよい．

部がほぼ定温に保たれる．各種の型があるが，一例を図 4・42 に示す．

酸の蒸気の出るものや，引火性溶媒を含んだ結晶は，この中へ入れてはいけない．

36. 足ふみふいご　ガラス細工，そのほか大量に空気を送るには，足でふむふいごが用いられる（図 4・43）．ふいごの上部の，空気貯蓄室についている丸いゴム板は，ときどきとりかえなくてはならない．大きさは数種類あるので用途によって適当にえらぶ．

ふいごは適当な大きさと厚さの木製の台にねじでとりつけて，安定にして用いる．

ふみ方は，小きざみに連続的にして，送られる空気が，強弱なくつづくようにするのがよい．

37. 手ふいご　ゴム球を手で押して風を送る図 4・44 のようなふいごである．少量の溶媒は，この風で追い出すことができる．(a) は普通のもので，網をはった柔かいゴム球が中間についていて，おだやかな風がでる．(b) はややかための肉厚ゴム球で，強い風が出る．構造も簡単で，手軽に使える．

図 4・42　電気定温乾燥器

図 4・43　足ふみふいご

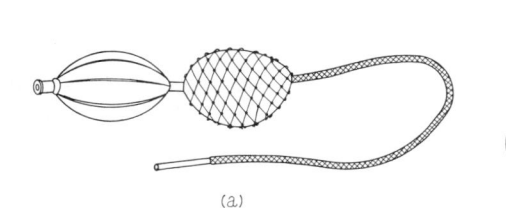

図 4・44　手ふいご

38. コルクプレス（cork press, Korkpresse）　図 4・45 のようなもので，安定した木の台に固定して用いる．反応などに用いるコルク栓は，使う前にこれを用いてよく圧搾してやわらかくしておかねばならない．はじめは力をあまり入れないで，コルクを回しながら静かに

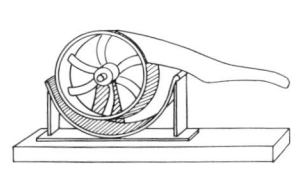

図 4・45　コルクプレス

圧搾するようにする．

39. コルクボーラー（cork borer, Korkbohrer）　コルク栓やゴム栓に，思うような穴をあける小道具である．黄銅の管に鋼鉄の刃がついた図 4・46 (a) のような形をしたもので，刃がなめらかなものと，のこぎりのようにギザギザになったものとある．直径 3 mm ぐらいの管から 30 mm ぐらいのものまで揃って，3 本組，6 本組，12 本組などの組になっている．刃が切れなくなったら，(b) のような研摩器でとぐと切れるようになる．とぎ方は先端 A をボーラーの穴に入れ，B の刃をボーラーにくっつけて固定しておき，ボーラーを回転させればよい．

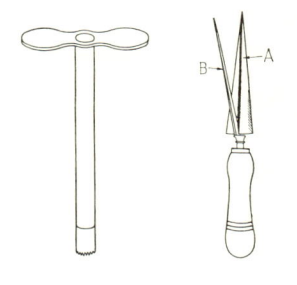

図 4・46　コルクボーラー

コルクボーラーは，あまり力をこめて扱うと，すぐ曲ってしまうから気をつけなければいけない．5・3, p. 73，栓の扱い方を参照されたい．

40. やすり（file, Feile）　ガラス細工，栓の穴あけ，アンプルの口あけ，その他いろいろに，やすりは大切な道具である．図 4・47 に代表的なものを示す．

(a) は普通の目立やすりで，化学実験でひんぱんに使うものである．長さ 5 cm ぐらいの小さなものから，相当に大きなものまであるが，個人がもっていて常用するには，5～7 cm ぐらいのものがよい．ガラスをこするときは一方向だけに引いて使うものであって，のこぎりのようにゴリゴリやると，すぐに目がこぼれてしまう．(b) は丸形棒状のやすりで (round file)，コルク栓やゴム栓にあけた穴をなめらかに丸くするのに必要である．普通は木製の柄がついている．(c) は三角面の棒状やすり (triangle file) である．(d) はいわゆるアンプルカットである．アンプルや，細いガラス管，とくに毛管の切断に都合がよい．陶磁器の破片も，アンプルカットの役をする．毛管を切るのに (a) のような普通のやすりを使ってもうまくいかない．

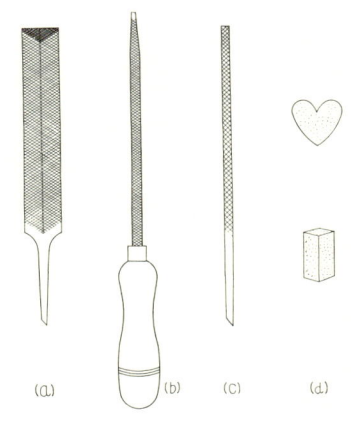

図 4・47　やすり

41. ピンセット（tweezers, pincette, Pinzette）　広く普及した便利な道具で，いろ

52　4. 実験器材のはなし

いろの種類がある．実験用に個人がもつには一般に図 4・48 (a) のものが使われる．さらに，先端がとがっている (b) 型のものもあると便利である．研究室に一つは，(a) の大型 (20 cm ぐらい) のものがあるとよい．

42. 薬さじ (spoon, Löffel)　日常用いるスプーンは動物の角，ステンレススチールなどでできている (図 4・49 (a))．普通のスプーンは先端が丸いために，固化した薬品をびんから取り出すのに都合がわるい．ガラス棒でつついて，逆にガラス棒を折ることさえある．(b) はこのような場合にもっとも適したスプーンで，スコプラ (scopula) といわれるものである．普通 18 cm ぐらいの長さのガッチリしたステンレススチール製のもので，一方の端が尖っている．真中全体がくぼんでいるので，薬品の取り出しにも困らない．

図 4・48　ピンセット

図 4・49　薬さじ

43. スポイト　日本でスポイトといわれているものは，アメリカなどでは，medicine dropper, capillary dropper あるいは単に dropper といわれているもので，少量の液体を扱うのに欠くことのできないものである．図 4・50 にいろいろな型を示す．(a) は普通のもの，(b) は 1 滴を正確にとれるもの，(c) は目盛つき，(d) も目盛つきで駒込ピペットといわれるもの (1 ml～5 ml 用)．ゴムの帽子はときどき取り換えなくてはいけない．目盛なしのスポイトは簡単に自作できるから，いくつか揃えておき，試薬によって別のものを使うとよい．セミミクロ実験におけるスポイトの利用価値は大きい．

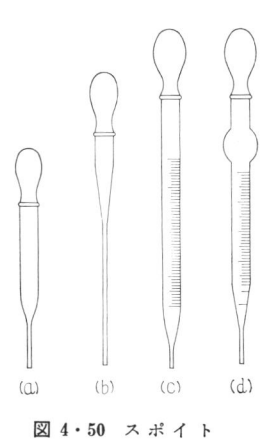

図 4・50　スポイト

44. スパーテル (spatula, Spatel)　結晶を扱うへらのことで，必携品の一つになっている．スパーテルの種類は非常に多く，さまざまな形状，大きさ，材質のものがある．扱う結晶の種類，性質，量と操作の目的によって使いわける．材質としてはニッケル，ステンレススチール，ガラス，白金，銀，磁器などがあるが，もっともよく用いられるのはステンレススチールのスパーテルである．そのほか竹製のスパーテルも利用価値がある．

代表的なものを図 4・51 に示す．

(a)〜(d) はもっとも一般的な型でステンレススチール製である．(a) の上端は耳かき

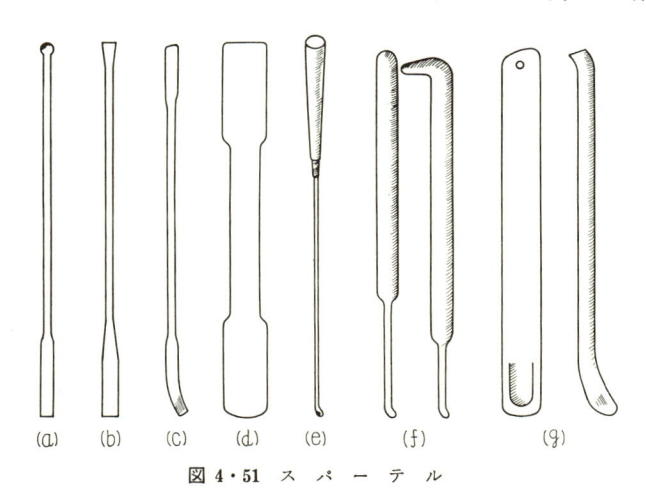

図 4・51 スパーテル

と同じである．(b) は両端の大きさの違う型，(c) は一方の先端が曲っているもの，(d) はやや大量物質を扱うものである．(a) は微量の結晶をつぶし，あつめ，運び移すに最適，(b) は大小の先端を使いわけることができて便利，(c) はたとえば乳鉢などのような曲った器壁をけずるに適している．(e) は柄のついたミクロスパーテルで，相当しっかりしたもの．(f) はガラス棒を細工したもの，細い部分は力をいれると折れる．(g) は竹製スパーテル，自分で竹をけずって作る．弾力性に富み，薬品に丈夫である．

いずれも全長約 15 cm 位，平らな先端の幅は (d) を除いて約 3〜7 mm 程度である．使用後はすぐ洗うことと，ガスの炎で焼かぬことに注意する．

45. 素焼板（トーンプレート）（porous plate, clay plate, Tonplatte）　図 4・52 に示すような，素焼製の四角な白い板で，両面使えるものと，片面だけが使えるものとある．大きさは小さなもので約 7.5 cm 平方，大きなもので約 15 cm 平方，厚さは大きなもので 8 mm ぐらいある．きめの細かなものと粗雑なものとある．貴重な少量の試料を処理するときには，よく品質を調べて使わなければならない．素焼板は，水分や油分をよく吸いとるので，スパーテルなどでこの上に結晶をなす

図 4・52 素焼板

54   4. 実験器材のはなし

りつけて乾かすのに用いる．また2枚の素焼板の間に，結晶をはさんで押しつけることもある．しかし，あまりガリガリこすると，試料に素焼板の粉がはいってくる．一度使った部分は二度と使えない．

46. 時計皿（watch-glass, Uhrglas）   有機実験では，時計皿は秤量に用いるよりも，小さなテスト反応，融点測定試料の調製やごみよけなどに用いる．直径5cmぐらいのものが便利である．

47. シャーレ（ペトリ皿）（Petri dish, Schale）
図4・53のようなガラス製の容器で，生物化学方面によく用いられる．しかし結晶を入れるに便利なもので，大小用意しておくとよい．とくに直径2.5cmぐらいのものはセミクロ実験に適している．

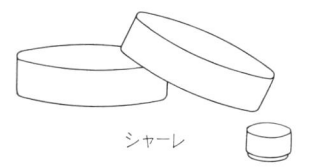

図 4・53 シャーレ

48. 点滴びん   小さな試薬びんにスポイトが栓のかわりにはまっているもので，歯科医の台の上に並んでいるようなものである．図4・54に例を示す．ガラスの覆いのついたものもある（b）．セミミクロ実験や有機分析には欠くことができない．小さなびんで自作してもよい（d）．無色，茶褐色，青色などがある．

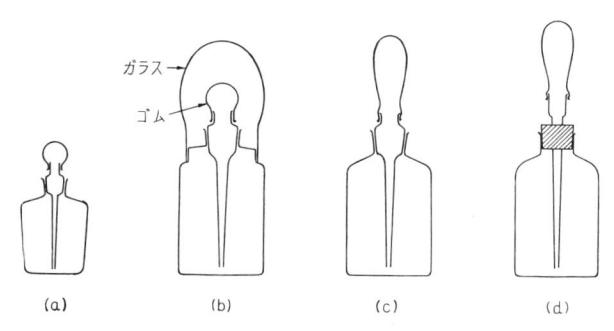

(a)   (b)   (c)   (d)

図 4・54 点 滴 び ん

49. ピンチコック（pinch cock, pinch clump），**スクリューコック**（screw cock, screw clump）   図4・55のようなもので，ゴム管を止めるのになくて

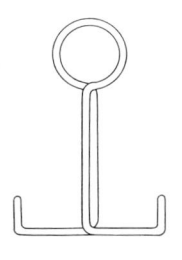

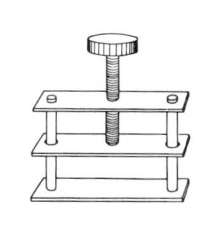

(a) ピンチコック   (b) スクリューコック

図 4・55 ピンチコックとスクリューコック

はならない小道具である．ゴム管を二つ折りにした上からはさむと安全である．スクリューコックは大小各種あるから，使用の目的によって選ぶ．ときどきねじの部分に軽くグリースをつける．

50. 試料びん (sample tube, specimen tube, vial) 少量の試料を保管しておくには，液体，結晶を問わず，試料びんが便利である（量が多いときは，細口びん，広口びん，試験管などがよい）．試料びんは図 4・56 (a) に示すようにガラス筒にコルク栓をするものが一般に用いられる．(b) のようにプラスチックの栓をねじでかぶせるものは使用に便利で，ふたの裏に弾力ある厚紙とアルミ箔がついていて，液体の保管にも適している．薄いボール箱に穴をあけて，たくさん立てられるようにしておくとよい．

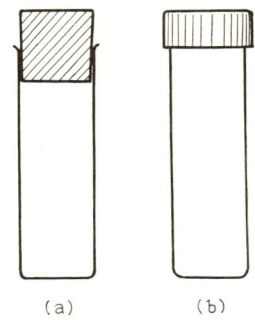

図 4・56 試料びん

51. 石綿つき金網 ガラス器具をバーナーで加熱するとき，器具の下に敷く．大きな炎で石綿のついていない金網の部分を強熱すると，間もなく破損して使えなくなってしまう．金網の上に酸やアルカリをこぼさぬこと．水で洗うと駄目になる．普通は大きさ 15 cm 平方のものがよく使われる．

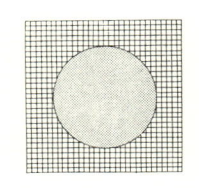

図 4・57 石綿つき金網

52. 洗いばけ 実験器具の洗浄に用いる洗いばけには各種のものがある．図 4・58 に代表的なものを示す．普通の洗いばけ (a) 大中小 3 種のほかに，長い柄のついたはけ (b)，細いピペットばけ (c) などが必要である．標準型 (a) の小さいものを，試験管ばけといっている．非常に細い管の内部を洗うためには，喫煙パイプを掃除するパイプクリーナー (pipe cleaner) (d) が適している．普通のはけは，酸やアルカリに弱いから，使ったらよく水洗すること．最近は，薬品に強いナイロンばけもある．

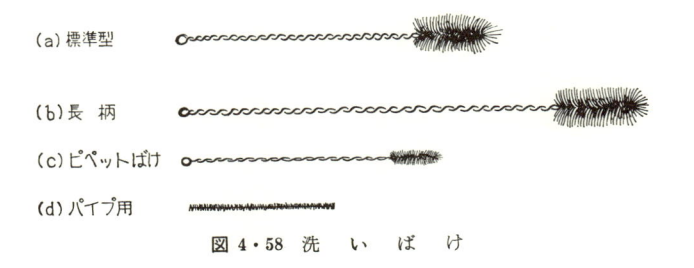

(a) 標準型
(b) 長柄
(c) ピペットばけ
(d) パイプ用

図 4・58 洗いばけ

53. 銅線，白金線　銅線はハロゲン元素の定性試験に，白金線はいわゆる炎色反応などに用いる．いずれもガラス棒の柄をつけ，線がよごれないよう，曲らないようにして，適当な容器に保管しておくとよい．

54. はさみ　ニッケルメッキした小さいはさみと，小さいラシャ切りばさみを備えておくと便利である．前者はろ紙をいろいろの大きさに切る場合によく用い，後者は一般的な種々の用途がある．

55. 沸騰石（boiling stone, Siedestein）　沸騰石（沸石ということもある）は，液体を沸騰させるとき，穏やかに円滑な沸騰を誘う作用をして，突沸を防ぐ．普通は，良質の素焼板（トーンプレート）を砕いて，径 2 mm ぐらいの大きさのものに粒を揃え，濃硝酸とよく煮沸した後，水でよく洗い，さらに蒸留水と煮沸してから，るつぼで十分焼いたものを用いる．これは素焼の多孔性を利用したものである．沸騰石はあらかじめ相当量作って広口びんなどに保管しておき，必要に応じて 2〜3 個ずつ使う．

沸騰石のかわりになるものとして，毛管（capillary, boiling tube），多孔質ガラス小球，竹ひご棒（applicator stick），その他いろいろ工夫がある．毛管は，融点測定用の毛管を作る要領で，ガラス管を細く引きのばし，フラスコの首まで達する長さに切断し，図 4・59 (a) のように，2 個所を熔封する．下方は末端から 5〜10 mm ぐらい上を封じる．この部分を液の中へ入れて加熱する．多孔質ガラス小球の作り方は，(b) のように細いガラス棒をバーナーで加熱し，赤熱した部分を炎から出してこねてもむ．そこをまた熱してのばし，再びこねまわす．これをくりかえすと，多孔質のガラス玉ができる．大きさは，沸騰石ぐらいのものにする．竹ひご棒 (c) は，表面の皮を完全にとった直径 2 mm ぐらいの竹の直線棒でよい．これも，竹軸の多孔質を利用するものである．多孔質の木材で作った細い棒を使うこともできる．

沸騰石にしてもその代用品にしても，いずれも一度使ったら捨てる．

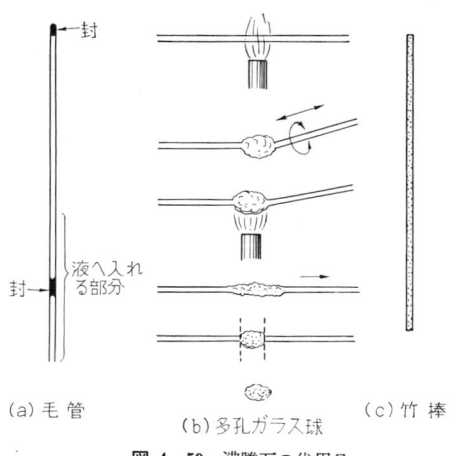

図 4・59　沸騰石の代用品
(a) 毛管　(b) 多孔ガラス球　(c) 竹棒

4・2 いろいろの器具と用法　57

56. ろ紙 (filter paper, Filtrierpapier)　ろ紙にはいろいろの種類がある．形状からみて円形，角形，円筒形の3種になる．円形ろ紙は自然ろ過，熱ろ過，ヌッチェを用いる吸引ろ過などに常用され，種々の大きさのものがある．角形ろ紙は適当な形，大きさに切って用いるもので，どのようにも使える．円筒形ろ紙は，ソックスレー抽出器の中へ入れて用いる特殊なものである．

ろ紙の質は様々で，目の荒いもの細かいもの，柔らかいもの硬いもの，灰分の多いもの少ないものなどいろいろあり，製造会社によって番号がつけられて区別されている．下に有機実験に用いられる市販のろ紙の一例をあげる．

（a）　一般定性用　　一般ろ過用として製造されたもので，ろ過の速度はきわめて早い．紙の組織が疎であるから，微細な沈殿は止めることができない．

（b）　標準定性用　　紙層は（a）より厚く，ろ過も早く，沈殿もよく保持し，定性分析用としては標準的のものである．工業ろ過用としても標準品で，とくに減圧ろ過に多く使用されている．

（c）　半硬質定性用　　（b）よりいっそう細かい沈殿のろ過に適する．紙質も硬く，減圧，加圧のろ過にもよく耐え，繊維の離脱すること少なく，注射液ろ過，硫酸バリウムのろ過などに用いられる．活性炭のろ過にも安全である．

（d）　円筒ろ紙　　完全に脱脂した棉繊維で作られたもので，ソックスレー抽出用ろ紙である．有機溶剤で可溶性成分を抽出する試験に広く使われる．継目がなく，ろ過が早く，耐久性に富み，数回の使用に耐える．

（e）　クロマトグラフィー用　　精製繊維，緻密均一な組織，クロマトグラフ標準用として研究用に愛用され，工業的応用方面にも進出している．

57. ゴム管，ポリ塩化ビニル管　　ゴム管は大きくわけて，冷却器用（condenser tube）と，真空用（vacuum tube）の2種がある．冷却器用は，ポリ塩化ビニル管でもよいが，とりはずしには不便である．真空用には，用途に応じて多種類のものがある．

ポリ塩化ビニル管に有機溶媒を通していると，フタル酸エステルなどの可塑剤が溶け出してくるので，これを念頭におかないと思わぬ失敗をすることがある．

58. アスベスト (asbestos, Asbest)　　日本語で石綿といわれるもので，耐火，耐熱，耐化学薬品性のため，広く利用されている．化学実験では，細い繊維状，紐状，紙状，板状のものが利用される．繊維状のものは，酸やアルカリ性のもののろ過などに用いる．アスベスト紙やアスベスト紐は，実験器具に巻いて保温に用いることが多い．アスベ

スト板は実験器具の熱の遮断に用いる．

59．グラスウール（glass wool）　ガラスを非常に細い繊維状にしたものである．粉状，粒状の物質を管などの中へつめた場合に，移動しないように止めるために用いる．また，ろ紙を使いたくないろ過などに用いる．適当にちぎって用いる．化学薬品に安定である．

60．アルミニウムホイル（aluminum foil）　薄いアルミニウムの箔は便利な包装材料として，台所などで重宝に使われるが，実験室にも普及した．あらゆるものをおおい包むのに適し，実験室の必需品になってきた．ただし，酸やアルカリに注意すること．

61．脱脂綿　古くからある重宝な手回り品である．アルミニウムホイルと共に，常に手もとに置き，あらゆる用途に器用に使いたいものである．

62．デルマトグラフ，サインペン，レッテル　デルマトグラフ（dermatograph）はガラスに字を書くことのできる鉛筆で，実験中，ビーカー，フラスコ，シャーレなどに必要なことをマークしておくのに便利である．サインペンは，いわゆるマジックインキの細いもので，これも同じように使われるが，デルマトグラフより消えにくい．サインペンは紙に書くと消えにくいので，レッテル用に適している．ただし，水溶性インクのものはいけない．レッテルは実験の必需品である．レッテルに書いた字が消えたり薬品に侵されたりしないように，レッテルの上にセロテープを貼っておくと安全である．

4・3　器具の値段

以上で有機化学実験に関する，ごく一般的な器具材料の概略を述べたが，われわれが日常使用している品物が，どの位の値段で買えるものかを知っていることは，やはり実験する者の常識であろう．どんなものでもただのものはない．まして化学実験用具は，日常雑貨に比べて高価である．実社会的な価値を知って品物を扱うのと，まったく無関心で扱うのとでは，おのずから心構えも違う．学生実験で与えられた器具類にせよ，自分で市販品を購入するにせよ，実験の計画を立てて原価を計算するにせよ，器具の値段は試薬の値段と共に一つの目安である．

このような意味で，大体中正と思われる価格を表 4・1 に示して参考に供する．もちろんこの値段は時代の変動で変わってゆくであろうし，品質のよしあしによって価格の違いもあるので，決定的なものではない．

表 4・1 市販実験器具類の価格一覧（平成 7 年 5 月調べ）

品 名	形 状	規 格	価格(円)	品 名	形 状	規 格	価格(円)
1. 試験管	径 16.5 mm	硬質	66	15. 目皿漏斗	径 15 mm	軟質	3,500
2. ビーカー	50 ml	〃	280	16. ろ過鐘	径 12 cm	〃	18,000
	100 ml	〃	300	17. 分液漏斗	100 ml	〃	5,600
	500 ml	〃	600		300 ml	〃	7,100
	1000 ml	〃	1,150	18. 水流ポンプ	弁つき		2,4000
	100 ml	ポリエチレン	1,800	19. メスシリンダー	20 ml	〃	1,370
	500 ml	〃	5,400		100 ml	〃	2,040
	1000 ml	〃	10,500		100 ml	ポリエチレン	350
3. 丸底フラスコ	100 ml	硬質	620	20. デシケーター	径 15 cm	並	16,200
	300 ml	〃	810				
	500 ml	〃	1,200	21. 洗びん	500 ml	ポリエチレン	15,850
4. 三角フラスコ	50 ml	〃	460	22. 蒸発皿	径 9 cm	磁製	900
	100 ml	〃	460	23. 乳鉢（乳棒つき）	径 9 cm	〃	500
	300 ml	〃	570				
	500 ml	〃	820	24. スタンド	中型 75 cm	鉄製	2,500
5. なす形フラスコ	50 ml	〃	810	クランプ	ホールダー付		3,200
	100 ml	〃	810	リング	中型	〃	800
	300 ml	〃	1,070	25. バーナー	GS 型	普通品	1,700
6. 三つ口フラスコ	200 ml	〃	4,600	26. 三脚	径 12 cm	鉄製	480
	500 ml	〃	6,000	27. 湯浴	径 15 cm	銅製	1,800
7. 枝付フラスコ	100 ml	〃	2,500	28. 上皿天秤	200 g	分銅付	1,400
	300 ml	〃	3,300	29. コルクボーラー	6 本組		1,520
	500 ml	〃	3,820				
8. リービッヒ冷却器	40 cm（胴長）		3,650	30. 目立やすり	75 mm		750
9. 玉入冷却器	30 cm（胴長）		3,400	31. 薬さじ	中型 165 mm	ステンレス	150
10. 蛇管冷却器	40 cm（胴長）		4,700	32. 駒込ピペット	2 ml		340
11. ジムロート冷却器	30 cm（胴長）		6,500	33. スパーテル	ミクロ（150）	ステンレス	110
12. 温度計	100 ℃	赤アルコール	430	34. シャーレ	径 3 cm	軟質	1,350
	360 ℃	水銀	2,000	35. ピンチコック	小		90
13. ヌッチェ（ブフナー漏斗）	径 5.5 cm	磁製	1,800	36. スクリューコック	小 200 個		16,600
	7 cm	〃	1,950				
14. 吸引ろ過びん	300 ml	軟質	1,450				

5 実験の基本操作

　有機化学実験の入門にあたっては，まずいろいろな器具の名称と使い方をおぼえ，実際に実験で行なう操作を理解し，熟練することが必要である．このような基礎的実験操作を単位操作*（unit operation）といい，合成の単位工程（unit process）や分析確認を行なう基本となるものである．この項では理論的解説というよりも，むしろ実際的な問題を述べ，防災まで含めた常識的な諸注意を与えることに重点をおいた．各種の実験が安全に，しかも能率よくできることが，はじめて実験する場合第一に必要である．

5・1　ガラス類の取扱い

　基本的な操作の第一段階として，まず覚えねばならないのはガラス器具類の扱い方である．4章で述べたように，ガラス器具類にはそれぞれの特長や欠点があり，これをよく心得ていて，適当な器具を用途に合うように使いわけ，器用に扱うことは大切なことである．初歩のうちは，このことが実験の能率にたいへん影響する．大きな器具は割れやすく，小さなものほど割れにくい．試験管，ビーカー，フラスコなどの口もとは割れやすい．肉厚のものほど熱によって割れやすい．器具の形が丸いほど丈夫である．ガラスを熱してつなぎ合わせた部分はひびが入りやすい．硬質のガラスになるほどガラス細工がしにくい．

---

　*　詳細に専門的な知識を必要とする場合は実験操作法などの専門書を参照されたい（9章参照）．

このような常識のほかに，ガラス器具はひんぱんに洗うもので，洗うのにも知識とコツが必要である．

a. ガラス器具の洗浄

　ガラス器具は，使用後すぐ洗っておくことがその第一課である．早いほどよごれもとれやすい．そして実験者自身で洗うこと，これが第二課である．自分で洗った器具が，もっとも安心して使える．実験器具の洗浄は，その性質上，食器の洗浄などとは本質的に違うものである．

　ガラス器具を洗うには，まず器具のよごれの性質を知ることが大切である．それによって洗い方が異なってくる．油のように紙でふきとれるものは，まず紙でふく．汚物は，まずできるだけ機械的にとり去る．機械的に洗うための用具は洗いばけ，スポンジ，布，たわし，金たわし，荒砂，クレンザー，合成洗剤などが一般的に用意される．普通は，クレンザーとはけでよくこすると，汚れが落ちることが多い．はけで洗うとき，丸底フラスコのように内部へうまく毛のとどかぬ場合がある．このような場合は，洗い砂などを入れてかきまぜたりする．図 5・1 のような鎖を入れてふりまぜるのもよい．鎖はアルミニウムか黄銅がよく，その一端に長い紐をつけておけば，引き出すときにも楽である．

　このような機械的な洗い方では汚れが落ちないときは，余り長くいじっていてはいけない．散々苦労した末に，底をつついて割ることになる．このような場合には，汚れの本質に留意して，これを溶かす適当な有機溶媒で溶かし出す．湯で軽く温めるといっそう早い．汚れの本質が塩基性物質の場合は無機酸類を用い，酸性の汚れの場合はカセイアルカリ液を用いて，振りながら温める．汚れの正体が不明のときは上に述べたような順序で次々に試みる．あるいは硫酸と重クロム酸カリウム（重クロム酸ナトリウムでもよい）の混合液（クロム酸混液，cleaning solution）* を入れて熱してみる．大抵のものはこれできれいになる．洗いにくい形の器具，測容器，精巧な器具，減圧用・加圧用の器具，特別にきれいにする必要のある器具などは，簡単に水洗いしてか

図 5・1 洗浄鎖

---

* クロム酸混液による洗浄は，強い酸化力によるものであるから，皮膚や衣服につけないよう注意する．混液が緑色になれば洗浄力がないから，新しいものにかえる．混液は長く放置すると，空気中の水分を吸って増量するから，容器からあふれないよう注意する．

らクロム酸混液などに浸して化学的方法できれいにする．ひどくよごれた器具をいきなりクロム酸混液に浸してはいけない．

このようにしてもきれいにならない場合の処置は，希薄なフッ化水素酸水溶液で洗うとよい．すなわち，100 ml の水に市販のフッ化水素酸（40%）を 3～10 ml ぐらい加えたものが用いられる．フッ化水素酸はガラスを侵すので，よごれはガラスもろともはげて落ちる．しかもこの程度ならば，再度の使用にはさしつかえない．ただし目盛つきの容器には用いられない．洗浄後は清水で十分に洗い流しておく．このような特殊な洗い方をするのは高価なガラス器具の場合であって，普通のガラス器具はむしろ新品を買った方が安くつくので，ひどくよごれて始末のつかないときは廃棄する．

器具は洗った後，逆にすると水がサッと下へ引くようならばよい．クレンザーを用いて洗う場合は，よく洗い流さないと，器具が乾いてから白い粉がついていたりする．ぬれているときはそれがわからないので気をつけることである．

なお洗っているうちに，手から器具をすべらせて落したり，流しにぶつけたりして割ることが案外多いから，この点にも気をつけてほしい．

b. ガラス器具の乾燥

ガラス器具の乾燥には通常つぎのような方法がとられる．

　　自然乾燥：　　器具をさかさまにして放置しておく
　　熱風乾燥：　　熱風を送って乾かす
　　薬品乾燥：　　低沸点溶媒で洗う
　　空気浴，電熱乾燥器による乾燥

自然乾燥は楽であるが時間がかかる．ぬれた器具をよごれた台の上におくと，ほこりなどがガラス壁を伝わって器具の口もと一帯につき，乾いてからみるとよごれているのがわかる．自然乾燥する場合は，清潔なほこりのないところにおく．ポリ塩化ビニル張りのかごに入れるとか，棒の出た板を壁にかけて器具を棒にさしておくとかするとよい．

熱風乾燥は，急いで乾燥したい場合に用いられる．図 5・2 のような方法で簡単にできる．図のAが乾燥しようとする器具である．熱いガラスに冷い風を急に吹きつけると，ガラスが割れるから注意を要する．熱風を冷いガラスに急に吹きつける場合も同じである．熱風乾燥をするときは，熱くなるから，布で器具を持って乾かす．熱風を送る方法は複雑な形の器具にも適している．ただし熱風によって割れないよう注意が必要である．

薬品乾燥は特殊な場合に行なう．たとえば水洗した器具をエタノールで洗い，つぎにエ

ーテルで洗うと間もなく乾く．溶媒が純品でないといけない．アセトンも利用される．

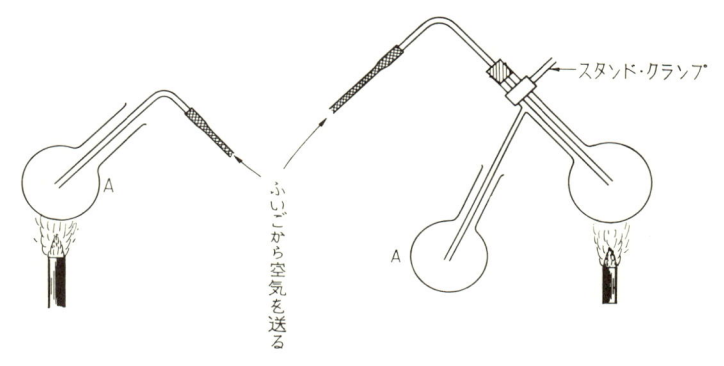

図 5・2 熱 風 乾 燥

　いわゆる乾燥器へ入れて乾かす方法は，一般に行なわれている好ましい方法である．ただし，メスフラスコのような測容器を，熱乾燥してはいけない．フラスコのようなものは，乾燥器からとり出したら，熱いうちにふいごで風を送って中の空気を追い出すとよい．乾燥器の中ではフラスコの内部に多量の水蒸気が残っていて，冷えると内壁に水滴がつくことが多い．

　有機実験は一般に水分を嫌う場合が多いので，乾燥は注意して十分に行なうことである．ガラス器具類はいつでも使えるように，常に洗って乾かしてあるよう心掛け，よごれた器具を実験台や流しへほおりっぱなしにしてはいけない．

c. すり合わせ器具の取扱い

　すり合わせの器具は，特別な扱いを要する．すり合わせの栓は器具からはずれて紛失したり，落して割ったりしやすいものである．また普通のすり合わせ器具は栓とこれを受ける部分とが組になっており，どれとでも合うわけではない．保存中に栓がはずれ，同じような栓がゴッチャになると，どの栓がどれに合うのかわからなくなる．このようなことのないよう，栓にはそれぞれ紐をつけて器具とつないでおく．とくに分液漏斗の栓は，図5・3 (a) のようにつないでおく必要がある．木綿の紐は，酸やアルカリにおかされて切れやすいので，ポリ塩化ビニルなどの紐を使い，あるいはステンレススチールの細い鎖でつないでおいてもよい (b)．乾燥して保存しておくときは，栓をとったままがよい．栓をして保存するときは，保存中にとれなくならないように，すり合わせの間に紙をはさんでおくこと（図 5・3 (c)）．すり合わせの器具を使う場合には，すり合わせの部分に水その他の

液体をつけてまわすべきで，何もつけないでまわすのは禁物である．

すり合わせがとれなくなったときは，布を熱湯につけて軽くしぼり，手早くすり合わせの部分に巻き，内部の栓まで熱くならないうちに強く回すか，木づちやドライバーの柄のようなもので栓を軽くたたく．あるいは気をつけて，ガスバーナーの炎（空気を入れない炎がよい）で外側を手早く一様にあぶり，適当に熱くなったところで同様に処理する．しかし複雑な器具はあぶると割れるので，このような方法は用いられない．熱して無理にとろうとするかわりに，水の中へ数日浸しておくか，濃硫酸の中へ浸しておくととれることがある．あるいは，浸透性の強い界面活性剤*の水溶液を，すり合わせの部分へ一面に塗布するのも効果的である．

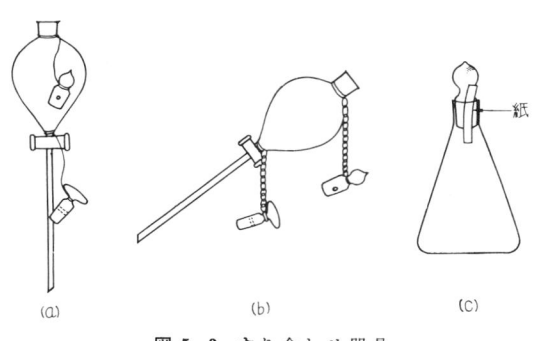

図 5・3 すり合わせ器具

すり合わせになった共栓びんも，その栓がとれなくて困ることがある．この場合は内容物がはいっているので始末がわるい．内容物が引火性か，発煙性か，有毒か，爆発性かよく調べて，万一びんが割れた場合の対策を講ずる．そして，乾いた雑布のようなものでびんを包み，栓にもかぶせておき，木づちで軽く横にたたいてみる．あるいは栓に棒をしばりつけ，棒の両端を持って回し，テコのかわりをさせる方法もある．また界面活性剤の水溶液を塗って試みるのもよい方法である．びんを逆にして，内部の液がすり合わせの部分にしみこむのを待って，栓を回してみる．太めの丈夫な紐をびんの首に一巻きして，紐の両端を交互に強くひいて，首の部分を摩擦して温めてみるのも一法である．

偏平なつまみのついた共栓びんの場合には，楽にあける方法がある．図 5・4 左のように，ドアの錠のうけ穴に栓を入れ，びんを斜に持って力を入れて回す．あるいは図 5・4 右のように，薬品戸棚などの引き戸の上にある細い溝に栓をつっこんで，びんを持って回す．この方法で相当力を入れて回せば，たいていのすり合わせは難なくとれる．内容液が

---

* 中性洗剤でもよいが「日本油脂」のラビゾール B 80（または B 30），および「花王石鹸」のペレックス OT-P，エマルゲン 106 などが効果的とされている．中性洗剤に，希フッ化水素酸を少量加えるとなおよいという（日本化学会編：化学実験の安全指針，丸善（1966））．

多くてこぼれそうなときは，びんに布をまくとよい．これでとれない場合は，びんをこわして内容物を取り出す以外に方法はない．

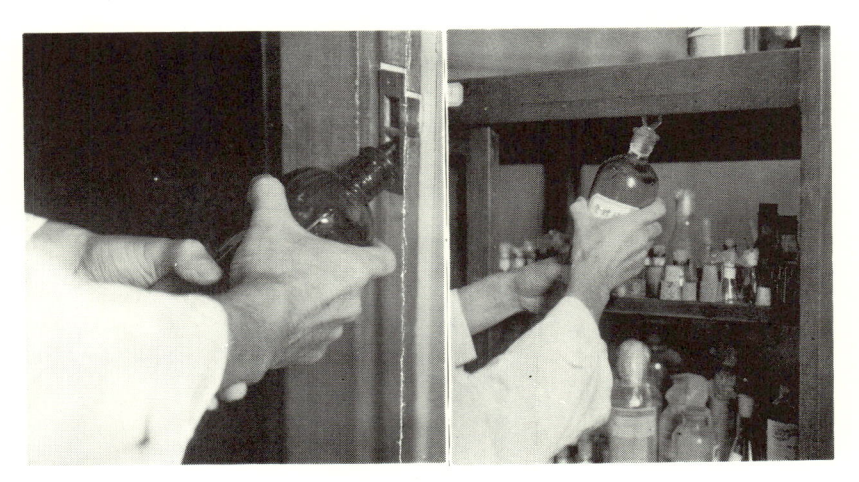

図 5・4 すり合わせ共栓びんの栓のあけ方

デシケーターの蓋もすり合わせになっており，ワセリンあるいは真空用グリースを塗って使用する．長い間蓋をしたまま放置したデシケーターは，蓋がとれなくなることがよくある．とくに内部を減圧にして使うデシケーターの蓋は，しばしば固くくっついてとれなくなる．このような場合は，日光のあたる所へしばらく出しておいた後，蓋を動かしてみるとか，熱湯にひたしてしぼった布ですり合わせの部分を一様に温めるとか，あるいは薄い金属板を一様にすり合わせの間へたたきこんでみるとかする方法がある．いずれにしても結局はデシケーターの本体を腕でかかえこんで，蓋を力強く横に押すことになる．このときうまく蓋があいても，力あまってデシケーターがガクンと動いて，中に入れてあるびんやフラスコなどがひっくりかえることが多いから注意する．

このような困難におちいらないようにする方法がある．最初に，ものを入れて蓋をするとき，わざと蓋を少しずらして，蓋の一端が本体の縁から 3〜5 mm ぐらい外へ出ているようにしておく（図 5・5 (a)）．蓋があきにくいときには，柱，壁，あるいは固定された実験台の足などにデシケーターをおしつけ（蓋のはみ出してない側），蓋に両手をあてて力いっぱい横に押しつける（図 5・5 (b) の矢印の方向に）．非常にかたくて動きにくいときは，部屋の入口のドアをあけ，入口の一方の柱にデシケーターをおしつけ，反対側の柱

に背中をもたせかけ，両手をデシケーターの蓋にかけて満身の力をこめて蓋を押す（図 5・5(c)）．この方法でどんなに固くくっついた蓋でもたいてい動く．ただし，蓋はごく

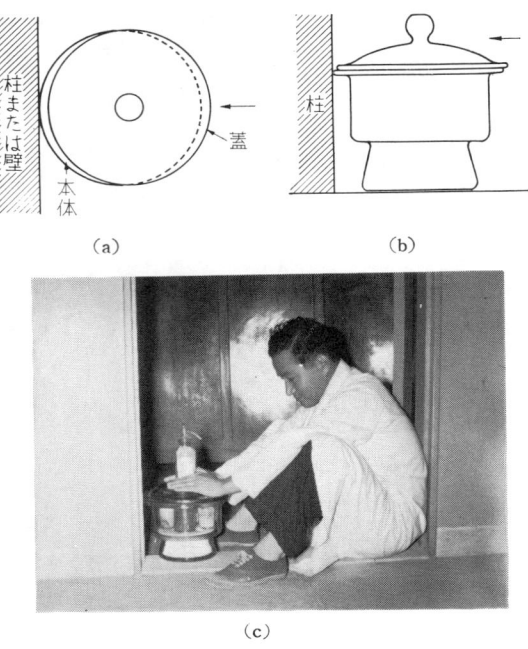

(a) 　　　　　　　　(b)

(c)

図 5・5　固くくっついたデシケーターの蓋のあけ方

わずかしかずれていないから，力いっぱい押しても柱にあたって停止し，ものの入っている本体の方は全然動かない．こうして蓋が 3～5 mm ぐらい動いたらしめたもので，あとはデシケーターを実験台の上にあげ，左腕で本体の方をしっかりかかえて動かないようにし，右手で蓋を軽く横に押せば楽に動いて蓋があく．

5・2　簡単なガラス細工

　有機実験をするには，ある程度自分でガラス細工ができないと困る．それはガラス管を切ったり曲げたり，毛管を作ったりするきわめて簡単なことをさしている．ガラス細工は，楽なように見えてなかなかむずかしいものである．しかし，以下に述べる基本的な注

5・2 簡単なガラス細工

意と，基本的な技術だけは身につけなければならない．そしてこの程度のことがしっかりできれば，有機実験をするには大体さしつかえない．

ひとくちにガラス細工といっても，その内容はさまざまである．新しいガラス材料で一つの細工ものを作る場合，一つの器具に手を加える場合，破損した器具を補修する場合などがある．複雑なガラス器具の補修は，素人の手におえないから，自分でやたらに細工をしてはいけない．大切なものほどそうである．4章に述べたように，ガラスの質にはいろいろあるから，硬質ガラスと軟質ガラスをつなぎ合わせるような細工は無駄である．軟質ガラスはもっとも細工がしやすく（400°～450°Cで軟化），普通のブンゼンバーナーでも十分に細工ができる．質が硬くなるに従って細工はしにくくなり，いわゆる硬質ガラスは，普通のガラス細工用バーナーでもなかなか困難で，空気のかわりに酸素をボンベから送って細工する（800°C以上で軟化）．実験器具も，直火で熱するようなものは，たいていはやや硬質であるから注意を要する．

ガラス細工に用いるガラスは，あまり古くない軟質ガラス（軟質ガラスの古いものは失透していて使えない）をきれいにして用いる．融点測定用の毛管を作る場合は，クロム酸混液で洗ったものを用いるのがよい．外部的のよごれだけでなく，ガラス質のアルカリの影響もあって，融点が低く測定されるといわれている．

ガラス細工を普通の実験台の上で行なうのは好ましくない．実験室の壁際や窓際の台の上とか，実験台のふだん使っていない一部で，石綿板を敷いた上で行なう．むき出しの木の台は焼けたガラス片のために傷がつく．そばには廃ガラス片を入れる金属製の箱を置く（石油罐のあき罐がよい）．あたり構わずガラス屑や管を投げちらし，手もつけられないような細工をするのは，危険である．

ガラス細工の道具類は，4・2に述べたガラス細工用のバーナー，空気を送る足ふみふいご，やすり，ヤットコなどが主なものである．

さてガラス細工をするには，ガラスの細工する部分を加熱し，軟化融解したところで細工を加え，それを冷して完成するのであるが，この場合の根本原則はつぎの三つである．

（1）加熱は徐々に，均一に．冷たいガラスを急に強い炎の中へ入れると割れる．どんなに急いでも，はじめは空気を入れない炎でやや距離をおいて静かに少しずつ加温し，次第に炎に空気を入れて強熱する．ガラスは回転させながら均一に加熱し，一部分だけに炎をあてぬこと．また，細工をしようとする個所以外に炎を近づけぬこと．たとえば，細工する部分の近くにすり合わせのコックなどがあると，コックのところからひびがはいる．

（2）　細工は必ず炎から出して，なるべく手早く行なうこと．炎の中であぶりながら細工をしてもうまくゆかない．曲げ，延ばし，ふくらまし，つなぎなど，すべて炎から出して行なう．

（3）　細工ができたら，急に炎から遠ざけて放置せず，徐々に冷やすこと．これを焼なましというが，要領は加熱のときの逆である．急に冷やすと，細工した部分にひびのはいることが多い．空気を入れない炎の上の部分であぶって，ガラスに黒くすすがつく程度になったら炎から出し，風のない場所で徐々に放冷する．

要するに，ガラス細工のコツは，ガラスが軟化するまでゆっくりと，軟化してからは手早く仕事をし，なますときはまたゆっくりとすることである．

切　る　ガラス管や器具の管形になった部分を切る場合は，やすりで軽く傷をつけて，傷の反対の側に両手の親指をあてるようにして管を持ち，左右に引きつつ自然に折るように力を入れる．太くて肉厚の管は，やすり傷を管のまわり全体に深くつける．ガラスの切り口は鋭くなっているから，やすりで軽くこすってなめらかにする．またはガスの炎で，静かに切り口だけを熱して丸味をもたせる．管が太すぎたり，切る個所が管の端のほうで両手に持てなかったり，あるいは複雑な器具の一部を切るような場合には，やすり傷をつけた後，細くのばしたガラス棒の先端を赤熱して傷にあてると，ピンとひびが入って折れる．一度では十分にひびがはいらず，軽く引っぱっても割れない場合は，何度もこれを繰り返す．あるいは針金を赤熱してその部分にまきつけて管を回すとよい．

曲げる　ガラス管を上手に曲げるには，まず曲げる部分を平均に回しながら加熱する．炎から取り出して左手で一端を持ち，管の右端をさげる．右手で下端を軽く持ち，曲げる部分が下になるように，静かに大きな曲線をえがいて右手を上にあげてゆく．軟質ガラスの場合は，あまり熱しすぎるといけない．硬質の場合は，十分強熱して動作を手早く行なう．あまり急角度に曲げると，曲がりの部分の外側のガラス壁が薄くなるから，大きな円をかくようにするとよい．

延ばす　管を延ばすことは比較的楽である．どの程度に延ばすかということを念頭において，まっすぐに延ばすことが大切である．細く長く延ばしたいときは，延ばそうとする部分を十分に加熱して，炎から出したらすぐに両端をひいて延ばす．ガラス管は両手で水平に持ち，少し回しながら，はじめは静かに次第に力を入れて早く両方へ引っぱる．適当に太く短かく延ばす場合は，やや広い範囲を適当に炎で熱して軟化させ（あまり熱しすぎないこと），炎から出してから回しながら静かに左右に引く．

5・2 簡単なガラス細工

閉じる（図5・6）　ガラス管の端を閉じるのには，ほかのガラス管を共に加熱してその端に熔接させ，全体を回しながら，閉じようと思う個所をあまり大きくない炎で熱して引き延ばす．つぎに炎を小さくして，細くなった個所を熱して封ずる．余分なガラス肉を2～3回，ほかのガラスにつけてとり去る．閉じられた底部を炎から出して，他端から軽く息を吹き込むと形がよくなる．長いガラス管を，途中で閉じて切る場合も要領は同じである．

減圧蒸留用毛管　ガラス管をきわめて細く引き延ばす技術である．要領は前に述べた＜延ばす方法＞と同じで，割合に小さな炎で一部分を平均に強熱して炎から出し，すぐになるべく早い速度で左右に水平にひっぱる．直線にひけるよう，自然の力で一様にひっぱらなければならない．急に衝撃的に力を入れると，直線にならず，曲がって切れてしまう．毛管の太さは，加熱の度合，ガラスの加熱部分の範囲，引き延ばす速度と力などで加減する．減圧蒸留用の毛管は，その先端がきわめて細く，エーテルかエタノール中にさしこんで他の端（広いほう）から息を吹き込むと静かに小さい泡の出る程度のものがよい．この方法で作った毛管は，図5・7(a)のようなもので，全体が細い鋼の線のように弾力がある．長さは，器具にあわせて適当なところで切る．(a)のような毛管を，適当な太さに一度で引くことはなかなかむずかしく，また毛管が細いので折れやすい．そこで(b)のような形に，2段に引いた毛管を使うと便利である．これは，やや太目にガラス管を引きのばし（管の外径を1.5～2 mmぐらいにしたもの），器具に合わせた適当な長さのあたりを，さらに毛管に引きのばしたものである．第2次の引き延ばし

図5・6　ガラス管の閉じ方

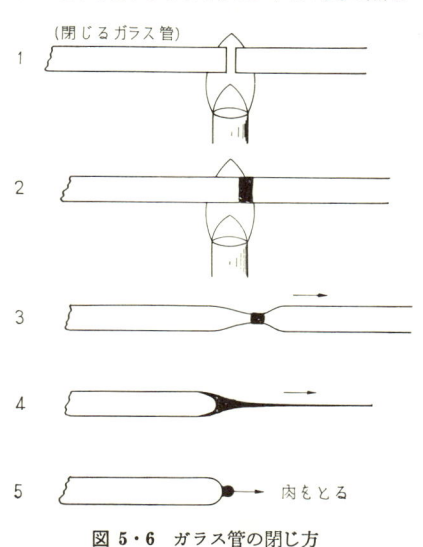

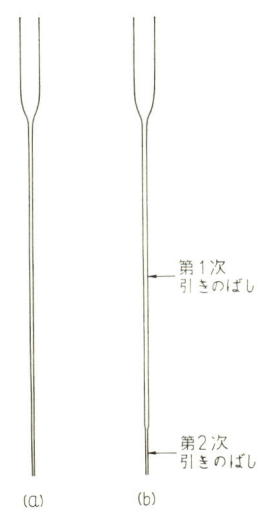

図5・7　減圧蒸留用毛管

は，大きな炎で行なうと熔封されてしまう．炎を極度に小さくし（p. 41, 図 4・30 (e)～(h) のミクロバーナー，あるいは (c) 型のバーナーの内管の小炎を使うと失敗が少ない），細くひいたガラス管を炎の中に入れて熱し，赤熱されたら直ちに炎から出し，急いで力いっぱい両方へひっぱる．炎から出して引っぱれば，封じられることなく非常に細い管ができる．器具に合わせて，適当な長さのところで折る．折ろうとする場所へ爪をあててまげると簡単に折れる．毛管がつまっていないことを確かめるために，毛管の先をエーテルの中に入れ，他の端から吹いて，微小な泡が連続して出ることを調べておく．このようにして2段式にのばしたものは，作り方も (a) より楽で，(a) より折れにくい．また，先端の細い部分だけを新しく引き延ばせば，何度でも使うことができる（p. 106, 5・11 減圧蒸留の項参照）．

融点測定用毛管　融点測定用の毛管を作るのは，減圧蒸留用の場合と違って，均一の肉厚と均一の太さの細い管に引き延ばす技術である．材料はなるべく肉の薄い径約 1～1.5cm ぐらいのガラス管か普通の軟質ガラス試験管をクロム酸混液で洗って用いる（他の実験に使って底の抜けた試験管をすてないでとっておいて利用するとよい）．やや広い範

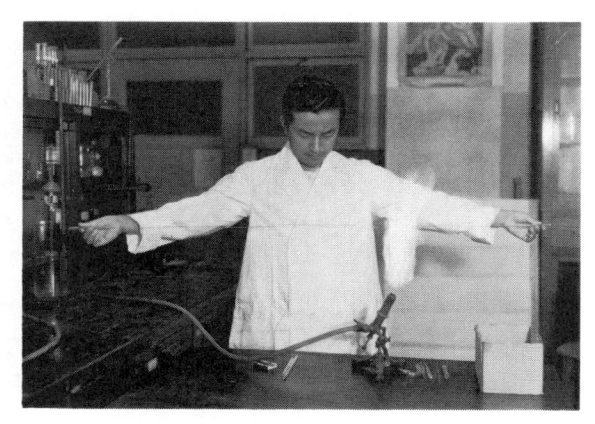

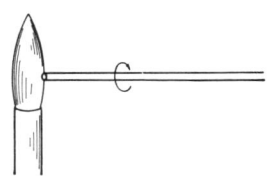

図 5・8　融点測定用毛管

囲を均一に加熱し，炎から出したら，やや太目の細管に引き延ばす要領で，はじめは静かに，次第に早く両手いっぱいに延ばす（図 5・8，上図）．延びた細い部分を，アンプルカットか磁器の破片で 6〜8 cm の長さに切断する．このときはほとんど力を入れないで，軽く触れるようにすると簡単に折れる．融点測定用毛管は，穴の内径 1〜1.5 mm ぐらい，ガラスの肉の厚さはなるべく薄いものがよい．適当な毛管をあつめ，その一端を熔かして封ずる．底を封ずるには，バーナーの炎をなるべく小さくして（ミクロバーナーがよい），毛管の一端を炎に軽く触れる程度に近づける．底部だけが熔けて自然に封じられるように回転させながら熱する（図5・8,下図）．このとき，底部のガラスの肉があまり厚くならないように，底にガラス玉になってくっつかないように，しかも完全に封じられることが大切である．封じ方が不完全だと，融点測定中に浴液が試料中にしみこんで用をなさない．

作った毛管は，試験管などに入れて栓をして保存しておく．

管壁の穴あけ　必要に応じて，ガラス管の壁に穴をあけたり枝をつけたりする．まずガラス管の一端を，先に述べたようにして閉じるか，またはしっかりと栓をして（細いガラス管に栓をするのには新聞紙をぬらしてまるめたものが便利である），バーナーで穴をあける個所一帯を静かに熱する．つぎに炎をきわめて小さくして，穴をあける個所だけを強熱する．炎から出して直ちに管の閉じてない一端から強く息を吹きこむ．すると熱せられた個所がポックリとふくらんで薄い球になり，とがったものでつつくとすぐ破れて管壁に穴があく．これをやや大きくした炎で熱すると丸い穴になる．

つなぐ　同質同径のガラス管を図 5・9 のように一方は栓をするか閉じるかして，一方はゴム管をはめる．ゴム管の他端を口にくわえて，つなぐ個所を静かに加熱する．赤熱したところで，両端を静かにぴったりと合わせる．このとき力を入れてはいけない．つぎに炎を小さく強くし，炎の先端で接合部を均一に加熱して十分にとけ合わせる．やがて，その部分はガラスが集まって肉厚になるから，炎から出して，ゴム管から軽く息を吹

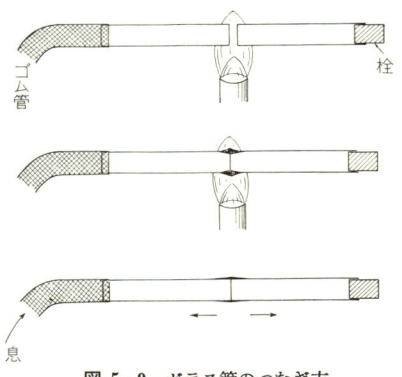

図 5・9 ガラス管のつなぎ方

きこみながらガラス管を少し引きのばす．これを繰り返して，管の厚みを均一にすると共に一直線にする．太さの違う管をつなぐ場合は，径の大きいほうのガラス管をはじめに十

分加熱して軽く引き延ばし，径を小さくしてから同様の操作をする．

T字管　まずガラス管の壁に，先に述べた要領で穴をあける．この場合穴はなるべく小さくする．つぎに同質のガラス管の一端を閉じ，他端をバーナーで加熱して径をやや広くする．そしてこの部分と，別のガラス管の穴をあけた部分とを，小さい強い炎で赤熱して軽くくっつけ，くっつけた部分を炎の先端で十分加熱融解する．閉じてない一端から軽く息を吹きこんでは，つないだ部分の細くなるのをふくらませ，次第にかっこうをなおしてゆく．繰り返している中に，継ぎ目が全然なくなり，T字のかどが大きく丸味を帯びてくる（図 5・10）．

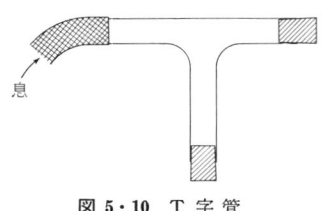

図 5・10　T字管

球　塩化カルシウム管のような球を作るには，管の一端を閉じておき，管を回しながら，球をつくる個所をしばらく均一に熱する．すると，ガラスが集まってやや肉厚になる．そこで炎から出して，静かに息を吹きこむと小さな球ができる．もっと大きな球を作るときは，その球の隣に同じ要領でもう一つの球を作る．そしてこの二つの球の中間部を，大きな炎で加熱しておいて吹くと大きな球になる．

5・3　栓の扱い方

一般に用いる栓はコルク栓とゴム栓で，小さなものから相当大きなものまであり，小さい方から順次番号をつけて市販されている．コルク栓はコルクカシワから採取したもので，水や有機溶媒に溶けず，しかも弾力に富むので，昔から化学実験に愛用されている．天然の材質からつくるので，あまり大きな栓はとれず，大型になると急に高価になる．また天然物であるために，その質には上下があり，上等なものは質がちみつで全体に均一であるが，下等のものは大小の穴が多く，ひどいのは押すと割れたりして，実験には使えない．実験には，なるべく上等な栓をえらぶ必要がある．ゴム栓は人工的につくられるから，コルク栓のようなことはないが，いろいろと質の違うものがある．ある程度弾力のある，あまり固くないものがよく，水をつけてこすると，とけて色のつくようなものはよくない．普通の市販品には，黒色，赤色，白色，飴色の4種類があり，この順に質がよくなり，値段も高くなる．黒色と赤色のゴム栓は老化しやすいので，長期間の使用には耐えない．飴色のものはゴム質が多く長もちするが，熱には弱い．

5・3 栓の扱い方

実験で栓を使う場合，びんに薬品を入れて栓をする場合は，コルクにするかゴムにするか，間違いなく判断しなくてはいけない．薬品を入れるびんの栓はガラスの共栓やポリエチレンの栓が好ましい．原則として，有機溶媒に対してはコルク栓，ガスの発生装置や減圧実験にはゴム栓を用いる．有機反応を行なう場合には原則的にはコルク栓を用いる．栓の選定は，容器にものを入れるより前に行なう．栓の大きさは，びんやフラスコなどにはめて，半分あるいは半分以上が外へ出るくらいのものがよい．あまり大きい栓を無理にはめると，器具の口もとが割れることがある．試薬，とくに液体試薬のはいったびんに栓をするとき，あるいは栓をとるときに，片手で行なってはならない．片手でびんを抑えて安定させて，はめたりとったりする．コルク栓からコルク屑がびんの中に落ちたり，試薬類がコルク栓に直接触れたりするのを防ぐためには，栓をパラフィン紙かアルミニウムホイルで包んで用いるとよい．

コルク栓を用いて反応を行なうときは，コルクプレス (p. 50, 図4・45) でよく圧搾して使うので，栓の大きさは，フラスコの口径とコルク栓の下面の径（短かいほうの径）が同じくらいのものでちょうどよい．コルクプレスがない場合は，コルクを紙で巻いて，床の上で足でゴロゴロまわしてふむか，台の上でコルクに板をかぶせて，板を圧してゴロゴロまわすとよい．

栓に穴をあけるにはやや練習を要する．まず，穴の大きさの適当なコルクボーラー (p. 51, 図4・46 をえらぶ．コルク栓に穴をあけるときは，目的の穴の大きさより少し小さいボーラーを選ぶ．ゴム栓のときは同じ位か，心もち大き目のボーラーを選ぶ．この逆にすると，コルク栓のほうは穴が大きすぎて使いものにならなくなり，ゴム栓のほうはガラス管を穴にさしこむのに苦労する．

コルク栓に穴をあけるには，径の小さいほうの面を上にして机上におき，左手で栓をおさえ，右手でボーラーを持ち，栓の目的個所に正しく刃をあてて数回ねじこむ．そこでボーラーが垂直になっているかどうかを，栓を回しながら確かめる．正しければ栓を左手に，ボーラーを右手に持って，静かに回転しながら深く切ってゆく．時々垂直に保たれているかどうかを確かめる．もう少しで穴が貫通するくらいになったら，左手で栓をもちあげ，ひとさしゆびを穴のあく個所にあてて，静かにボーラーを回して押すと，切れる個所がふくらんでくるから，やわらかい木の板かボール紙の上に栓をのせて，ボーラーを押しつけるようにして回して静かに貫通させる．固い机や実験台にのせたまま強く押しつけると，机や台に傷がつき，コルク栓のほうもきれいな丸い穴にならない．穴があいたら，丸

74   5. 実験の基本操作

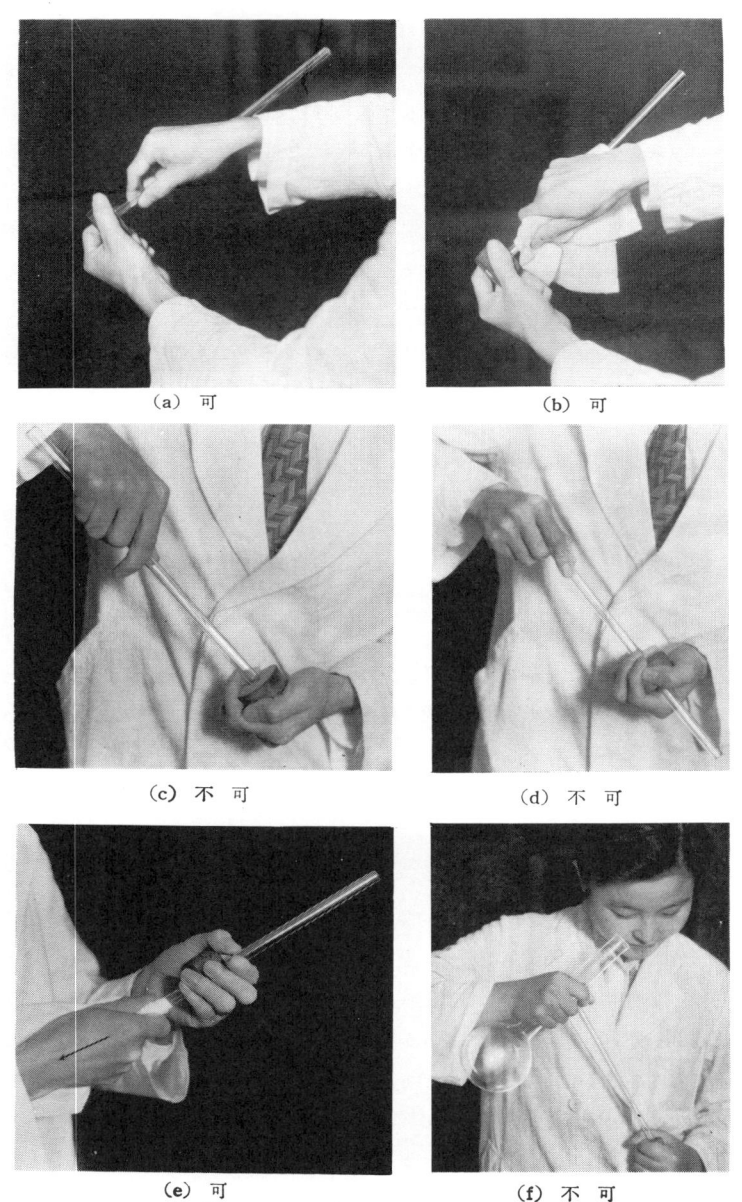

(a) 可　　　　　　　　　(b) 可

(c) 不可　　　　　　　　(d) 不可

(e) 可　　　　　　　　　(f) 不可
図 5・11 栓の穴にガラス管を通す方法

5・3 栓の扱い方

やすり（p. 51, 図 4・47 (b)）で穴の内面をなめらかにしておく．穴をあけてから後ではコルクプレスは使えない．

ゴム栓の場合も同じ要領で穴をあけるが，コルク栓よりあけにくく，ボーラーとのすべりが悪く熱が出る．少し切れなくなったようなボーラーだとたいへん苦労する．ゴム栓に限らず，栓に思うようにきれいに楽に穴をあけるには，つぎのようなことに気をつける．

（1）ボーラーは研摩器で刃をとぎ，切れるようにしておくこと．

（2）穴をあけるときに潤滑剤を活用すること．潤滑剤としては，一般にエタノール，水，グリセリン，アセトンなどが有効である．とくにゴム栓の場合にはぬらしながら穴をあけるとよい．

（3）穴を垂直にあけること．穴のあけはじめに注意しなければまっすぐにあかない．

栓の穴にガラス管を通すには，相当の注意が肝要で失敗も多い．まずガラス管の端を炎で丸めておかねばならない．切ったガラス管の鋭い先端は，それ自身が一種のボーラーとなり，穴の内面を削ってしまったり，管がコルク栓にななめにくいこんだりするのでよくない．ガラス管は図 5・11 (a) のように栓の近くを持って，静かに回しながら軽く少しずつ押しこんでゆく．穴が小さいほどガラスに加わる力は大きいから，ガラス管に布を巻いてそこを握ってさしこむ (b)．管に水かエタノールをつけて通すと，はいりやすい．栓から離れたところを持って押しこんだり (c)，管の端を掌でおさえて押しこんだり (d) するのは危険である．しばしばガラス管が折れたり，ねじれて割れたりして，鋭利な割れ口が，右手で押す力によって栓をもっている左手にグサリと突き刺さり，あるいは栓に残った切れ口が勢あまって右手に突き刺さる．ひどいときには掌を貫通してしまう．ガラス管だけでなく，温度計を栓にはめるときも同じである．

このような事故を起こさないためには，まず (a), (b) のようにして少しずつ押しこみ，ガラス管の先端が 5～6 cm ぐらい反対側に出てきたら，そこを握って引っぱり出すようにする (e)．この場合もまっすぐに引っぱらないで，静かに回しながら引っぱるとよい．枝付きフラスコの枝をコルク栓に通す場合も，(a), (b) および (e) の要領で行ない，(f) のようにフラスコの首の部分をもって押しこんではいけない．(f) のような入れ方をすると，枝のつけ根から折れてフラスコをこわすだけでなく，よく怪我をする．ゴム栓の穴は一般に管よりやや細目にあけてあるので，はめようとするガラス管にエタノール，水などを潤滑剤としてぬるとよい．もし穴が小さすぎた場合は，丸やすりでこすって適当な大きさに穴をひろげておく．

びんの中に落ちたコルク栓　試薬びんのコルク栓が小さく，口いっぱいにはまっていて，それをとるときびんの中へ落ち込んでしまうことがよくある．そのまま別の栓をして，中にコルク栓を入れっぱなしにするのはまずいので，内容物を別のびんにうつして図5・12のような操作でとり出す．紐は丈夫な細いものを二重にして用いるか，竹の皮を細く割ったものがよい．びんに落ちかけたコルク栓は，らせん状の細い栓抜きか大き目の木ねじをねじこんでとるとよい．

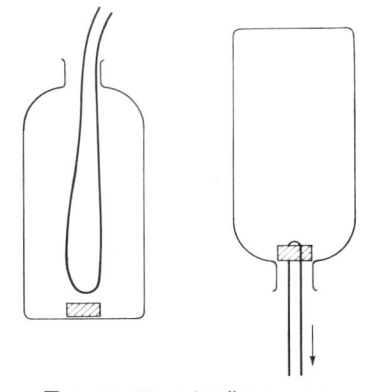

5・4 実験装置の組みたて方

　装置の組みたてにはたいていの場合スタンドを利用する．スタンドは p.40, 図4・28に示した

図5・12　びんの中に落ちたコルク栓を取り出す

ようにいろいろの種類があるが，どのスタンドでもホールダー，クランプ，鉄製リングなどの付属部品を使って，セットを固定するようになっている．まず，装置全体の安定をよくすることが大切で，たとえば図5・13(a)のように支台と逆の方向に大きなセットを組むと，反応液の量が増したり，激しくかきまぜて振動の強いときなどには，スタンドもろ共に倒壊することがあるから注意を要する．何かの都合でやむを得ず不安定な装置を組むときは，支台の上に相当の重いものを乗せておさえておかねばならない．またホールダーとクランプの使い方は，(b)が正しく，(c)のようにクランプを下向きに挟んで止めることは危険である．

　どのような実験でも，一つ一つすべてに十分な点検をしながら装置を組まなければならない．一応のセットができたら，ホールダー，クランプ，リングのねじをさらにもう一度しっかりと締め，ゆるんでいないようにする．ただしクランプのねじは締めすぎてはならない．器具をはさんで止める個所に布を巻いて使うとよい．操作が長い時間にわたる場合には，途中でねじの点検を行なうことが必要である．かきまぜ装置を使って反応を行なう場合には，自身の振動のために装置全体がゆるむことが多い．このような場合は，かきまぜが円滑にいかないだけでなく，いろいろの危険も伴うので，ときどきねじを点検することである．器具に力をかけてはならない．ガラス器具に重みのかかるセットは，ひずみの

5・5 加　　熱　　77

ためにガラスが破損することがある．たとえば図5・13(a)の場合，クランプを二つ用いているが，上の冷却器を支えているクランプを省略すると，下の丸底フラスコの口の部分に重みがかかる．複雑なセットの場合ほど，力のかかり工合には注意しなければならない．一度組んだセットの一部あるいは全体を移動する場合にも同じである．

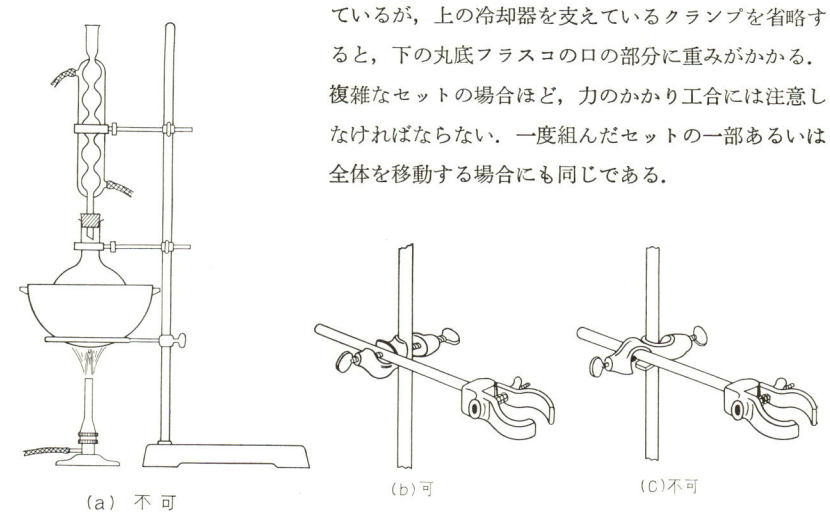

(a) 不可　　(b) 可　　(C) 不可

図 5・13　スタンドの使い方

適当な大きさで，いろいろの厚さの木片の台をいくつか用意して，バーナーの高さや蒸留受器の高さなどを加減すると便利である．ノート，本，机の引き出しなどを台に使うのはよろしくない．伸縮架台（p. 40, 図 4・29）があれば理想的である．

5・5　加　　熱（heating, Erhitzung）

有機実験における加熱の目的は非常に広範囲である．反応のための加熱，単に温める場合，蒸留，蒸発，昇華，融点測定その他重要な操作が加熱によって行なわれるが，その目的によって操作も少しずつ異なりコツがある．**加熱の一般的な注意は**，(1) 急激に熱しないこと，(2) 適切な装置と方法で熱すること，(3) 密閉された装置を加熱しないこと，(4) 加熱するガラス容器の外側に液滴がついていないこと，(5) 必要なだけの最少限度に加熱することである．

とくに反応のための加熱には細心の注意が要る．反応が始まる温度に達すると，あとは反応熱によって自然に反応が進み，温度が保たれるようなことがある．多量の物質のときは，以後はむしろ冷却して反応を調節し，反応が大体終了したらまた加熱して完結するの

78　5. 実験の基本操作

であって，なかなかデリケートである．このような場合，強い火で加熱しつづけていると，反応が激しくなり過ぎて猛烈に吹き出すことがあり，ほったらかして実験台を離れていると危険なわけである．

　加熱は，バーナーの直火で行なう場合，いろいろの加熱浴で行なう場合，電熱で行なう場合などが普通である．

a. バーナーによる直火加熱

　ガスバーナーは p. 41, 図 4・30 (a), (b) に示したもので，操作上大切なことは炎の調節である．バーナーの直火加熱は，均一な加熱がむずかしく，風で炎がゆらいで温度が変わり易く，種々の欠点があって，好ましい方法ではないが，簡単に高温が得られるのでしばしば行なわれる．

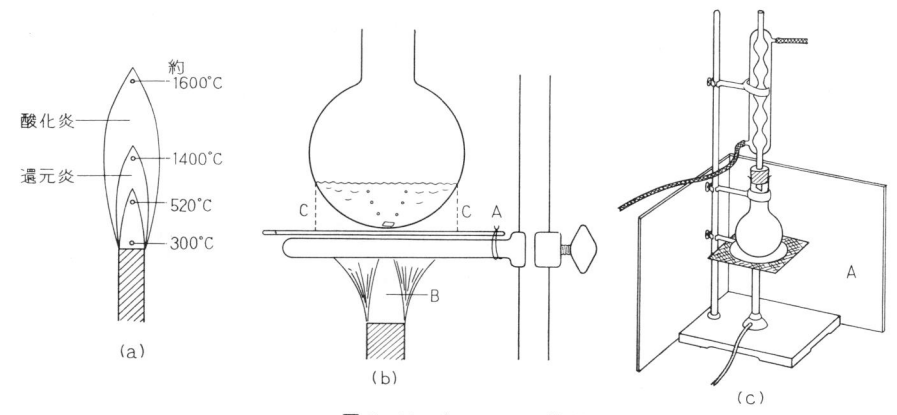

図 5・14　バーナーの使用

　適度に空気を入れたガスの炎は，図 5・14 (a) に示すように，大体炎の先端に近い部分がもっとも高温であるから，そこへ加熱個所が当るようにする．バーナーには適度の空気を入れないと炎の安定もわるく，小さい火にして使うときには，少しの風が吹いても消えやすくて危ない．

　(b) は石綿つき金網を，スタンドのリングの上において加熱しているところである．操作をつづけていると，金網が次第に移動して，石綿をつけた部分がずれてしまったり，リングからずり落ちたりすることがある．そのためAのように針金で金網とリングの根元を縛りつけておくとよい．Bの炎を調節して，炎をできるだけ近づけ，できるだけ小さく

して，フラスコの C—C の部分以外はあまり熱せられないようにしておく．この逆に，大きな炎で遠くから強熱することは，種々の点からみてよくない．

(c) は装置全体の図で，A は風よけのついたて（びょうぶ式）であり，冷却器のゴム管はついたてに支えられてバーナー付近から遠ざけられている．内容 1 l 以上のフラスコを直火で加熱する場合は，石綿板でフラスコを囲って，フラスコ全体が均一に加熱されるようにするとよい．加熱が局部的になると容器がわれる．

b. 加熱浴による加熱

直火加熱の欠点をなくす良法として，種々の加熱浴が用いられる．浴の中へ反応容器を浸すと，均一な加熱温度が保たれる．フラスコの内容物が浴液の液面より下になるように，フラスコを浴の中にどっぷりつける．表 5・1 に加熱浴の種類と性格を一覧して示す．

表 5・1 加熱浴一覧

種類	内容物	容器	使用できる温度範囲	使用するときの注意
湯浴	水	銅なべ，その他	～95°C	水の補給．加熱器具の安定．種々の無機塩を飽和させると沸点が上る．
水蒸気浴	水蒸気吹き込み	同上	～95°C	
油浴	各種の植物油，シリコーン油，グリセリン	銅なべ，ホウロウ容器	～250°C	250°C 以上になると煙がでて，引火の危険がある．油の中に水をとばさぬこと．シリコーン油は安全である．
砂浴	細かい砂	砂皿	適宜高温	
塩浴	たとえば硝酸カリウムと硝酸ナトリウムの約等量混合物	鉄なべ	220°～680°C	水をとばさないこと．保存は乾燥器中に．
金属浴	種々の低融点金属，合金など	鉄なべ	種類によって異なる	350°C 以上に加熱すると次第に酸化する．
定温蒸気浴	各種有機液体	三つ口フラスコなど	種類によって異なる	表 5・4 参照．

湯浴（water-bath, Wasserbad）p. 43, 図 4・31 (a) はもっともよく使うものである．無機化学や分析化学の実験では，容器を湯浴の上にのせて水蒸気で加熱することが多いが，有機実験では，たいてい容器を湯の中に浸して加熱する．銅製の環状のふたつきの湯浴がよく使われるが，ホウロウ製またはアルマイト製のふたのないボールや牛乳わかしでも十分間に合う（水の補給に注意）．これらの湯浴は，小さなフラスコや試験管中の液を温めるとき案外不便なものである．手に持って熱したり，あるいはちょっと支えて温めたりしているうちに，ひっくりかえしたり，あやまって手からすべらせたりして，試料を失うことがよくある．これを防ぐためには銅の網で浅い皿状のものをつくりバスの中に支え

ておくか，中細の針金でいろいろの細工をして取手にしばりつけておくかするとよい．あるいは，図5・15のような簡単な器具ばさみを自作して用いるのもよい．ボタン式になっていて，いろいろの大きさのものを自由にはさんで湯浴上にのせられる．

湯浴の底には，ガラス棒を三角形に曲げて布をまいたものを沈め，その上に加熱する容器の底が当っているようにするとよい．容器が浴中に宙ぶらりんになっているのはよくない．たとえば過マンガン酸カリウムを用いる酸化実験のような場合は，反応が進むにつれて酸化マンガン(IV)の沈殿が析出し，フラスコの中でボコンボコンと突沸しはじめ，その勢いでフラスコが湯浴の底にぶつかって割れることがある．また，大きなビーカーに内容物を相当量入れて湯浴中で熱すると，湯の沸騰でビーカー全体がボコンボコンと上下して，底を湯浴にうちつけて割ることがある．湯浴で加熱する場合には，装置全体をしっかり固定しておくように，配慮しておかなければいけない．

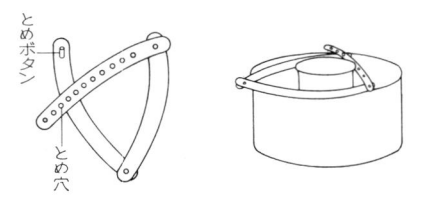

図5・15 湯浴上の器具ばさみ

表5・2 塩類を飽和させた湯浴

水に溶かす塩類	飽和水浴液の沸点 [°C]
炭酸ナトリウム	105
塩化ナトリウム	108
硝酸ナトリウム	120
炭酸カリウム	135
塩化カルシウム	180
塩化亜鉛	300

湯浴による加熱は95°Cぐらいまでしかできないが，これに種々の安定な無機塩類を溶かして飽和させると，浴の沸点が上昇して，やや高温の浴として手軽に使える．塩の水溶液を使った湯浴の例を表5・2に示す．

水蒸気浴（steam bath, Dampfbad）とは水蒸気発生器から水蒸気を導いて適当な容器の中へ噴出させ，そこで温める方法である*．火が近くにあると工合のわるいときなどによい．凝縮した水を排出する工夫が必要である．水蒸気の入口と凝縮水の出口のついた銅の浴ができている．

油浴（oil bath, Ölbad）は手軽で安価なために，100°C以上の加熱に広く用いられる加熱浴である．油浴には大豆油，菜種油，ごま油，綿実油をはじめ，たいていの油が用いられる．引火の危険があるから，炎が浴の上部へでないように，できるだけバーナーを浴の底に近づけて，空気を入れ炎を小さくして用いなければならない．300°Cぐらいまで使え

---

* 外国の化学実験室は，ガスのように，栓をひねると水蒸気が出るように装備されているところが多い．

ないことはないが，200°C 以上になると煙が出て臭く，引火の危険もある．油が古くなると，次第に酸化して黒色粘稠になり，煙も沢山でて，あまり高温度まで加熱できなくなるので，時々油を新しいものと換えなければならない．油浴を使う操作が終ったら，火を消して，冷えない中に容器を油からひきあげ，油のしずくを十分油浴の中へたらした後，新聞紙などで容器の底をよく拭いておく．熱い油浴中に水をこぼせば油がとび散って危険である．

シリコーン油（ケイ素油）は値段が高いのが欠点であるが，高温まで使える無害重宝な浴剤である．普通に市販されているものは，比較的重合度の低いジメチルポリシロキサンの種々の分子量のものの混合物である．広い温度範囲で粘度変化が少なく，耐熱耐水性，化学薬品に安定で，蒸気圧が低く，揮発性が小さく，引火の危険がない．油浴の浴剤として最適で，500°C ぐらいまで熱せられる．

砂浴（sand bath, Sandbad）は平らな鉄皿に細かな砂を半分位入れたものに過ぎないが，手軽でしかも加熱が割合にゆるやかに平均してできる．湯浴や油浴のように一定の温度に調節することは困難である．

塩浴（salt bath, Salzbad）は無機塩類を融解した浴で，主として高温の加熱に用いる．一例として，硝酸カリウムと硝酸ナトリウムの等量混合物がある．これは 200°C 以下になると固化するので，加熱を止めるときは，固化する前に容器をひきあげないといけない．使わないときは，デシケーターに入れて潮解を防ぐ．

金属浴（metal bath, Metallbad）は各種の低融点金属，とくに低融点合金が用いられる（表 5・3）．引火の危険もなく，熱伝導もよいので工合がよい．固化する前に容器をとり去らねばならない．浴の容器は鉄製がよい．

表 5・3　金属浴に用いる金属

金属の種類	融解点 [°C]	組　成
Wood の合金	71	Bi 4, Pb 2, Sn 1, Cd 1
Rose の合金	94	Bi 9, Pb 1, Sn 1
スズ-アンチモン合金	180	Sn 1, Sb 1
スズ-鉛合金	200	Sn 1, Pb 1
鉛	300	

定温蒸気浴は各種の有機化合物の沸点を利用してつくられる定温浴である．たとえば図 5・16 のようにして，三つ口フラスコに還流冷却器をつけ，適当な沸点の液体を入れて加

82　5. 実験の基本操作

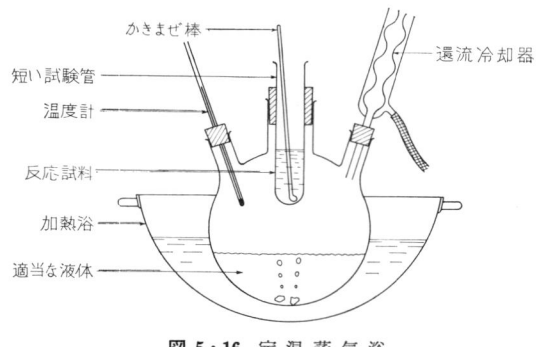

図5·16 定温蒸気浴

熱沸騰させれば，フラスコの内部は定温蒸気浴になる．このような目的に使える有機物は，低沸点のものから高沸点のものまで多数あるので，応用もひろく，とくにセミミクロ実験には都合がよい．表5·4に，定温浴用の液体と沸点を示す．図5·16は約150°C以下の沸点の溶媒を用いている例である．

表5·4　定温浴用液体と沸点 [C°]

アセトン	56.1	o-ジクロルベンゼン	179.0
メタノール	64.5	アニリン	183.0
四塩化炭素	76.5	エチレングリコール	197.8
エタノール	78.3	o-トルイジン	199.0
2-プロパノール	82.4	ニトロベンゼン	209.0
酢酸イソプロピル	88.9	安息香酸エチル	213.2
水	100.0	o-ニトロトルエン	224.0
トルエン	110.5	1,4-ブタンジオール	230.0
1-ブタノール	118.0	サリチル酸メチル	232.4
酢酸 n-ブチル	126.1	アジピン酸ジエチル	245.0
クロルベンゼン	132.1	フタル酸ジメチル	283.0
テトラクロルエタン	146.3	グリセリン	288.0
酢酸 n-アミル	148.8	フタル酸ジエチル	298.0
ブロムベンゼン	157.0	フタル酸ジブチル	340.7
シクロヘキサノール	161.1		

c. 電熱による加熱

ニクロム線に電流を通して生ずる電熱による加熱である．一番簡単なのはいわゆる電熱器で，これに直接加熱する容器をのせるか，あるいは加熱浴をのせればよい．各種のワット数のものがあり，また調節もできる．容器との間に適当にすきまをおいたり，間に石綿をしいたりしてもよい．簡単な電熱装置は，ニクロム線と素焼の電熱板で自作してもよい．電熱器の上に金属板をかぶせてニクロム線を隠した形式のものは，いわゆるホットプレート（加熱盤）（hot plate）で，引火の危険もなく便利である．この形式のものはセミミクロ実験にも重宝で，小さなホットプレートをあき罐で自作して使える．図5·17に

一例を示す.

　p. 43, 図4・32 に示したようなマントルヒーターを使うと，引火の危険が少なく，装置全体を均一に加熱することができて，たいへん便利である．

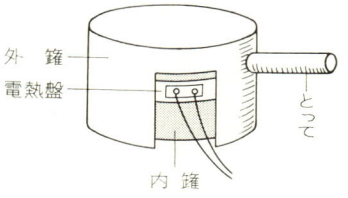

　また装置の特殊な部分を局部的に熱するには，普通そこへ石綿紙を均一に巻き，その上に細いニクロム線を均一に巻き，さらに石綿で覆って固定し，ニクロム線に適当な電圧の電流を通して加熱する．この目的のために電気加熱テープがある．ガラス繊維を材質にしたテープの中に特殊な電熱線を通し，自由に巻きつけられるようにしたものである．

図 5・17　ホットプレート（加熱盤）

d. 還　流 (reflux, Rückfluss)

　加熱する反応で，その内容液の蒸発逸散を防ぐ冷却装置をつけて，長時間反応をつづけることを還流という．気化する内容物（主として溶媒）を凝縮させて，再びフラスコ内へ戻す冷却器を**還流冷却器**（reflux condenser, Rückflusskühler）という．たとえば玉入冷却器（p. 24, 図 4・11 (e)）は還流専用のものである．還流を行なうには，先に述べた種種の方法で加熱するのであるが，重要な操作の一つであるから簡単に注意を述べる．

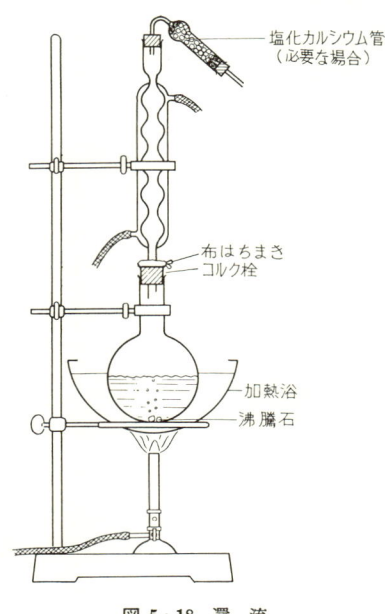

　かきまぜをしない普通の還流加熱は図 5・18 のような装置で行なう（直火のこともある）．沸点 110°C ぐらいまでのものを扱うときは，冷却器は玉入冷却器かジムロート冷却器を用い，高沸点物の還流には空気冷却器か，あるいは単に適当な長さのガラス管をたてて用いる．内容物の液量が 1/3～1/2 程度になる大きさの丸底フラスコに，十分やわらかくしたコルク栓で還流冷却器を連結する．この場合のコルク栓はできるだけしっかりしたものを選び，フラスコにはめたとき，栓の半分以上がフラスコの口の外に出るぐらいの

図 5・18　還　流

大きさのものを使う．もしコルク栓が長時間の反応中におかされるような場合には（強い酸やアルカリを使う反応，酸化反応のようなとき），予備に同じような栓をもう一つ作って，いつでも取りかえられるように準備しておく．

　フラスコの中には，加熱を始める前に**沸騰石**（boiling stone, Siedestein）か，それにかわるもの（p. 56）を入れておく．液体を加熱するとき，沸点まで熱せられても沸騰が起こらずに過熱状態になり，爆発的な沸騰いわゆる突沸を起こすことがよくある．沸騰石を入れておくと，適度に気泡を出して円滑な沸騰を誘う作用をして，突沸を防ぐことができる．沸騰石は液体の冷いうちに 2～3 個加えておけば十分その目的を達し，多数に投入するのは有害無益である．沸騰石は一度使ったものは二度と使えないし，ある温度に保ち，後でその温度より低くした場合にも役に立たない．また加熱を始めてから，沸騰石を入れるのを忘れたことを思い出し，かなり熱くなった液体に投入すると，急に激しい突沸が起こって危険である．必ず一度冷やしてから沸騰石を入れることである．

　沸騰石のかわりに，p. 56，図 4・59 (a) に示したような毛管を入れておいてもよい．毛管はフラスコの首までとどくような長いものを使う．毛管も沸騰石と同じく，一度使ったら二度と用をなさない．

　装置を組みたてるのに，冷却器と丸底フラスコの 2 個所を，クランプでしっかりと抑えておかねばならない．万一反応中に，コルク栓がおかされてゆるくなった場合，冷却器がストンと下へずり落ちて，冷却器あるいはフラスコが割れることのないよう，冷却器はしっかり抑えておく必要がある．反応が水分を嫌うとき，あるいは加熱浴が油浴の場合には（直火の場合も同様），冷却器とフラスコを連結するコルク栓上部の冷却器の首もとを，木綿の布ではちまきをしておくとよい．空気中の水分が冷却器の外壁で凝縮して水滴になり，それらが集まって下へ流れてゆき，コルク栓の上にたまるので，これが流れてフラスコを伝って下の浴や加熱部にさわると，浴の油がとび散り，直火のときはフラスコが割れることがある．

　もし還流反応が空気中の水分や二酸化炭素を嫌う性質のときは，冷却器の上端に，図 5・18 のように塩化カルシウム管あるいはソーダ石灰管をコルク栓でとりつける．普通の還流では塩化カルシウム管をつける必要はなく，還流冷却器の上端は開放のままでよい．反応が特殊なガスを発生するような場合は，冷却器上端からゴム管で導いて，適当な処理方法をとる．

　フラスコの加熱はなるべく静かに行ない，液の沸騰を保ちうる最低の温度に加熱する．

冷却器の玉の中に，凝縮した液体がたまって踊っているような加熱は強すぎる．

5・6 冷　　却（cooling, Kuhlung）

一般の有機実験で冷却を必要とするのは，つぎのような場合である．
（1）　溶液の冷却：反応混合物の冷却，再結晶時の冷却．
（2）　蒸気の冷却：蒸留，還流，溶剤による還流抽出．
（3）　変化しやすい物質，気化しやすい液体の冷却保存．

溶液の冷却は適当な冷却剤を使って行ない，蒸気の冷却は各種の冷却器を使って行なう．冷却保存には氷箱，電気冷蔵庫などが利用される．

a. 冷　却　剤（寒剤）

冷却は冷却剤を接触させて行なう．冷却しようとする溶液を入れた容器を，適当な器に入れた冷却剤中にどっぷりつければよい．冷却剤には各種のものがあるが，もっとも一般的で簡単に使えるものは水，氷，ドライアイスである．これらの冷却剤は単独で用いられるだけでなく，無機塩やアセトンのような他の物質と混合すると，さらに低温が得られるので，好んでこの方法がとられる．表 5・5 にその使用法の一例を示す．普通の実験操作のやり方では，理論的に得られるはずの低温までは冷えないことを念頭におかなければならない．たとえば，氷と食塩の混合寒剤では $-21°C$ まで下るとあっても，普通の実験操作では，大きなフラスコの内容などは $0°C$ ぐらいまでしか下っていないことが多い．

表 5・5　冷却剤と得られる最低温度

冷　却　剤	最低温度 [°C]
氷	0
氷 100　＋　塩化ナトリウム　33	-21
氷 100　＋　塩化アンモニウム 25	-15
氷 100　＋　塩化カルシウム 150	-49
氷 100　＋　エタノール 100	-30
ドライアイス　＋　アセトン　適宜	-86
ドライアイス　＋　エーテル　適宜	-77
ドライアイス　＋　エタノール　適宜	-72
液体窒素	-180

氷のような固体で冷やすときは，容器と氷の間になるべくすきまをつくらないようにする．氷は細かく割って使うほど冷却能率がよいが，あまり細かいとすぐ融けてしまう．だから冷す容器の大きさや目的によって加減し，しかも小さな氷片ですきまのないようにびっしりとつめるのがよい．氷は単独で用いるより，普通は食塩と混ぜて用いる．食塩は少しばかり加えても効果は少ない．冷却しながら反応を行なっているときは，寒剤の補給と反応温度の監視に注意が必要である．反応中の急激な発熱を抑えるには，水

溶液中での反応であれば，氷片を直接に反応液中に入れるのがよい．

ドライアイスは安価で低温が得られるが，熱伝導性がわるいので，単独に用いることはほとんどない．一般に，デュワーびんの中にアセトン，エーテル，エタノールなどを入れ，それに細かに砕いたドライアイスを入れて用いる．この場合も，補給が必要である．ドライアイスなどの低温を扱うときは，手が冷い容器にくっついて凍傷を起こすことがあるから注意を要する．

冷却はガラス器壁を通して，外部から冷やすのが普通であるから，内部の溶液をよくかきまぜて，温度が均一になるようにすると能率がよい．

b. 冷却器の使い方

冷却器にはいろいろの種類があるが，どの型を用いるかは，その目的によって考えてきめる．初歩の実験で使うのは，空気冷却器，リービッヒ冷却器，玉入冷却器，蛇管冷却器の程度であるが，本来はこれだけでは不十分である．冷却器の大きさの選定は大切で，大きな容器の還流や蒸留に小さな冷却器は不十分なだけでなく危険である．逆にセミミクロ実験のような場合には，ガラス管にぬれた布を巻く程度でもすむ場合がある．

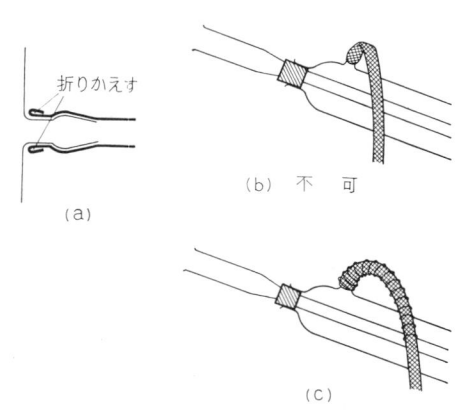

冷却器に水を通すには，ゴム管を水道蛇口から引いて冷却器の水入口にはめ，出口からはゴム管で流しへ導く．ゴム管の接続は気をつけてしっかりはめこまなければならない．冷却器にゴム管をつなぐときは図 5・19 (a) のように一つ折り返してさしこむとよい．ゴム管が少しゆるいようだったら，紐か針金で口元をしばるとよい．そして水道の水はなるべくゆっくり流す．誤って水栓を大きく開きすぎると，冷却器につないだ個所がはずれて水がとび散る．

図 5・19 冷却器とゴム管の接続

冷却器のゴム管をさしこむ部分が上向きになっていると，ゴム管の連結部が (b) のように折れやすく，まことに都合がわるい．強く折れた場合は，水が通りにくくなって圧力がかかり，ここでまたゴム管がはずれることになる．そこで (c) のように針金のらせんをつけて，ゆるやかに曲げるようにするとよい．また，冷却器のゴム管連結部を，垂直にせ

ず，やや斜めになるようにしておくと楽である．管を長くはめたままにしておく場合には，透明なポリ塩化ビニル管が好ましい．ポリ塩化ビニル管を連結するときは，管の端を熱湯に浸して柔くしてはめると楽であり，冷えるとちぢんでぴったりする．

冷却器の水の入り口と出口，すなわち水を流す方向は，下部から上部へ進むようにする．従って水の入り口は常に下あるいは斜め下で，出口は上あるいは斜め上になる．ジムロート冷却器（p. 24, 図 4・11 (g)）のように水の口が二つとも上部にある場合は，蛇管になっている部分への口が入り口で，垂直になっている管に連なる口が水の出口である．

冷却器を使っているときは，断水で水の流れが止ることを注意するだけでなく，水圧の変化で水の流れが弱くなったり強くなったりすることも注意しなければならない．冷却器を使って行なっている実験を途中で止めて帰るときなど，加熱だけでなく冷却器の水を止めることも忘れてはならない．夜中に水圧が高くなってゴム管がはずれ，洪水になる危険がある．

5・7 かきまぜ（攪拌）(stirring, Umrühren), 振りまぜ（振盪）(shaking, Schüttern)

反応が円滑すみやかに行なわれるために，反応液をかきまぜたり振りまぜたりして，反応物質の接触を密にする．かきまぜ，振りまぜが反応の進行にどんなに影響を及ぼすかは，実験してみて驚くほどである．手で行なうかきまぜには限度があるので，普通はモーターとかきまぜ機（スターラー，stirrer, Rührer）を用いて機械的に行なう．もっとも簡単なかきまぜ装置の一例を図 5・20 に示す．ガラス棒で作ったかきまぜ棒の種類は，p. 27, 図 4・14 に示してある．このような装置では，モーターをしっかり固定しておくこと，ベルトになる紐はしっかりしたものを用いること，滑車は給油して円滑に回るようにしておくことが必要である*．

かきまぜ棒は垂直でないと回転のときに首を振る．また真直であっても，スタンドやクランプ，ホールダーなどの締め加減によって，回転を始めるとガタガタしてかきまぜがう

---

* かきまぜ，振りまぜ用の滑車（プーリー）の回転速度は，一般に毎秒数回転から数十回転程度の遅いものであるが，小型モーターの回転速度はずっと速い．スライダックで調節はするが，モーターは速い回転で使用するほうがモーターのためによく，力も強い．そこで，滑車の大きさで回転の速さを調節するのが好ましい．これは負荷の割にモーターの力の弱いとき，とくに注意を要する．

88   5. 実験の基本操作

まく行なわれないことがある．このような場合は図5・21のように，かきまぜ棒を滑車の近くで切断して，短かい肉厚のゴム管でそこをしっかり連結しておくと，融通がきくよう

図 5・20　簡単なかきまぜ装置

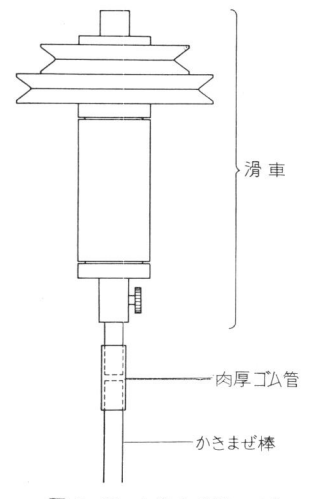

図 5・21　かきまぜ棒の工夫

になる．またホールダーの締めねじの間に薄い銅板をはさみ，その上からねじで締めつけるようにするとよい．これらの調節は，気密にしたかきまぜ装置のときにはとくに必要である．

還流中にかきまぜを行なう場合には，図5・22のような**水銀封**（mercury seal, Quecksilberverschluss）のついた装置を使う．このようにややこみいった装置でかきまぜるときは，摩擦個所がなく円滑な回転ができるように装置を組むことが大切である．この場合，スタンドに固定する**クランプ A, B, C** の締め方がこの装置の要所になる．はじめにセットを組んだら，十分に試験をして回転が快調なことを確かめてから実験を始める．長時間の連続実験の場合は，始めは完全であっても，回転に伴う振動で次第にねじがゆるみ狂いを生ずる．工合のわるいのを無理に回転させると，水銀封の脚部が割れる．なお，水銀封と三つ口フラスコを連結するコルク

栓は，できるだけしっかりしたものを，相当深くはめておくこと．水銀封をさし込む穴は正しく垂直にあけておく．スタンドはなるべくしっかりした重いものを用い，台の上に重いものをのせて抑えるなどして，振動に耐えられるようにする．水銀封にはいろいろの型があるが大同小異である．この中には通常水銀を入れて用いるが，反応内容物の種類によっては水，流動パラフィン，シリコーン油などを用いることもある．

以上が普通のかきまぜであるが，p. 44, 図4・34 のようなモーター直結のかきまぜ機や，マグネチックスターラー (p. 45, 図4・35) が用いられればさらに便利である．

反応中に他の試薬を加える必要がなく，また反応によってガスや熱などが発生しない場合には，反応液を適当な密閉器に入れて振りまぜる方が楽である．長時間の振りまぜには振りまぜ機 (p. 46, 図4・36) を用いる．

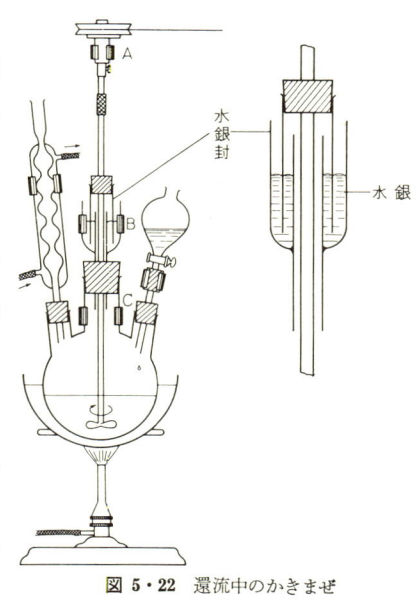

図 5・22 還流中のかきまぜ

5・8 ろ 過 (filtration, Filtrieren)

ろ過の目的は，固体と液体を分離して，固体だけを得るか，液体(ろ液)だけを得るか，あるいは両方ともに必要とするかのいずれかである．有機化学でよく用いられるろ過方法は，普通の自然ろ過，吸引ろ過，熱ろ過などで，とくに吸引ろ過を手際よくできることは大切である．

普通の実験では，目のあまり細かくない定性ろ紙と，目の細かくてやや厚い硬質ろ紙の2種類を用意して使いわければ大体ことたりる．そのほか，特殊な場合には石綿（精製品），グラスウール，布などが用いられるし，非常に細かいものか，酸やアルカリのようなろ紙をおかす物質をろ過するには，グラスフィルター (p. 30, 図4・17(m)) を用いる．

a. 自 然 ろ 過

吸引ろ過をするとまずい場合に，自然ろ過をすることがあるが，この場合も分析実験の

90   5. 実験の基本操作

ようにろ紙を漏斗に密着させてろ過することはあまりない．ろ紙の全面を使って，なるべくろ過面積を広くしてろ過を早くするため，ろ紙を扇のようにギザギザのひだをつけて折りたたんでろ過をすることが多い．このようにギザギザに折ったろ紙を**ひだつきろ紙**（または折りたたみろ紙）といっている．図 5・23 にその折り方を示す．

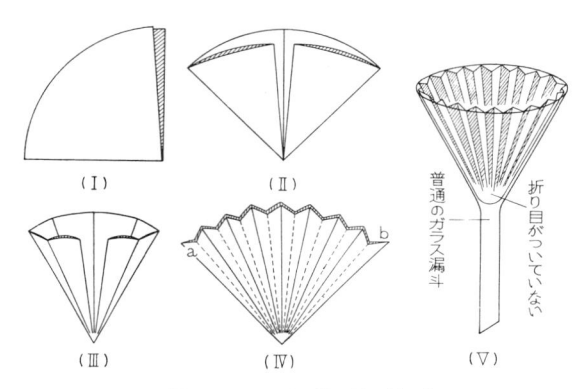

図 5・23　ひだつきろ紙の折り方

まず円形ろ紙を (I) のように四つ折りにする．つぎに半分に開いてから，(II) のように両方から内部へ折り目をつける．これを再びひろげ，(III) のようにさらに内部へ四つ折り目をつける．これをひろげて半円形にしておいて，(IV) にみられるように，点線の部分を順々に逆向きの折り目をつけてひだにする．実線の部分は溝に，点線の部分は山になる．最後にこれを全部ひろげ，(IV) の a, b の部分をさらに半分に折りかえすと，(V) のようなひだつきろ紙ができあがる．

このひだつきろ紙は，折り目に集まる円錐形の先端部が破れやすいので，ひだを折るときに，先端になる部分は折り目をつけないようにする．ろ過するときも，ドッと液をあけず，静かにろ紙の上の部分へ注ぐようにする．ろ過中にひだの形がくずれて，くっついたりすることもあるが，ぬれた後でろ紙をいじると，破れることが多い．

b. 吸引ろ過

ろ過を短時間に手早くするため，ろ過しにくいものをろ過するため，あるいは少量のものを上手にろ過するために，吸引ろ過が好んで用いられる．吸引ろ過は**減圧ろ過**ともいい，圧力の差を利用してろ過を速やかに行なう方法で，普通は水流ポンプで減圧する．有機実験でろ過する場合は，まず第一に吸引ろ過を考えてよい．図 5・24 はその典型的な装

置で，ヌッチェをゴム栓でぴったりと吸引びん（ろ過びん）にはめ，びんの枝を肉厚ゴム管で減圧装置につないだものである．減圧装置の水流ポンプは p. 33, 図 4・19 (a) に示したもので十分である．

吸引ろ過の基本的な方法を順に述べる．まずろ過する沈殿（結晶）の量により，適当な大きさのヌッチェを選び，相当する大きさの吸引びんの上にはめこみ，そのヌッチェにぴったりする円形ろ紙か，あるいは大判ろ紙をちょうどよい大きさに円く切ったものを入れる．この場合ろ紙の大きさは，ヌッチェのろ過面よりやや小さい

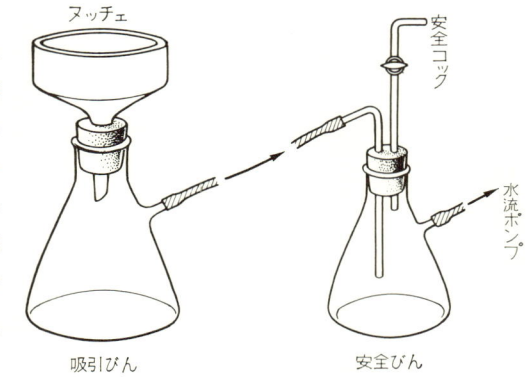

図 5・24 吸引ろ過装置

ぐらいがよい（図 5・25 (a)). 大きくてヌッチェの壁に端がかかっていたり，小さくてろ過面にある穴にすれすれにかかっているようなのは駄目である．つぎに洗びんでろ紙を一面に湿してから（水溶液でない場合は，ろ過しようとする溶液の溶媒で湿す），水流ポンプに水を流し，つぎに安全びんのコックを閉めると（ろ過しないときは開けてある），吸引びん内が減圧になって，ろ紙はぴたりとヌッチェのろ過面に密着する．このとき，指でろ紙の端をよくおして十分にヌッチェに密着させ，少しの隙間もないようにする．空気の洩れているときは，音でわかる．つぎに，ろ過しようとする液を，上澄のほうから静かにヌッチェの中へあける．このときはガラス棒で誘導する．ろ過をはじめたら，ヌッチェの中の液が絶えぬように注意して，あふれぬ程度にどんどん追加するとろ過が早い．液を全部入れて，液体部分が全部下へ流れ落ちてしまったら，ヌッチェの上にたまった沈殿を，細口試薬びんのガラス栓か，ガラス棒を⊥型に細工したもので平均によく押しつける（図 5・25 (b)). 十分に押して，もはや液滴が落ちなくなったら，吸引を止める．止める場合には，まず安全びんのコックを開いて空気を入れ，装置内を常圧にもどす．もしコックがない場合は，吸引びんにつないであるゴム管を少々無理してはずす．いきなり水道の栓をひねって水を止めてはいけない．水が逆流して，安全びんが装備してないときは，ろ液の中へ水がとびこんでくる．装置内が常圧になったら，水道をとめ，ヌッチェをとりはずし，適当な器か，乾いたろ紙の上に沈殿をとり出す．十分に上から押しつけて吸引し

た沈殿は，円盤状に固まって相当に乾いているものである．沈殿をとり出すには，ヌッチェの壁と沈殿の間に小さいスパーテルのさきをさしこみ，形をなるべくくずさないようにして，ぐるりと1回まわして沈殿を壁から離し，つぎに漏斗を伏せて軽くたたくと，たいていのものはろ紙と共にきれいな形でとれる（図5・25(c)）．沈殿が漏斗から離れなければ，端のほうからスパーテルをさしこんで，沈殿をろ紙と共にほり起こすようにするとよい．沈殿をヌッチェから取り出したら，ろ紙を静かにはぎとる．液がよく分離されていれば，ろ紙と沈殿はきれいにわかれる．

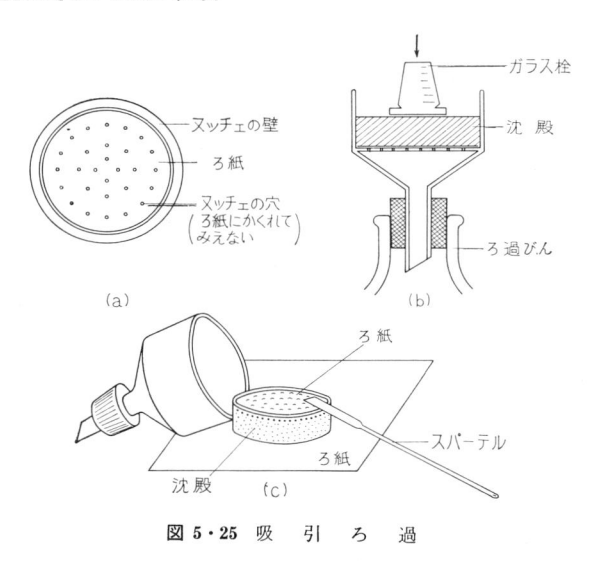

図5・25 吸 引 ろ 過

ろ過するときの液は，結晶が十分に析出しきったものでないといけない．とくに沸点の低い有機溶媒を用いているときは注意する．ヌッチェでろ過するとき，ヌッチェの内部（見えない所）に，結晶が析出してくっつくことがある．そして，溶媒で洗ってもとり切れない．ろ過が終ってから，ヌッチェを水で洗ってもとれず，目に見えないため気がつかないでつぎの実験に使うことになる．

吸引ろ過を行なう場合，吸引びんが 500 ml 程度以上の容量のものだと，その大きさと重さで安定が保たれるけれども，小さな吸引びんになると，連結するゴム管の弾力のためにひっくりかえることがあり，とかく不安定なものである．そこで一般に小さな吸引びんを用いるときは，スタンドを使ってクランプでびんの口元を抑えて用いる．

5・8 ろ　過　93

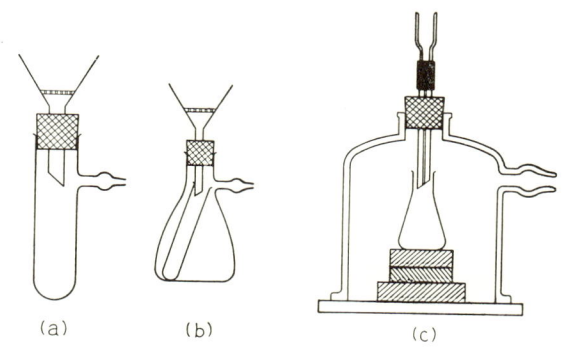

　少量のものを吸引ろ過するには，ヌッチェではどうしても無理な場合が多く，図5・26 (a), (b) のようにガラス漏斗と適当な大きさの目皿を用いるのが普通である．さらに少量の結晶をろ過する場合は，(c) のようにフィルターステッキ (p. 30, 図4・17(j)) とろ過鐘を用いる．きわめて少量のろ過を行なうには，沈殿が必要な場合も，ろ液が必要な場

図5・26　少量物質のろ過

合も，(c) の方法が操作も楽でもっともすぐれている．これでも無理な場合は，5～10 ml ぐらいのビーカーに沈殿の混っている内容物を入れ，軽く振りながら一挙に素焼板の上にあける．液は素焼板にしみこんで吸いとられるから，スパーテルで沈殿だけをかき集めると，普通の融点測定のできるぐらいの量は得られる．

　目皿とガラス漏斗を使うには，少々コツがいる．まずろ過の液量と沈殿量から，適当な大きさの漏斗をえらび，ゴム栓で図5・26(a), (b) のような装置をつくる．液量が多いときはろ過びんに直接受けるようにする．つぎに適当な目皿をとり，それよりも 2～3 mm

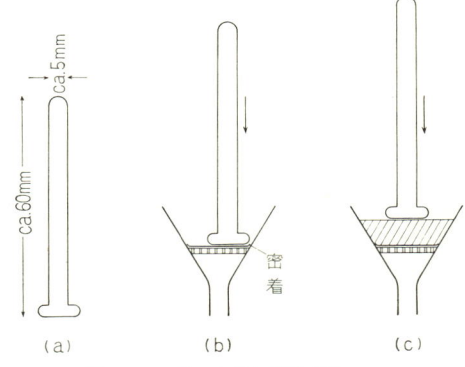

図5・27　目皿を使う吸引ろ過

ぐらい直径の大きいように，まるくろ紙を切る．ろ紙はそのつど目皿をあてていい加減に切るようなことをしないで，それぞれの目皿にあう大きさのものをたくさん作っておくとよい．このろ紙を漏斗に入れ，図5・27(a) のようなガラス棒でろ紙を目皿の上にちょう

ど平均にかぶさるように抑えておいて，洗びんでろ紙を湿す．水流ポンプの安全コックを静かにしめて減圧にすると，ろ紙はぴたりと目皿と漏斗に吸いつくから，棒でよく押して，ろ紙とガラス漏斗の間に隙間のないようにする(b)．これを上手にしないと，目皿が曲ったり，ろ紙がうまく密着しなかったりする．ろ過して沈殿がたまったら，(a)の棒で十分に沈殿を上から押しつけて，液を流し出す(c)．沈殿を取り出すには，きれいなガラス板，素焼板，あるいはろ紙の上に漏斗を伏せ，軽くトントンたたきつけるか，あるいは漏斗の足から細いガラス棒を入れて押せば，沈殿は目皿ごときれいにはずれて落ちる．

少量のろ過のために，図 5・28 のようなセットを自作しておくと便利である．

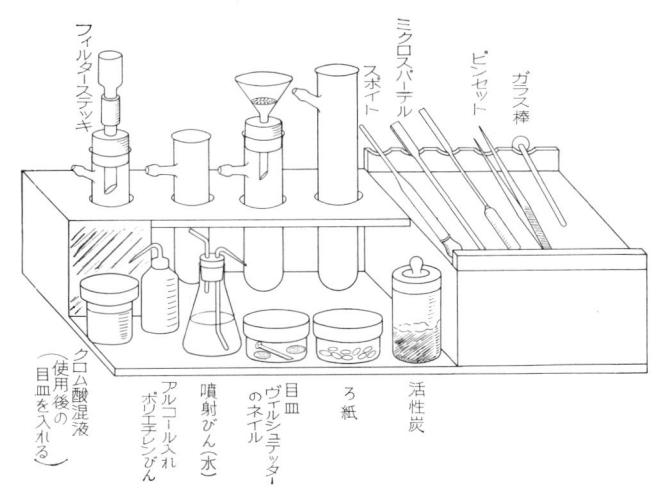

図 5・28 少量物質用簡易ろ過セット

有機実験では，精製のために活性炭を入れて加熱した後ろ過する操作があるが，この場合，普通の定性ろ紙だと活性炭が通過してしまう．ろ液がうす青いだけでも，もう駄目である．そのため，ろ紙を2枚重ねて用いるか，あるいはとくに目の細かい厚手のろ紙を用いなければならない．また活性炭でなくても，細かい粒子の沈殿をろ過する場合は同様の注意が必要である．

ろ過する液が強酸性，強アルカリ性などでろ紙をおかす場合には，グラスフィルター (p. 30，図 4・17(m)) を用いる．あるいは目皿漏斗を用い，その上に石綿，グラスウールなどを適当な厚さに敷いてろ過する．

c. 熱ろ過

溶液が冷えるとすぐ結晶が析出する場合には，ろ液が冷えないようにしてろ過する．これを熱ろ過あるいは保温ろ過といい，これに使う漏斗を熱漏斗（保温漏斗）という．典型的な一例を図5・29に示す．この型は普通のスタンドにクランプで取りつけて用いるものである．図のようにセットして，漏斗の下のゴム栓をしっかりはめて漏らないようにして，熱漏斗の中に水か湯を7分目ぐらい入れる．つぎに枝の先端部をバーナーで加熱する．中の水が沸騰しはじめると，上の口から蒸気が吹き出すから，火を弱くしておく．適当な大きさの円形ろ紙を図5・23の要領でひだつきに折って，漏斗の中に入れる．準備が終ったらバーナーの火を消す．ろ過しようとする液が水溶液の場合には火をつけたままでもよいが，引火性有機溶媒のときには必ず火を消す．液でろ紙を軽く湿してから静かにろ過する．ろ

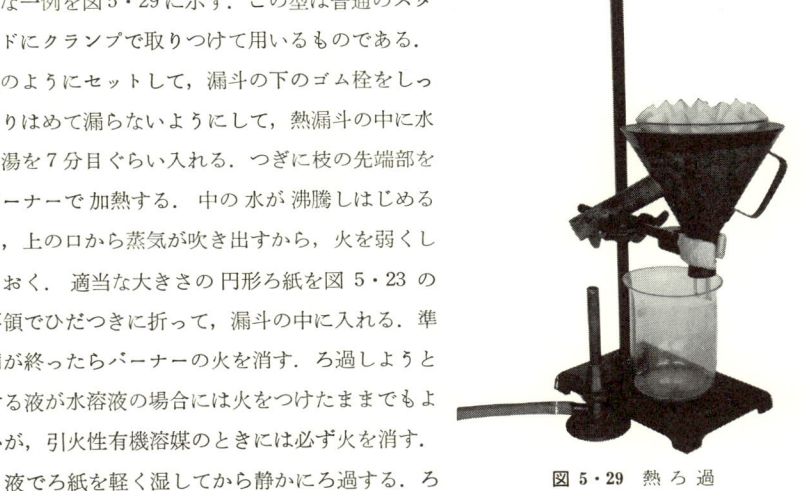

図 5・29 熱ろ過

過をはじめたら，ろ紙を手で動かしてはいけない．熱ろ過は一般にろ液を得るのが目的である．少量物質の場合は熱漏斗を使わないで，なるべく脚の短かい漏斗とろ過びんを暖めておいて手早く吸引ろ過したほうがよい．この場合，ろ過鐘が便利である．

d. 沈殿の洗浄

ろ過してろ液と分けられた沈殿は，いくら十分に吸引圧搾しても，相当のろ液分が残っている．そこで，その沈殿をさらに精製すると否とにかかわらず，沈殿を洗浄する．一般には，ろ液の溶媒と同じ溶媒を用いる．すなわち，水溶液であれば蒸留水で洗い，エタノール溶液であればエタノールで洗う．洗う方法は，ヌッチェや目皿漏斗を使った場合ならば，沈殿を押しつけて液滴がほとんど出なくなったら，一時吸引を止めるか弱い減圧にしておいて，上から洗浄液（たとえば蒸留水）を注ぐ．そこで沈殿をガラス棒でかきまぜる．しばらくして，再び減圧にして十分にろ過する．この操作を 2～3 回行なえば大体十分である．あるいは，一度結晶をとり出してビーカーに移し，洗浄液と共にかきまぜて洗い，再びろ過することもある．

洗浄には p. 36，図 4・22 に示したような洗びんを用いると便利である．沈殿が溶媒に

96　5. 実験の基本操作

溶けすぎて損失を多くしないように気をつける．とくに沈殿がきわめて少量の場合には，洗浄液をあまり多量に用いないように気をつけねばならない．洗ったら，ほとんど溶けてなくなってしまうこともある．

5・9　抽　　出（extraction, Ausziehung）

　有機実験では，混合物からある物質を分離する一つの方法として，抽出操作がよく用いられる．抽出とは，適当な溶剤を用いて，液体あるいは固体の混合物から，溶解度の差を利用して目的物質を溶かし出して分けることである．混合物が液体であるか固体であるかによって，抽出の器具や操作がちがっている．実験室でもっとも一般に行なわれるのは，液状混合物からの抽出である．それが溶液として完全に溶けている場合と，溶液となっているばかりでなく，固体の一部が沈殿や懸濁液になったり，あるいは油滴が浮いたり沈んだりしている場合とがあるが，原則として抽出操作は同じである．抽出に用いる溶剤は，目的物だけをなるべくよく溶かすものがよいが，同時に溶液の溶媒とは互いに溶け合わず，2液層にわかれるようなものでなければならない．実際に抽出を行なうにあたっては，なるべく少量の溶剤で，十分に目的物質を溶かし出して分離できることが望ましい．この条件に合うようにいろいろの方法が工夫される．

a. 溶液からの抽出

　水溶液から水とまじらない有機溶媒で抽出することが多い．また有機溶媒に溶けた物質を酸やアルカリの水溶液で抽出することが多い．溶液から溶剤を用いて抽出するには分液漏斗を用いる．分液漏斗は，p.32，図 4・18 に示したような型がある．分液漏斗のコックおよび栓にはワセリンなどを塗らないで，中に入れる液でしめして使用する．

　まず分液漏斗のすり合わせの部分が洩らないことを確かめてから，図 5・30 (a) のようにしてスタンドのリングに静置し，栓をとり，下のコックが完全に閉っていることを確かめる．初心者はしばしばコックをあけたまま溶液を入れ，下へ流し去ってしまうことがあるから注意する．つぎに溶液を内容の 1/2～1/3 程度入れ，その後で溶剤を入れる．暖かい溶液は常温またはそれ以下に冷やしておく．全液量が漏斗内容の 3/4 程度以上にならぬようにする．栓をして栓の小穴と漏斗の小穴がずれてはまっているのを確かめてから，図 5・30 (b) のように両手で持って振りまぜる．このとき，コックや栓がとばないように，両手でしっかりおさえて振る．振っているうちに，内部の圧力がかなり高くなることが多

5・9 抽　　出　　97

いから，振りながらときどき脚部を上に倒立させて，コックをひねり，内圧と外圧とを平均させる．このとき，エーテルのような揮発性の高い溶媒を用いていると，シュッという音と共に内部のガスが外へ吹き出す．そこでコックを閉じて再び振りまぜる．2～3回コックをひねって圧の平均操作をすると，たいていはそれ以上内圧が高まることがないので，ここで十分によく振りまぜる．振りまぜが終ったら，もう一度内外圧の平均操作をした後，図5・30(c)のように再びスタンドにかけ，下のコックはしっかり閉じたまま，上の栓をまわし空気孔を合わせ，漏斗の内部を外気と通ずるようにして，下に受器を置いてしばらく放置し，ここで2液相を完全に分離させる．目で見て2層に分かれたからといって，すぐに分けてしまわず，なるべく時間をかけて放置しておくのが好ましい．溶液と抽出溶剤の2層が，どちらが上で，どちらが下かは，そのときの比重の関係で変わることがあるから注意を要する．

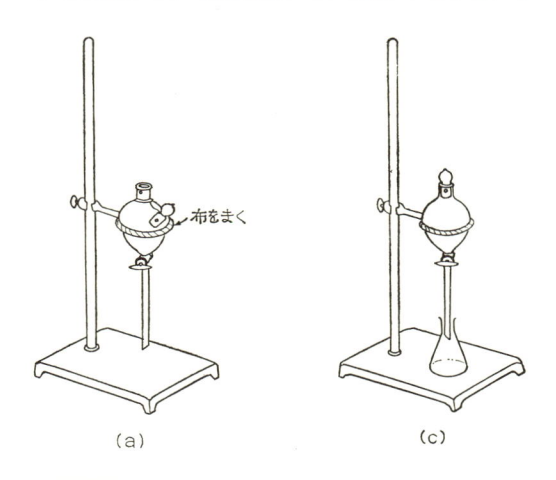

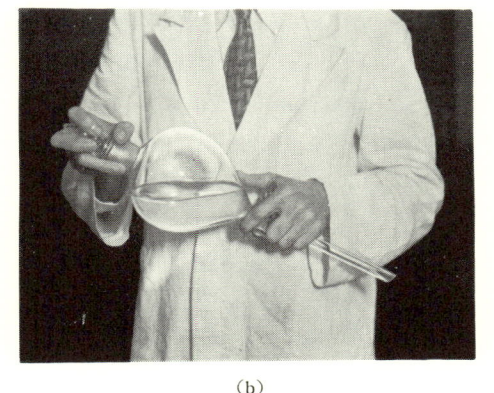

(a)　布をまく

(c)

(b)

図5・30　分液漏斗の操作

　2層に分かれたら，静かに下のコックを開いて，下層の液を流し出す．この場合，下層が流れ落ちて，2液層の境がコックのすぐ上までできたら，一度コックをしめ，分液漏斗を持ってゆっくりと水平にまわし，内部の液が静かにまわるようにすると，内壁に付着していた下層の液体が底に集まってきて再び少量の液がたまる．ここで再び静かにコックを開

いて，2液層の境がちょうどコックの中の穴に来たところでコックをしめる．脚の中の液体をなるべく完全に受器に受けてから，上の栓をとり，漏斗を逆にして上層の液を流し出し，別の受器にあける．分液漏斗を流しにもっていって，下層の液を流しに捨てるのは好ましくない．捨てることはいつでもできるから，ほんとうに要らないことが確実になるまで，とっておくことである．

分液漏斗に液を入れて放置するときは，下に相当大きな容器をあてがっておく（c）．いつのまにかコックがゆるんでもることがあるし，いつまでも2液相がうまく分かれず一晩放置しておくような場合など，どうしても少しずつしみ出るものである．

抽出は多量の溶剤で1回だけ行なうよりも，溶剤を少量ずつ数回にわけて抽出する方が能率がよい．たとえば，エーテルは20°Cで7%も水に溶けるので，水溶液をエーテルで抽出する場合には，2～3回新しいエーテルで抽出するのが普通である．それでも完全には抽出できない．とくに酸性溶液の場合はよくない．

2種以上の物質の混合物から，一成分だけをなるべく純粋に抽出したいときは，抽出回数を増すほど他の成分も混入してくるから注意を要する．なお1回の抽出をいつまでも念入りに振っていても，一定量以上は溶けないから，あまり長時間振ることは無駄である．数回抽出するとき，どの程度の目的物質が残っているかを知るため，最後の抽出液を数滴時計皿にとって，溶媒をとばして調べてみるとよい．

これから抽出分離しようとする物質が，かなり多量に油状になって液中に浮いたり沈んだりして分かれている場合は，最初分液漏斗を用いて分かれている油を分離し，残った液について溶剤で抽出するとよい．

一般に有機化合物の水に対する溶解度は，その溶液に無機塩類を溶かすと著しく減少するので，これを利用して抽出することがよくある．これを**塩析**（salting out, Aussalzen）という．たとえば，アニリンを水溶液からエーテルで抽出するときなどに用いる．無機塩類としては安価な塩化ナトリウムがもっともよく使われる．水酸化ナトリウム，硫酸ナトリウムなどの塩でもよい．これらの無機塩を飽和させると，相当に水溶性の有機物でも析出してくる．析出物が固体なら，ろ過で分ける．

抽出操作で振りまぜていると，泡がたくさんできたり，何か粘液のようなものができたり，乳化して2液相に分離できなくなったりする場合がある．この原因は簡単ではないが，液の性質に関係があることは明らかである．このようなときは，まず静置して水平に保ちながら静かに液を回転させると，ある程度もやもやが少なくなることがある．それで

も駄目なときは，一夜放置してみる．あるいはこれに無機塩類（塩化ナトリウム，塩化カルシウムなど）を加えたり，あるいは全体をろ過してみるのも一法である．また2液層の成分液の，どちらか一方を少し加えてみると効果があることもある．このようないろいろな方法を試みて駄目の場合は，できる限り機械的にわける以外にない．

きわめて少量の液を抽出するのに，普通の分液漏斗で普通の抽出をするのはあまり賢明でない．この場合もっとも簡単な方法は，試験管に両液を入れて，親指を試験管の口にあててよく振り，放置して2層になったら，スポイトで求める液を吸い出すとよい．あるいは p. 197, 図 8・6 (a) のような器具を用いるか，20～30 ml ぐらいの小さな分液漏斗を使ってもよい．

抽出に用いる溶剤は，一般に沸点の低いものが後で溶剤を追い出すのに楽である．代表的な溶剤と，その水に対する溶解度はつぎのようである（水 100 ml に溶けるグラム数）．

エーテル	6.87（22°C）	クロロホルム	0.07（22°C）
ベンゼン	0.07（20°C）	二硫化炭素	0.2（0°C）

b. 固体からの抽出

固体の混合物を抽出するときは，できるだけ固体を粉砕して用いる．ソックスレー抽出器（p. 37, 図 4・24 (a)）が一般に用いられるが，簡単な場合は三角フラスコ中で溶剤とよく振って，ろ過してもよい．丸底フラスコ中に固体と溶剤を入れ，上に還流冷却器をつけて，よく振りまぜながら湯浴で熱して後，ろ過してもよい．普通はこれを数回繰返す．

少量の固体ならば，試験管に入れて溶媒とよく振りまぜ，上澄みをとればよい．

5・10 蒸　　留（distillation, Destillation）

純粋な有機物質は一定圧力の下で一定の沸点を示して沸騰する．そこで，物質を加熱して蒸気の状態にして，別の場所に導き，ここで冷却して再びもとの液体（あるいは固体）の状態にもどす——すなわち蒸留によって，その物質を精製することができる．もちろん沸点以下に加熱された場合でも相当量の蒸気を生ずるが，これは蒸発であって，蒸留は沸点まで加熱沸騰させることによって行なわれる．

蒸留する物質は，その沸点において安定でなければならない．常圧で沸点まで加熱すると分解するような物質を蒸留する場合には，減圧蒸留をするとか，そのほか特別な工夫が必要である．

100   5. 実験の基本操作

a. 常圧蒸留の一般的操作法

普通の常圧蒸留には枝つきフラスコを用いる．沸点のかなり高い物質の蒸留には，枝が低いところについたフラスコを用いるとよい．スタンド，加熱浴，温度計，冷却器，受器などを用意して，図5・31のような装置を組む（この図で左側のフラスコは別のスタンドに固定されている）．

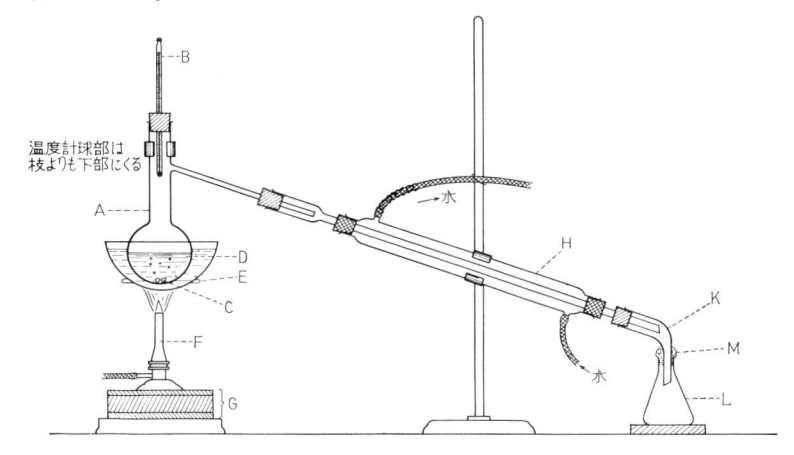

A：枝つきフラスコ，B：温度計，C：沸騰石，D：加熱浴，E：スタンドのリング，
F：バーナー，G：木台，H：リービッヒ冷却器，K：アダプター，L：受器，M：綿栓
図 5・31 典型的な常圧蒸留

いま，エタノールあるいはベンゼンのように，沸点 80℃ 付近の物質を蒸留する場合を考える．この場合の加熱浴は湯浴がよい．まず，蒸留フラスコに合うコルク栓，冷却器の口に合うコルク栓，アダプターに合うコルク栓をえらび，コルクプレスで柔らかくしてから，ボーラーで穴をあけ，それぞれ温度計，蒸留フラスコの枝，および冷却器の末端にはめる．この場合，温度計の球部の位置がフラスコの枝よりもやや下になるようにしておく．蒸留液の沸点を示す温度計の目盛が，ちょうどコルク栓にかくれるようだったら，別の温度計と取りかえる．蒸留しようとする液を入れるときはフラスコを傾けて枝を斜上に向け，液が枝を通して下へこぼれないようにする．液の量はフラスコの 1/2～2/3 容の程度がよい．はいり切れなかったら2回にわけて蒸留を行なうか，より大きなフラスコを用いる．液を大量入れると表面積が小さくなり，しかも枝の部分までの距離が短かくなって，蒸留中に不純な液が枝の所までとび出し，よい蒸留ができない．つぎに，フラスコに 2～3 個の沸騰石か毛管を入れる（p. 56 参照）．そこで，温度計をはめたコルク栓をして，

5·10 蒸　　留

　フラスコをまだ水の入れてない湯浴の中に入れる．湯浴の底には，布で巻いた台になるようなものを置き（湯浴の輪形の蓋の小さいものか，ガラス棒を細工したものなど），フラスコをその上に置いて安定させ，クランプでとめる．クランプの位置は原則として枝の上部がよい．きまっているわけではないが，高沸点物質の蒸留の場合などに，急に熱い蒸気が上昇して，冷いクランプのところで温度差のためフラスコにひびのはいらぬための用心である．クランプにはあらかじめ布を巻いておき，いくらかゆるいぐらいに締める．つぎに冷却器を連結する．冷却器には最初からアダプターをその端に深くはめておき（アダプターを省略することもある），アダプターの先端が液を受けるにちょうどよい位置になるようにきめて，冷却器の胴の中間部を別のスタンドにゆるくとめる．フラスコの枝の角度と冷却器の傾斜が同じになるようにして，フラスコの枝のコルク栓を冷却器の口にはめこむ．この場合，傾きが違っていると，フラスコの枝に冷却器の重みがかかって，枝が根元から折れることがあるから注意する．これらの調節のために，フラスコ全体を湯浴と共に上下に移動したり，フラスコを抑えているホールダーを左右に動かしたりする．装置全体の位置が決まったら，クランプのねじをよく締める．つぎに冷却器（リービッヒ型）のゴム管を水道に連結して，静かに水を流してみる．排水のほうのゴム管の末端をそのままにしておくと，時々はずれてその辺を水びたしにすることがあるから，ゴム管の末端にガラス管をはめて，流しの排水口にさしこんでおく．アダプターには図のように受器をあてがい，軽く綿で栓をして蒸発と危険を防ぐ．このようにすると，バーナーの高さと受器の高さは，あつらえむきによい高さにはならないことが多い．そこで，中厚の木の板を幾枚か用意しておき，適当に何枚か重ねてその高さを調節する．

　そこで，湯浴に水を8分目入れ，バーナーに点火する．火力は中くらいにする．やがて，フラスコ内の液が沸騰をはじめるから，火を少し弱める．固有の沸点以下から留出がはじまるから，この前留分は別の容器にとる．温度計の示度が一定になったならば，そこで受器をとりかえて，主留分を採取する．このとき温度計のよみを記録する．留出速度は，**1滴留出するのに 1～2 秒かかる程度**がもっともよいとされている．早すぎると留分が不純になりやすい．このためにはバーナーの炎を注意して調節するのであるが，あまり炎が弱すぎると沸騰が衰え，温度計の示度が低下する．普通は 2～3℃ ぐらいの温度範囲で主留分はほとんど留出する．温度がさらに上るかあるいは下るかしはじめたら，それをまた別の器にとり，フラスコの内容がある程度残っているうちに，火を消して蒸留を止める．からになるまで蒸留すると，物質によっては残留物が爆発することがある．

102   5. 実験の基本操作

さて実際には，以上のような理想的な装置と操作で蒸留が行なわれるとは限らず，さまざまの場合が起こってくる．簡易な蒸留の場合には，加熱浴を使わなくても，石綿つき金網を用いて直火で加熱してよい場合もあるし，アダプターを使わないですませることも多い．アダプターを用いないときは，図5・32のような形になるが，この場合まず受器の安

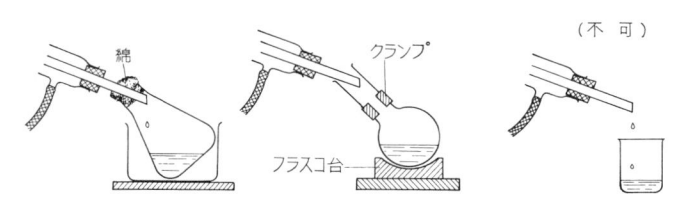

図 5・32 アダプターのない蒸留受器

定を十分に考えないと失敗する．可燃性物質の場合は，多量にこぼれて火災を起こすことがある．またこのような受け方をすると，留出液がたまるにつれて，冷却器に受器の重みがかかるのでよくない．また受器の口もとには，綿栓をしておくのがよい．

温度計はどの程度に正しいかを知って用いることが必要である．正確な温度計を用いても，このような蒸留では，文献に記載されている沸点よりやや低く読みが出ることが多い．風の吹くところで蒸留を行なったり，温度計の球部がフラスコの枝の部分より上にあがっていたりすると，やはり低く出て，しかも示度がふらつく．蒸留フラスコの温度計の位置から枝にかけて，布を巻いておくのはよい方法である．蒸留中は加熱の炎の大きさを変えないこと．定沸点を示して蒸留しているとき，湯浴の湯が少なくなったら，別にわかした湯を入れればよいので，水を入れてバーナーの火を強くして熱するのはまずい．

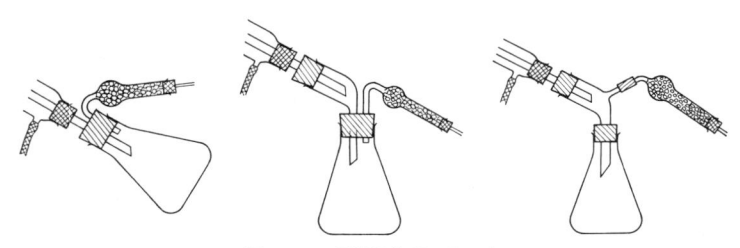

図 5・33 吸湿性物質の蒸留受器

蒸留物質が吸湿性の場合，あるいは脱水したものを蒸留精製するような場合は，図5・33のように塩化カルシウム管をつけておく．二酸化炭素を嫌う場合も，同様にソーダ石灰管をつける．

悪臭のある物質，そのほか有毒物質を蒸留する場合には，その蒸気を十分に凝縮させることが必要である．しかし完全に凝縮させることはむずかしいので，図 5・34 のようにして，ゴム管で水流ポンプか，ドラフト，あるいは戸外へ導くとよい．あるいはドラフト中で蒸留する．

　初心者が時々する失敗の一つとして，加熱の調子がわからないため，蒸留の初期に熱しすぎることがある．加熱を始めると，はじめのうちはなかなか温度が上らず，沸騰までに時間のかかるものである．ところが，ある温度まで加熱が進むと，急に沸騰が始まり

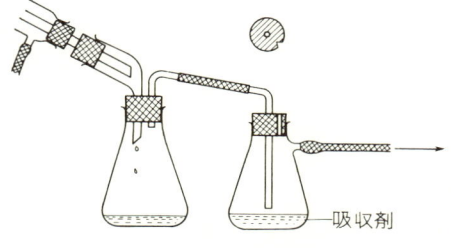

図 5・34　有毒物質の蒸留受器

ドッと留出する．このとき，強い炎で加熱していると滝のように流れ出てしまう．これでは蒸留にならない．そこで，間もなく沸騰に近づくと見たら，温度計が低温を示していても，炎を次第に小さくしてゆくことが必要である．蒸留がはじまりそうになったら，沸騰石からの気泡の出かたをみたり，蒸留フラスコの首に軽く手を触れて温度をしらべる．蒸留がはじまったら，フラスコの首の上部に蒸気の上端（vapor head）が見えるような穏やかな蒸留がよい．

b. 高沸点物質の蒸留

　高沸点物質の蒸留には，加熱浴として油浴，砂浴，塩浴，金属浴その他種々のものが用いられるが，風をよけて直火で行なうことも多い．しかし，砂浴や直火ではしばしば加熱が不均一になり，風のため一時的に温度が下がることもあって好ましくない．油浴その他を使って，フラスコ内の液体がなるべく浴にひたっているようにすると，蒸留が順調に行なわれる．浴の温度は蒸留物質の沸点より 20°C ぐらい高いのが適当で，あまり高すぎると蒸留が早すぎて精製の目的にあわないから，浴の中にも温度計を入れて浴の温度を調節する（湯浴を使う場合も，水を沸騰させながら使うときのほかは，同様に浴の温度を調節するとよい）．

　蒸留フラスコは枝の位置の低いものがよい．高沸点物質の場合は，蒸気が枝の上部まで上らないうちに還流してしまうことが多いので，フラスコの首の部分に布を巻いて保温するか，フラスコの上部を石綿で囲うかして，蒸気が枝の方へ出やすいようにする．沸点の高いものほど，加熱や気化が不均一になりやすく，蒸留が円滑に進まないことがあるので，この点に工夫する必要がある．

冷却器は水を通すものを使わないで空気冷却器（p. 24, 図 4・11 (a)) を使う．沸点が 200°C 以上のときは，蒸留フラスコの枝を空気冷却器のかわりにして蒸留することもある．沸点 200°C ぐらいまでの場合は，別に空気冷却器をつけなければならない．

高沸点物質の中には，留出液が結晶固化するものがある．このような場合は，注意しないと冷却器の管の中で固化して，管がつまってしまうことがある．冷却器の管がつまると，フラスコ内の圧力が高くなり，フラスコの口のコルク栓を温度計もろともに吹きとばしたり，フラスコを爆発させたりする危険がある．このようなときは，はじめから管の太い冷却器を使い，つまりそうになったら結晶の部分を外から暖め，融かして流し出す．あるいは p. 23, 図 4・10 (d), (e), (f) の蒸留フラスコを使う．

c. 低沸点引火性物質の蒸留

エーテルのような低沸点引火性物質の蒸留には，一般に蛇管冷却器(p. 24, 図 4・11(d))を用いる．蛇管冷却器は直立させて使う（図 5・35). そのために，実験台の端と床面にかけて装置が組まれ，加熱の火は台の上にあり，受器は床にある．加熱はきわめて小さな炎で静かに行ない，留出が早くならないようにする．フラスコと冷却管の連結部は，コルク栓がはずれないようにしっかりとはめておく．蒸留中にはずれると引火するので，念を入れてしばったり，セロテープで巻いたりするとよい．受器には，冷却器の脚の部分をなるべく深く入れ，綿の栓をしておく．受器からあふれる蒸気の臭いで，何を蒸留しているかすぐわかるようでは駄目である．このような蒸留では，冷却器の水が十分流れていることが一目でわかるようにしておくとよい．受器は不安定にならぬよう，紐でしばるとよい．また，うっかり足でけとばして倒すことのないよう，なるべく机に近づけて置く．

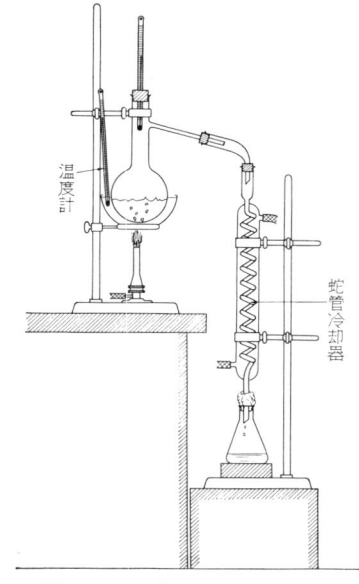

図 5・35 低沸点引火性物質の蒸留

エーテルの蒸留は，有機実験室では始終行なうものであるから，この蛇管冷却器の装置は常備しておくとよい．リービッヒ冷却器で間に合わせの装置を組んで，大胆な蒸留をやってはならない．

5・10 蒸　　留

エーテルの蒸留には，湯浴を使って小さい炎で加熱してもよいが，それでもなお引火の危険があるので，熱源として普通の電球を使うのも一法である．40〜60 W の電球を石綿板で囲い，その上に蒸留用のフラスコがのせられるような装置（図 5・36）を自作しておくと便利である．このような装置は，エーテル溶液からエーテルをおい出すとき，便利に使われるもので，湯浴などはもちろん不要で，引火の危険もない．

d.　少量物質の蒸留

少量物質の蒸留は，それ相当の小さい器具を使わないとうまくできない．大きなフラスコだと，器内の蒸気は冷えると再び凝縮して下にたまり，それだけの量は蒸留の損失になる．また蒸気量が少ないと，温度計の読みは低くなる．p. 196, 図 8・4 は少量物質蒸留の一例である．簡単な少量蒸留は試験管にコルク栓をして，栓に温度計とガラス管をはめて行なうこともできる．8 章，大量と小量のはなしの項を参照されたい．

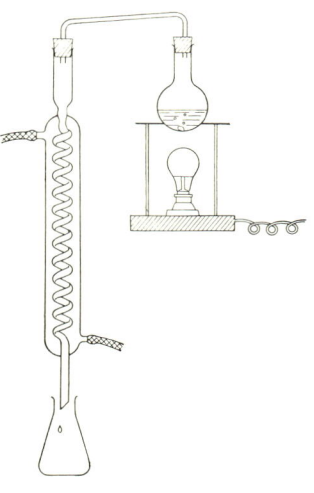

図 5・36　電球の熱によるエーテルの蒸留

e.　分別蒸留 (fractional distillation, fraktionierte Destillation)

沸点のちがう 2 種以上の液体の混合物は，その沸点の差によってそれぞれの成分を別々にわけて蒸留することができる．これを分別蒸留，分留，あるいは精留といい，p. 26, 図 4・12 に示すような分留管を使う．2 種以上の物質の混合物を分留することは，そう簡単ではない．とくに共沸混合物をつくるような場合は，完全な分離は不可能である．一般に沸点の差が 10°C ぐらいの場合には，普通の分留でわけることは大体不可能である．これらの問題については詳しい研究もあるので，専門書で勉強されたい．普通，分留は繰返して行なうことにより，次第に分離が完全になるが，1 回の蒸留である程度の効果をあげるように，各種の分留管が考案されている．分留管を使うときは，普通の丸底フラスコの上に分留管をたてて，分留管の枝を冷却器につなぐ．分留効果をあげるには，普通の蒸留より一層蒸留速度を遅くして静かに蒸留する．

少量物質の分留はとくに困難である．なお温度計は蒸気にふれてその温度を示すまでには温度計の温まる時間を要するので，示度は常に遅れることも注意しなければならない．

高温の分留は，分留管を布や石綿で巻いて保温して行なう．

5・11 減圧蒸留（distillation under reduced pressure, Destillation unter vermindertem Druck），真空蒸留（vacuum distillation, Vakuumdestillation）

常圧で蒸留すると分解するような場合，あるいは沸点が高すぎて常圧蒸留が困難な場合には，蒸留装置の内部を減圧にして，低い沸点で蒸留を行なう．これを減圧蒸留あるいは真空蒸留という．普通の減圧蒸留を行なうに必要な器具は，図5・37Aのクライゼンフラスコ，Mの水銀圧力計，およびKの減圧蒸留用アダプター（脚が2本にわかれて，減圧ポンプにつなぐ口のついたもの，俗に"いぬ"と称する）があれば，あとは普通の蒸留器具で間に合う．

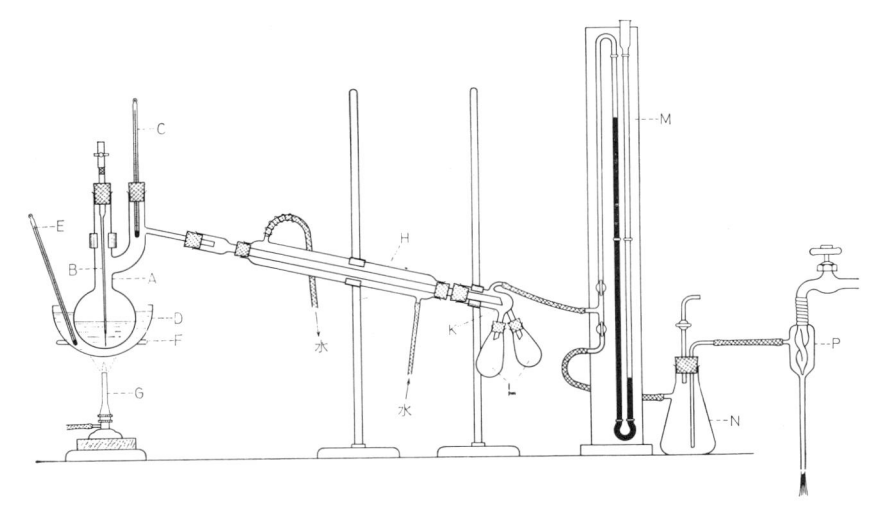

A：クライゼンフラスコ，B：毛管，C：温度計，D：加熱浴，E：温度計（浴温測定用）F：スタンドのリング，G：バーナー，H：冷却器，K：アダプター，L：受器，M：圧力計，N：安全びん，P：水流ポンプ

図5・37 典型的な減圧蒸留

減圧に使うポンプは普通は水流ポンプで間に合う．大体 15～20 mmHg 程度の減圧が得られるが，室温が高くなるほど水の蒸気圧が高くなるので，30°C 付近になると 30 mmHg

程度の減圧しか得られない．さらに高度の減圧を必要とする場合，あるいは装置の容量が大きくて強力な排気能力が必要な場合は，種々の型の真空ポンプを使わねばならない．圧力計（マノメーター）は開管式でも，閉管式のいはい形でもよいが（p. 47, 図 4・39)，水流ポンプを使う場合，とくに初心者の場合は開管式が好ましい．この装置に用いる栓類はすべてゴム栓で，コルク栓は一切用いない．

装置の組みたて もっとも普通に行なわれる減圧蒸留の装置の組みたて方を図 5・37 に示す（左側のフラスコを固定するスタンドは，図にはかいてない）．

B は毛管で，この毛管のつくり方は p. 69 に図 5・7 と共に示してある．この毛管は蒸留中，液体の内部にたえず細かい気泡を送り込み，液の過熱と突沸を防いで，沸騰を円滑にする大切な目的をもっている*．その先端はフラスコの底部すれすれになるように加減し，装置にとりつける前に，先端を小さい器に入れたエタノールかエーテルにさしこみ，太い方から息を吹き込んで，細かい泡が連続して出ることを確かめておく．温度計 C は，球部がクライゼンフラスコの枝の部分よりやや低い位置にくるように固定する．加熱浴 D は常圧蒸留の場合と同様に適当なものを選び，減圧下の予想沸点より 20°C ぐらい高く加熱できるようにする．減圧蒸留の加熱には必ず浴を用い，直火で加熱してはいけない．加熱用の浴は，装置全体の点検が終って，いよいよ蒸留をはじめるときに，はじめてフラスコの下からあてがう．冷却器 H の後端は深くアダプター K の中にさしこみ，冷却器から落ちる液滴がなるべく直接にアダプターの脚に落ちるようにする．受器 L は小型の丸底フラスコか，あるいはやや肉厚のなす形フラスコを使う．肉厚の三角フラスコで 30 m*l* 以下の小さいものならたいてい大丈夫であるが，なるべく用いない方がよい．普通の三角フラスコは減圧に耐えず，わずかの減圧でもすぐ破壊するので，絶対に使ってはならない．留出物がたまると重くなって冷却器に荷重がかかるので，アダプターの部分もスタンドのクランプで支える．受器と水流ポンプの間には，圧力計 M のほかに安全びん N を置く．これには 300〜500 m*l* 程度の吸引ろ過びんがよい．コック類には真空用のグリースを塗っておく．連結に使うゴム管は減圧用の肉厚ゴム管を使う．留出物の目方を知りたいときには，受器をあらかじめ秤量しておく．

装置内の気密検査 組みたてが終ったら，フラスコの半量程度に蒸留する液を入れる．そして栓や連結の部分がしっかりはまっているかどうかを点検し，コックを閉じて水

---

* もし蒸留液が空気中の酸素を嫌う性質のものであれば，毛管を通して二酸化炭素あるいは窒素を送りこめばよい．そのためには，たとえばこのガラス管の上端に二酸化炭素を詰めたゴム風船をつけておけばよい．

108　5. 実験の基本操作

流ポンプをはたらかせ，装置の内部がうまく減圧になるかどうかをテストする．このとき，毛管から連続して静かに気泡が出て，圧力計が 15〜20 mmHg 程度を示すならば完全である．減圧が不十分なときは，どこかからもれて空気がはいっている証拠であるから，もれている部分を探してなおす．もれる場所をさがすのには，原則として装置の末端から順に調べてゆく．まずアダプターをはずして，代りに完全なゴム栓をはめて，減圧にしてみる．これで減圧が不完全なら，受器のゴム栓が不完全なことがわかる．つぎにアダプターをはめ，蒸留フラスコと冷却器を離し，冷却器に完全なゴム栓をはめて減圧にして，アダプターのゴム栓が完全かどうかを確かめる．ついでにフラスコの枝を水流ポンプに直結して，フラスコのゴム栓が気密かどうかを確かめる．

最後にもと通り装置を組みたてて，なお気密が不完全なら，フラスコと冷却器の連結が悪いことになる．このような点検でもれる場所がみつかったら，そこへコロジオン，真空グリースなどを塗って，もらないようにする．場合によっては，新しいゴム栓に穴をあけなおして取りかえる．

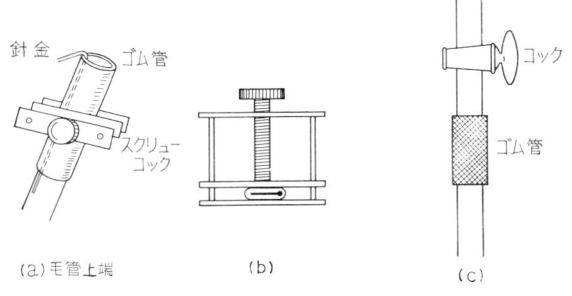

図 5·38　毛管上部の調節

もし毛管がやや太目で空気がはいりすぎるようだったら，図 5·38 (a), (b) のように毛管の上端に短いゴム管をはめ，細い針金を図のようにさしこみ，その上からスクリューコックで締め，コックを加減して空気泡の出方を調節する．あるいは (c) のように小型のコックをゴム管でとりつけてもよい．

減圧蒸留の操作　装置が完全に気密になったら，加熱浴をもちあげてフラスコを浴に入れ，フラスコ内の液面が加熱浴の液面より下にくるように浴を固定する．それから水流ポンプをはたらかせて，装置内を十分に減圧にした後，加熱を始める．加熱を始めたあとで，減圧にするのはいけない．浴の温度を調節するため，浴の中にも別に温度計 E を入れておく．減圧蒸留をする場合は，大体どの程度の減圧にしてどの程度の沸点で蒸留する

5・11 減圧蒸留，真空蒸留

かをあらかじめ考えておく．これはダイレクションを参考にするか，あとに述べるような方法で予測する．加熱は普通蒸留の場合と同じく，浴の温度をあげ過ぎてはならない．一般には蒸留温度より浴の温度のほうが 20°C ぐらい高くなっているのが理想的とされている．この差が 40°C 以上になると，フラスコ内の物質が過熱されやすく，突沸の原因となる．炎をあまり強めないで静かに加熱すると，やがて蒸気が上昇してくる．この間の時間は相当長い．蒸留のはじまるときは，急に大きな泡が出はじめるから注意を要する．液が沸騰をはじめたら，ガスの炎を少しずつ小さくしてゆく．蒸留が始まってしばらくすると，温度計の示度が上昇しなくなるから，そこでアダプターを静かに回転して，別の受器に留出物を集める．このときの温度を記録する．そして圧力計のコックを開いて，そのときの圧力を読む．圧力計は，読むとき以外はコックを閉めておき，蒸留中ときどきコックを開いて減圧度が変わっていないかどうか調べる．蒸留が終りに近づくにつれて，沸点は少しずつ上昇する．蒸留をどこで終了するかは，実験の種類や目的によって判断する．普通は留出温度の範囲が 5°C 程度の部分をとるようにする．必要な温度範囲の留分が出てしまったら，再びアダプターを回転して，その後の留出液は最初の受器に落ちるようにして蒸留を止める．高沸点の留分を別に採りたい場合には，アダプターに三脚のものを用いて，はじめから3個の受器をつけておく．

減圧蒸留を止めるときは，一定の順序に従って操作しないと，せっかくの蒸留が台なしになることがある．(1) まずバーナーの火を消す．(2) 加熱浴を下にさげてフラスコを浴から出す．(3) 毛管の上部がコックでしめてある場合は，このコックを開放する．(4) 圧力計のコックを静かに開く．(5) 安全びんのコックをきわめてゆっくりと開く．この操作はもっとも注意を要するところで，圧力計の水銀がゆっくりさがるように注意しながら，徐々に装置内を常圧にもどす．この場合開管圧力計だと，最後まで圧力の変化を追求できるが，いはい形閉管圧力計だと，目盛の読めるうちに安全びんのコックの開き方を加減しなければならない．あまり急にコックを開くと，閉管圧力計では水銀で閉管の先端をつき破ることがあるから，十分注意しなければならない．(6) 装置内が常圧にもどったら，水流ポンプの水をとめる．(7) 圧力計のコックをしめておく．安全びんのコックもしめておく方がよい．(8) 受器にたまった留出物がこぼれないようにして，装置からはずして安全な場所に置く．(9) フラスコの外についた油は熱いうちに新聞紙などで拭いておく．その他の装置も適宜はずして後始末をする．

減圧下の沸点を知る方法　ある物質の常圧の沸点がわかっている場合，ある減圧下で

はどのぐらいの沸点であるかを知ることができると便利である．しかし，これを正確に予測することは困難である．概念的には一般に，圧力が半分になると，その沸点は約 15°C 下がるという経験則を参考にすることができる．また大略であるが，その近似値を図表を使って簡単に求める方法が種々考案されている．実際に実験をする場合に，ある程度の目安を与え便利なものであるから，その一つを図 5・39 に示す．この図表は別に印刷して，巻末に添えてあるから，切り取って利用していただきたい．図の左の目盛が沸点を示しており，右の目盛が蒸気圧を示している．温度目盛のうち (a) は一般の有機化合物に適し，(b) の目盛は水酸基をもつ物質のように会合性のあるものについて用いる．いまアセトフェノンの場合を例にとって図表の使い方を説明する．まず常圧におけるアセトフェノンの沸点を調べると 202°C であるから，右の 760 mmHg の点 A と左の (a) 目盛の 202°C の点 B を結ぶ．いま自分の減圧蒸留装置の減圧度が 20 mmHg であるとして，その場合の沸点は何度ぐらいであるかを求める．そのためには，右の圧力目盛の 20 の点 C から直線 AB に平行線をひき，温度目盛との交点

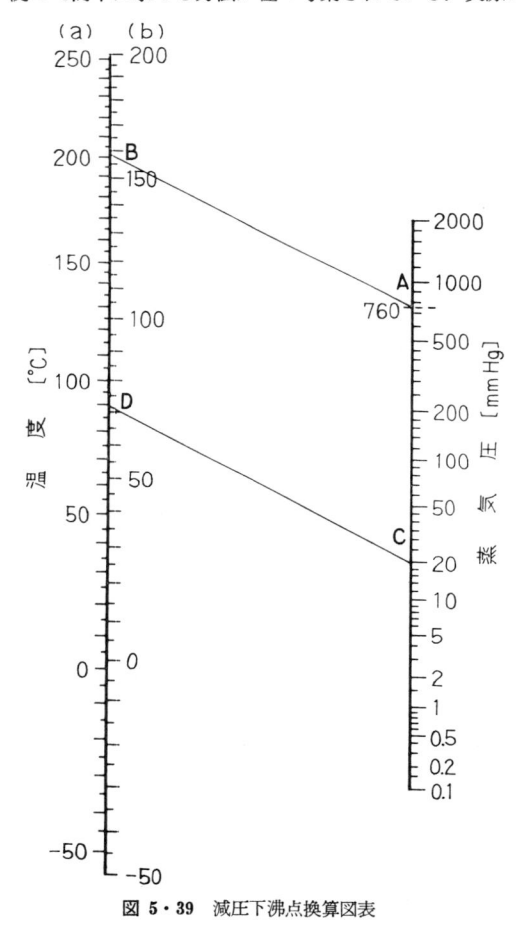

図 5・39 減圧下沸点換算図表

をDとすれば，D点すなわち 90°C が，20 mmHg 減圧下におけるアセトフェノンの予想沸点である．この予想沸点は正確なものではないから，90°C 付近であると解釈すればよい．

5・12 水蒸気蒸留 (steam distillation, Dampfdestillation)

　有機化合物を蒸留で精製するには,以上に述べた蒸留法のほかに,水蒸気蒸留がしばしば行なわれる.普通の蒸留をすると分解する物質や,沸点がかなり高い物質を,水蒸気とともに蒸留すると,これらの物質が水蒸気に伴って気化し,100°C 以下で容易に蒸留することを利用する方法で,その目的は減圧蒸留に似ているが,減圧蒸留より装置も操作も簡単である.

　水とまじらない有機化合物を水といっしょに加熱する場合,両者の蒸気圧はそれぞれ単独に加熱されたときと変わらない.そこで,両者の蒸気圧の和が大気の圧力と等しくなれば,その温度で両者がいっしょに沸騰する.従って,水の沸点 100°C より低い温度で沸騰し,高沸点の有機化合物も水とまじって低い温度で留出する.たとえばブロムベンゼンは沸点157°C であるが,水蒸気蒸留すると 95°C で留出し,留出物中のブロムベンゼンと水との割合は大体 3:5 である.ベンゼンの沸点は 78°C であるが,水との共沸点は 69°C で,留出液中のベンゼン含有量は 91% である.水に溶けやすい物質は水との共沸混合物中での量の比率が小さい.

　有機化合物はどれでも水蒸気蒸留されるとは限らず,容易に留出する物質とそうでないものとがある.水蒸気蒸留するかしないかは,その物質の分子構造に関係があり,正確に予想することはできないが,芳香族化合物では,とくにキレート環をもつオルト化合物が容易に水蒸気蒸留され,パラ化合物との分離に利用されることがある.

　水蒸気蒸留の装置　水蒸気蒸留を行なうには,水蒸気発生器 (p. 44, 図 4・33) と丸底フラスコおよびリービッヒ冷却器を用いて,図 5・40 に示すような装置を組みたてる.この図は典型的な方法の一例で,丸底フラスコは 1 l 程度のものがよく,冷却器はやや大型のものを用いる.フラスコによく合うコルク栓を選び,ガラス管を曲げて水蒸気の導入管と冷却器への連結管をつくってとりつける.フラスコを傾けて固定したとき,水蒸気導入管の下端がフラスコの底へ垂直に向かうように曲げておく.このように細工しておくと,水蒸気が平等にフラスコ内の液に触れるように吹きこまれ,水蒸気蒸留が能率よく行なわれる.

　水蒸気発生器は銅製の 2〜3 l のもの,その加熱は平型のリングバーナー (ガスコンロ) がよい.水蒸気発生器には安全管 (ガラス管のなるべく長いもの) をゴム栓でとりつけ,

かまの底近くまで差し込んでおく．横についている水準器を見ながら，かまに水を入れる．水は 2/3 以上入れると，沸騰したとき，よごれた湯の飛沫がフラスコにはいるおそれがある．

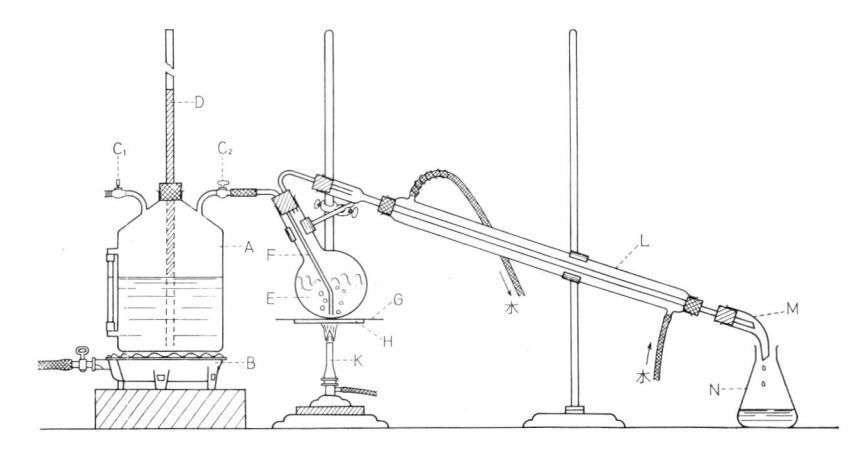

A：水蒸気発生器，B：リングバーナー，C_1, C_2：コック，D：安全管，E：蒸留する物質を入れた丸底フラスコ，F：水蒸気導入管，G：石綿つき金網，H：スタンドのリング，K：バーナー，L：リービッヒ冷却器，M：アダプター，N：受器

図 5・40　典型的な水蒸気蒸留

フラスコに蒸留する液を入れる．液の量はフラスコの 1/2～1/3 ぐらいがよい．スタンドのリングに石綿つき金網をおき，その上にフラスコをのせ，図のように傾けて，水蒸気導入管の先端がまっすぐに下を向くようにして，クランプでしっかりと固定する．フラスコと冷却器とをしっかり連結し，水蒸気発生器の口（C_2）とフラスコの導入管（F）とをゴム管でつなぐ．このゴム管はあまり長いと途中で水蒸気が凝縮するので好ましくない．できれば水蒸気発生器の口と，フラスコの導入ガラス管とが互いに端を接するようにし，その外を短かいゴム管でつなぐようにするのがよい．蒸留をはじめると水蒸気が吹きこまれて，フラスコ内部の液が激しく振動するので，これをおさえているクランプがゆるんだり，栓の部分がはずれたりすることがある．こうなると実験を中止して装置をなおさねばならなくなるから，蒸留がはじまったら，時々クランプやコルク栓のところを点検して，ゆるまないように注意する．水蒸気はかなり強く吹きこまれるから，これを凝縮させるための冷却器は長い大型のものが好ましい．なければ普通のものを 2 本連結して用いてもよい．大量の蒸留でなければ，やや静かに蒸気を吹き込んで，普通の冷却器 1 本で間に合わ

せることができる．留出液はアダプターを経て受器に集めるのが一番よい．アダプターなしで直接受器にとる場合には，受器に留出液がたまったとき，その重みが冷却器にかからないように，また受器が倒れないように，その支えを十分工夫する必要がある．水蒸気蒸留の留出液は，普通の蒸留と違って水をまじえてかなり大量になることが多いから，受器としてやや大きな三角フラスコを 2〜3 個 用意しておくとよい．

水蒸気蒸留の操作　まず最初に，水蒸気発生器（A）を加熱する．このときコック C_2 を閉じ C_1 を開いておく．水が沸騰しはじめる前になったら，バーナー（K）に火をつけてフラスコ内の液の予熱をはじめる．冷い液に直接水蒸気を吹き込むと，水蒸気が凝縮してフラスコ内の液量が増すので，それを防ぐだけでなく，冷いフラスコに急に熱い水蒸気があたると，フラスコが割れるおそれがあるからである．水蒸気発生器の水が沸騰をはじめると，C_1 の口から水蒸気を吹き出すから，バーナーの火をやや弱めて蒸気の出方を加減し，コック C_2 を開いてから C_1 を閉める．そこで水蒸気がフラスコの液の中に吹きこまれて，水蒸気蒸留が始まる．このときあまり蒸気の勢いが強いと，フラスコ内の液が口まではね上って，冷却器のほうへ飛び出すから，リングバーナー（B）の火を加減して，蒸気の発生量を適当にする．蒸留すべき液の量があまり多くないときは，水蒸気で十分に加熱されるので，フラスコをバーナー（K）で加熱する必要はない．しかしフラスコが冷えて水蒸気が凝縮し，液量がフラスコの半分以上にもなると，バーナー（K）は小さい炎にしてつけておく方がよい．逆にバーナー（K）の火が強すぎると，フラスコ内の液量が減少するので，適度に小さくする．水蒸気蒸留する物質は水にまじって油滴となって留出するか，あるいは乳濁液となって留出する．留出液をテストして，目的物質をほとんどまじえなくなったら，蒸留を終る．

蒸留を停止するときは（あるいは水蒸気発生器の水を補給するため一時蒸留を中止するとき），まずコック C_1 を開いてから，リングバーナー（B）の火を消す．誤って C_1 を閉じたまま火を消すと，水蒸気の発生が止まると共に，フラスコ内の蒸留液がガラス管 F を通って水蒸気発生器の中へ逆流する．また，C_1 を開くのを忘れて C_2 を閉めると，安全管から熱湯を吹き上げて危険であり，他人にも迷惑をかける．つぎにフラスコと水蒸気発生器とをはなす．そこで，受器にたまった留出液から，目的物質を分離する．

特殊な場合と工夫　水蒸気蒸留する物質は液体に限らない．固体物質を水蒸気蒸留する方法は，フラスコに試料を入れ，水蒸気とのまじりをよくするため，あらかじめ少量の水を入れておく．蒸留中に冷却器の中に結晶が析出することがある．結晶が水の流れに乗

って落ちればよいが，管の中につまってきた場合には，冷却器に通してある水の流れを一時止めるか，あるいは流し方を弱くして結晶を融かし出す．管内の結晶がなくなって，再び冷却器に水を通すとき，あまり急に通しはじめると冷却器の内管にいきなり冷たい水がふれ，ひびが入って割れることがあるから，注意して徐々に水を流し，次第に強くする．

固体物質の水蒸気蒸留には，あまり長い冷却器を使うとかえってまずい．

冷却器を用いない便利な固体の水蒸気蒸留法が工夫されている．図5・41に示すように，約1mぐらいの長いガラス管を丸底フラスコに深くさしこみ，丸底フラスコを流水で冷す．こうすれば，冷却水の調節に気を使う必要もない．たとえばオキシン，2-メチルオキシンなど，容易にきれいな結晶として得られる．

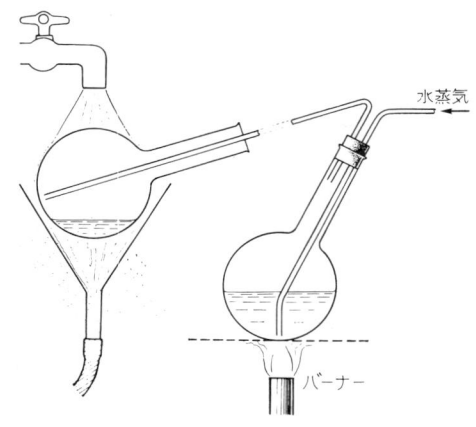

図 5・41 固体の水蒸気蒸留の簡易法

水に溶ける物質を水蒸気蒸留するとき，あるいは水の量にくらべて目的物質を多量に得たい場合には，フラスコ内の液に無機塩類を相当量溶かしておくとよい．加える塩類は水によく溶け，不揮発性であり，しかも内容物質と全く作用し合わないものでなくてはならない．この目的のためには塩化ナトリウム，硫酸ナトリウムなどが用いられる．

蒸留液の中へ水蒸気を導くガラス管は，図5・40に一例を示したが，水蒸気を均一に吹き込み，液をフラスコの口もとまで飛散させないために，図5・42のような形式のものが考案されている．この

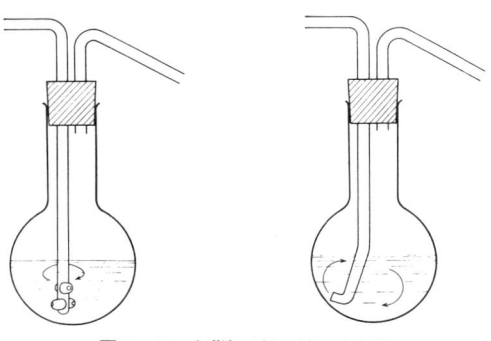

図 5・42 水蒸気吹込み管の改良型

ような管を使うと，器内の液は図に示した矢印の方向に回転してフラスコの横の壁へ衝突するので，液が十分にかきまぜられて都合がよい．しかもフラスコを直立して使うので，

安定の上からいっても好ましい.

普通の水蒸気蒸留では，多量の水蒸気を有効に凝縮させるため，長目のリービッヒ冷却器を使う必要があるので，装置を組むのに広い実験台がいる．なるべく狭いスペースで水蒸気蒸留を行なうために工夫されたのが図5・43のような冷却器であって，この装置の先に小型のリービッヒ冷却器をつければすむ．装置の下端はすり合わせ式になっていて，この下に蒸留物質を入れたフラスコを連結する．これを用いて結晶性の物質を水蒸気蒸留するときは，留出口をやや広くしたものを用い，水をゆるめに通せばよい．

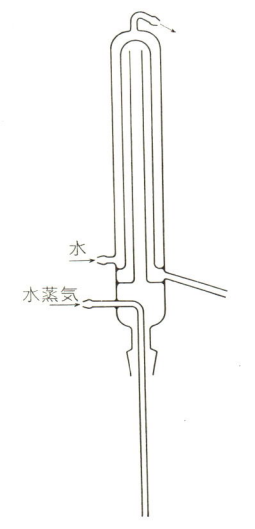

図5・43 水蒸気蒸留のための特殊冷却器

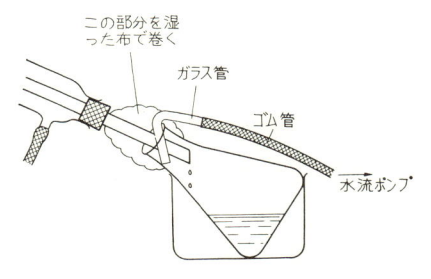

図5・44 悪臭や有毒ガスを防ぐ

不愉快な悪臭や有毒な蒸気の発生する蒸留の場合は，図5・44のようにしてゴム管を通して水流ポンプへガスを導くとよい．もちろんドラフト中で行なえば理想的である．

きわめて留出しにくい物質には，過熱された水蒸気を送入して蒸留を行なう．p. 44, 図4・33 (d) に示したような水蒸気加熱器を，水蒸気発生器のつぎにつないで，過熱水蒸気をつくる．

水蒸気蒸留する物質が少量のときは，普通蒸留と同じ形式で，蒸留フラスコに物質と水とをいっしょに入れて蒸留することもできる．

5・13 溶解と溶媒

有機実験では，物質を抽出するとき，再結晶するとき，溶液にして反応を行なうとき，

溶液にして物理定数を測定するとき，その他さまざまの用途に，有機溶媒（溶剤）を用いて目的物質を溶解させる．これらの操作の難易やその結果には，溶媒の選定と操作の良否が大きく影響する．溶媒になる物質の種類は多いが，各々特性があり，目的に応じて使いわける．溶媒は，原則として溶質と化学作用をしないものであり，溶解力が大きいものでなければならない．実験室で使われる有機溶媒は，引火性のものが多いので，その取扱いには注意を要する．また，反応に用いる溶媒はよく脱水，精製したものが必要なことが多い．

どんな化合物がどんな溶媒に溶けやすいかは，簡単に決められないが，一般に化学構造の似たもの同士は互いに溶けやすい．極性物質は極性溶媒に，非極性物質は非極性溶媒に溶ける傾向がある．なお，つぎのようなことも参考になろう．

（1） 水に溶けにくい物質はベンゼン，石油エーテル，エーテルなどに溶けやすい．
（2） 芳香族化合物はベンゼンに溶けやすい．
（3） 水酸基をもつ化合物はメタノール，エタノール，水などに溶けやすい．
（4） スルホン基をもつ化合物は水に溶けやすい．ポリカルボン酸も水に溶けやすい．
（5） 普通の有機溶媒に溶けにくい物質は酢酸あるいはピリジンに溶けることがある．

溶解するときの注意はつぎのようである．

（1） 適当な溶媒を考えて選ぶ．その純度はどの程度でよいか考える．
（2） 溶質が固体なら，あらかじめなるべく細かに砕いておく．
（3） 一般に，溶媒の中へ溶質を少しずつ加え，よくかきまぜる．
（4） 溶解しにくい場合は加熱する．沸点の低い溶媒には，還流冷却器を用いる．

いろいろな物質が溶媒にどの程度溶けるかは，正確には溶解度として表わされるが，もっと大まかな溶解性を溶けやすさの標準となる字句や符号を用いて示すことが多い．各種のデータブックなどにも，易溶，溶，難溶，不溶などの字句がみられるが，これは大体つぎのようなものと考えればよい．

易溶（とけやすい）：試料 1g を溶かすのに溶剤の量が 1〜10 ml 必要のとき
溶　（とける）　　：試料 1g を溶かすのに溶剤の量が 10〜30 ml 必要のとき
難溶（とけにくい）：試料 1g を溶かすのに溶剤の量が 100〜1000 ml 必要のとき
不溶（ほとんどとけない）：試料 1g を溶かすのに溶剤の量が 10,000 ml 以上必要のとき

有機実験によく用いられる基本的な溶媒を表 5・6 に示す．

5・13 溶解と溶媒

表 5・6 主要有機溶媒一覧表*（1）

溶媒	沸点(°C)	比重	引火性	水との混和性	主に用いられる乾燥剤	備考
メタノール	64.7	0.79	+	++++	CaO, Ca	有毒。水とエタノールの中間的性質の溶媒。
エタノール	78.3	0.81	++	++++	CaO, Ca, Mg (CaCl$_2$, Na 不可)	市販には 95% および無水 (99% 以上) があり, 変性と未変性がある。吸湿性。
エチルエーテル	34.6	0.71	++++	++	CaCl$_2$, Na	水にいくらか溶ける。少量のエタノールが混っている。古いものは過酸化物を含んでいるから注意。
イソブチルエーテル	68.2	0.72	+++	+	CaCl$_2$, Na$_2$SO$_4$	エチルエーテルより沸点が高いので, 多くの反応の溶媒, 抽出などに便利に用いられる。多くの有機溶媒と自由に混和するが, 水に対する溶解度はエチルエーテルより遥かに小さい。
テトラヒドロフラン (THF)	66	0.88	+++	++++	KOH, Na	エチルエーテルとよく似た性質をもつ。エチルエーテルより沸点の高い利点がある。過酸化物を生じて爆発する危険があるから注意。
アセトン	56.5	0.79	+++	++++	K$_2$CO$_3$ (CaCl$_2$ 不可)	エーテル, エタノール, 水と自由に混和する。少量のアルデヒドが混っている。アミン類の溶媒としては使えない。
石油エーテル	40～60	0.64	++++	−	} CaCl$_2$, Na	石油エーテルは沸点が低すぎるので, 特殊な場合以外用いない。
石油ベンジン	60～90	～	+++	−		少量のエタノール, エーテル, ベンゼンなどを加えると溶解力が非常に高まる。
リグロイン	90～120	0.75	++	−		
ベンゼン	80.1	0.88	+++	−	CaCl$_2$, ソリカゲル, Na	5°C で固化する。少量のチオフェン, トルエンが混っている。多くの有機溶媒と自由に混和する。有毒。
トルエン	110.6	0.87	++	−		ベンゼンとよく似た性質をもつが, 溶媒としての用途はずっと限定される。
クロロホルム	61.2	1.48	−	−	CaCl$_2$, P$_2$O$_5$ (Na 不可)	分解を防ぐため少量のエタノールを入れてある。麻酔性に注意。
四塩化炭素	76.7	1.59	−	−	CaCl$_2$, P$_2$O$_5$ (Na 不可)	有毒。塩・塩基性物質には用いられない。

118　5. 実験の基本操作

表 5・6　主要有機溶媒一覧表 (2)

溶　媒	沸　点 (°C)	比　重	引火性	水との混和性	主に用いられる乾燥剤	備　考
酢　酸	118.7	1.05	−	++++	$CuSO_4$	石油系炭化水素などを除き，多くの有機溶媒と混和する．特殊な溶媒である．
酢酸エチル	77.1	0.90	+	++	K_2CO_3, $CaCl_2$	多くの有機溶媒と自由に混和する．むしろ工業的に用途が広い．
ピリジン	115.5	0.98	−	+++	KOH, BaO	吸湿性．水および多くの有機溶媒と自由に混和する．特殊な溶解能あり．
クロルベンゼン	131.7	1.11	++	−	$CaCl_2$	キシレンに似た溶解能をもつ．特殊な用途がある．
ニトロベンゼン	209.6	1.20	−	−	$CaCl_2$, P_2O_5	有毒．吸湿性．高沸点溶媒として特長あり．
二硫化炭素	46.3	1.27	++++	−	$CaCl_2$, P_2O_5 (Na 不可)	有毒．暗所に保存．多くの有機溶媒と自由に混和する．特殊な溶解能あり．
ジオキサン	101.3	1.03	+	++++	$CaCl_2$, Na	水およびほとんどの有機溶媒と自由に混和する．溶解能が高く，特殊な溶解能をもつ．
ジメチルスルホキシド (DMSO)	189 (分解)	1.10	−	++++	KOH, CaH_2	水およびほとんどの有機溶媒，水および無機塩や有機高分子化合物にいたるまで広い溶解能をもつ．無機塩や有機高分子化合物にいたるまで用途が広い．溶媒として，極性の高い溶媒として，吸湿性に注意．
ジメチルホルムアミド (DMF)	153	0.96	−	++++	KOH, CaO	水および多くの有機溶媒と自由に混和する．ジメチルスルホキシドと同じような性質と用途をもつ．

* 引火性については p.156 参照．酢酸，ピリジンのように引火点が高くても可燃性の溶媒がある．

完全に無水のエタノールを使いたいときは，新しい生石灰と数時間還流煮沸してから蒸留するか，無水のベンゼンを加えて共沸蒸留する．最後にマグネシウムかカルシウムを入れて完全脱水する．塩化カルシウムやナトリウムはエタノールの脱水には使えない．

無水エーテルを作るには，少量の水とよく振って微量のエタノールを除き，塩化カルシウムを加えて脱水したものを蒸留し，ナトリウム線を入れておく．

ベンゼンの精製は，濃硫酸とよく振って（着色しなくなるまで）チオフェンを除き，水洗後，塩化カルシウムかシリカゲルで乾燥後蒸留する．つぎにナトリウム線を入れて完全脱水する．氷で十分冷すと，凍結するから，(mp. 5.5°C)，液状部分を捨てる．これを繰返すと精製ベンゼンが得られる．

溶媒は単一のものを使うだけでなく，目的に応じて2種あるいはそれ以上のものを適当に混合して用いることがある．これを**混合溶媒**といって，表5・7に例を示すような組合わせがある．2種あるいはそれ以上の溶媒の長所を併せて利用するもので，再結晶のときなど，適当な溶媒がみつからないとき，混合溶媒にすると目的を達することが多い．

表5・7 混合溶媒の例

メタノール	水	アセトン	エタノール
エタノール	水	キシレン	エタノール
アセトン	水	ピリジン	エタノール
ピリジン	水	エーテル	石油エーテル
氷酢酸	水	アセトン	石油エーテル
ジオキサン	水	ベンゼン	石油ベンジン
メタノール	エーテル	ベンゼン	n-ヘキサン
エタノール	エーテル	キシレン	n-ヘプタン
アセトン	エーテル	エタノール	クロロホルム

5・14 蒸　発（evaporation, Verdampfung）

普通の蒸発は，磁製の蒸発皿（p. 39，図4・26）やビーカーなどを用いて，湯浴上かあるいは直火で加熱して行なう．蒸発を早くするためには，風を送るか，あるいは図5・45のようにして，水流ポンプを利用して吸引する．溶媒の蒸気を周囲に散らさないで蒸発させられるし，(b)は少量の低沸点溶媒をとばすときにも手軽に利用できる．

120   5. 実験の基本操作

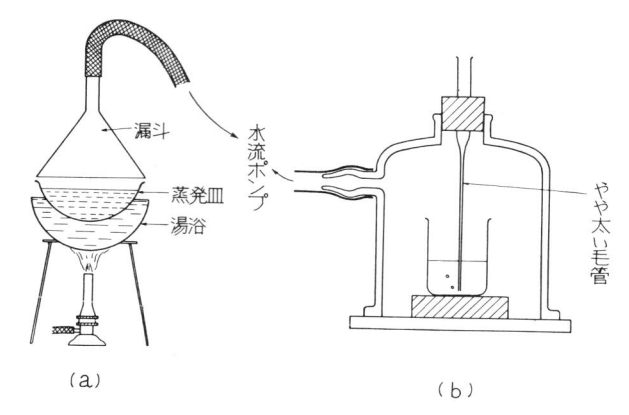

（a）　　　　　　　　（b）

図 5・45　蒸 発 の 方 法

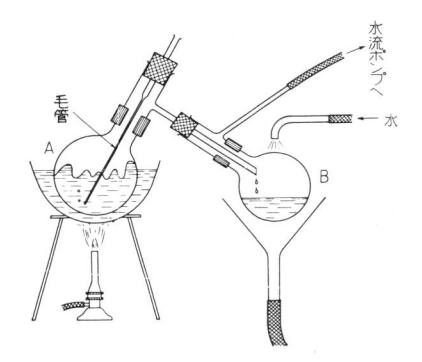

図 5・46　手軽な減圧下の蒸発法

　減圧濃縮は，たとえば図 5・46 のような簡単な装置で，相当能率のよい蒸発ができる．液を入れるフラスコAはあまり小さいと蒸発面積が小さくなるので時間がかかる．液を多量に入れすぎると，泡立ちのためにフラスコBへあふれる．Bに液がたまると重くなるから，Bはフラスコ球部に近いところをクランプなどでしっかりと支えておかねばならない．減圧濃縮は時間的にも早いだけでなく，低温で蒸発ができるので，温度をあげると好ましくないような液体の蒸発にも適している．
　大量の溶媒を低温で蒸発させるには，p. 48, 図 4・40 のロータリーエバポレーターを使うと，能率がよくて便利である．

5・15　再結晶（recrystallization, Umkristallisierung）

　結晶性の物質を純粋にする効果的な方法として，これを適当な溶媒に加熱して溶かし，飽和に近い熱溶液をつくり，このとき溶けない不純物をろ過して後，熱いろ液を冷却して，再び結晶を析出させる操作がある．これを再結晶法といい，有機実験で始終行なわれ

る簡単な物質精製法である．再結晶の場合の不純物とは，目的物質にくらべて他の混入物質が非常に少ない場合のことをいうのであって，目的物質のほうが少ない場合は，抽出の考え方で操作をする．

有機化合物の合成反応を行なって結晶を得た場合，天然有機物質を抽出して結晶として得た場合，諸種の混合物質から単一物質を結晶として分離した場合など，これらの結晶は最初は非常に不純である．その中には熱分解生成物，樹脂様物質，反応副生成物，その他完全に分離し得なかった種々の他物質などが多様に含まれ，たとえば無色であるはずの物質でも，黄色ないしは褐色を帯びていることがよくある．このような不純物を含む結晶を**粗結晶**（crude crystal）という．再結晶は適当な溶媒に対する溶解度の差を利用して，粗結晶から不純物を除いて，純粋な結晶（pure crystal）にする操作である．この場合，加熱された溶媒に対する目的物質と不純物質の溶解度に差があること，および目的物質のその溶媒に対する溶解度が温度によって差のあることを利用している．

精密な実験を行なう場合，用いる試料の純度をあげるためにも，再結晶が行なわれる．分析のための試料も同様である．非常に不純な物質は，はじめに別の方法で不純物を分離除去して，かなり純粋にしてから再結晶を行なうのがよい．あまり不純な結晶は，とくに融点の低い結晶の場合，再結晶してもよく結晶しないだけでなく，目的物質の損失が大きい．また操作困難で，時間的にも損をする．

結晶の純度は，その融点の測定で知る．不純な結晶の融点は，その物質固有の融点より低く，また融けはじめてから融け終るまでの融点範囲が広い．再結晶によって物質の純度が上れば，再結晶後の融点は再結晶前に比べて高くなり，融点範囲は狭くなる．純度をさらに上げる必要のあるときは，再結晶を繰り返す．

再結晶の要領は大体つぎのようである．

（1）　溶媒の選択
（2）　熱飽和溶液の調製
（3）　必要に応じて活性炭による吸着脱色
（4）　不溶性不純物のろ別
　　　（活性炭も同時にろ別する）
（5）　ろ液の冷却
（6）　結晶の析出
（7）　結晶のろ過と洗浄，乾燥
（8）　結晶の純度検査

a． 溶媒の選び方

溶媒はつぎの基準で選択する．
（1）　目的物質に対する溶解度が熱時（溶媒の沸点より少し低い温度）に大きく，冷却

時(室温ないし氷冷程度)に小さく,その差がなるべく大きいもの.
(2) 不純物に対する冷時の溶解度が著しく大きいか,あるいは目的物質に比べてさらに著しく小さいもの.
(3) 溶質と反応しないもの.
(4) 比較的低沸点の液体で(結晶の融点より低い),純粋なもの.
(5) 生成した結晶から除きやすいもの.
(6) 適当な溶媒がみつからない場合は,混合溶媒を考える(p. 119,表5・7).

この中でもっとも重要なのは(1)の条件で,溶解度曲線が温度の変化で大きな傾斜を示すものがよい.

溶解性の程度を調べるには,1g程度の試料を小試験管にとり,これに溶媒を約 1 ml ほど加えて,よく振ってみてほとんど溶けず,これを湯の中で温めて振って溶けるようならば合格である.もちろん再び冷却して結晶が析出するのでなければ役に立たない.以上のような立場から,p. 117,表5・6の有機溶媒の例を参考にして,溶媒を決定する.

b. 結晶の溶解

溶媒が決まったら,再結晶する結晶をできるだけ細かに砕いて,適当量の溶媒に溶かす.溶媒の量は,沸点近くまで加熱したとき,目的物質を完全に溶かすのに必要な量よりやや多く用いる.はじめから多量を加えてしまわないように注意する.

溶媒が水のときは容器にビーカーを用いてもよいが,沸点 100°C 以下の有機溶媒を使う場合は三角フラスコを用い,加熱して溶解するときに還流冷却器をつけて行なうのが安全である.ビーカーを使うと,溶媒が蒸発するだけでなく,蒸発につれてビーカーの縁に結晶が付着する.加熱して結晶が全部きれいに溶けたら,そのまま静かに放冷する.不溶性の不純物が残っている場合,あるいは不純物の吸着のために活性炭を用いた場合には,溶液の熱いうちにろ過する.

熱い溶液をろ過するには,液量の多いときは熱ろ過(p. 95)をするが,少量のときは p.93,図5・26 に準じて吸引ろ過をする.ろ過中に結晶が析出しやすい場合は,溶媒を温めて追加する.溶媒量が多過ぎるようだったら,蒸発させて適量に減らす(溶媒とともに目的物質も揮散することがあるから,溶媒の過量は極力避けたほうがよい).熱溶液を作っているときは,常に引火に注意する.

c. 活性炭の使用

不純物を除くために簡単で効果的な方法は,吸着剤を使うことである(常に使うとは限

らない). 普通用いられている優秀な吸着剤は活性炭* である. 活性炭は溶媒に溶けている比較的高分子の化合物を短時間に強く吸着する. 粗結晶の着色の原因になっている高分子量の色素類などは効果的に吸着され, 着色液は脱色される. 活性炭は熱時よりも冷時のほうがその吸着力は強いが, 再結晶は熱時に行なうのが特長であるから, この点は致し方がない. 活性炭は不純物だけを選択的に吸着するのではない. 共存する目的物質も同時に吸着する. とくに, 芳香族化合物の場合に著しいとされている. しかし, 目的物質にくらべて不純物がはるかに少なく, また一般に不純物のほうが高分子量で吸着されやすいので, 結果としては多少目的物質の損失も起こるけれども純粋に近づく. もし必要量以上に活性炭を用いるならば, 試料の吸着が増大して, 多くの量的損失をまねく. 少量の再結晶ではとくにこの点に留意して, 活性炭の量を極力少なく用いなければならない.

活性炭の吸着力は, 用いる溶媒の種類によっても変わるものである. 吸着力は一般に炭化水素系の溶媒中ではもっとも弱く, 水の中においてはもっとも強い. エタノールは水のつぎに有効である.

活性炭を用いるときは, 一度溶液の加熱を止めてから, 静かに少しずつ加えてよくかきまぜる. 熱しながら入れると, 急激にすさまじい沸騰が起こる. 活性炭使用時のろ過は, とくに目の細かいろ紙を使用して活性炭がろ液にもれないようにする. やや古い活性炭を使うときは, 使用に先だって, 小蒸発皿などに入れて, かきまぜながら加熱し, 吸着しているガスや水分を追い出し, 再び冷やしてから用いるとよい.

d. 混合溶媒の使用

溶媒を混合して用いるのも一つの方法である. ある物質がA溶媒にたいへんよく溶け, B溶媒によく溶けず, AとBは互いに溶け合うものならば, AとBの適当量を混ぜた混合溶媒を用いて, 再結晶の目的を達することができる. A溶媒の濃溶液に, 室温あるいは熱時に, B溶媒を少しずつ加えてゆき, ちょうど濁りを生じ始める点で止め, 放冷する. B溶媒を一度に多量加えると, 低融点物質は油状になって析出し, 操作が面倒になる.

また, 熱に不安定な物質を再結晶するときも, この方法を用いることができる. 混合溶媒の組合わせの実例は p. 119, 表 5・7 にあげてある.

e. 結晶の析出

熱いろ液を放冷すると, やがて結晶が析出してくる. 結晶の析出する速さ, 結晶の大き

---

* 活性炭は脱色炭ともいって, 植物性活性炭 (vegetable charcoal) が多く使われるが, 動物性活性炭 (animal charcoal) も役にたつ.

さ，結晶形などは，溶媒の種類，溶液の濃度，冷却のしかた，外部からの刺激（たとえばかきまぜ），その他の条件（たとえば，結晶の種を加える）によって左右される．

結晶の大きさは，その結晶の純度にかなり関係する．結晶を析出させるときは，ある程度大きく成長した結晶を作らないと，不純物が含まれやすい．急冷したり，ガラス棒でかきまぜたり，器壁をこすったりして，急に析出させた微細な結晶は，表面積が大きくなって不純物を吸着する傾向があり，また吸引ろ過して十分に圧搾しても，結晶の間に不純な母液が残りやすい．逆に，やや薄い溶液をゆっくり冷却して，大きな結晶を作らせると，結晶の中に母液を包含して，やはり純粋でなくなる．種々の化合物は結晶の核のできる最適温度がそれぞれきまっており，大体その物質の融点よりも平均 90°C ぐらい低い温度に冷すと，よい結晶が得られることが経験的に提唱されている．

一つの方法として，塩析して結晶を析出させる方法，あるいは塩化水素ガスを吹込んで晶出させる方法もある（たとえば p-トルエンスルホン酸の水からの再結晶）．

融点の低い物質（大体融点が 50°C 以下のもの），分子量の相当に大きいもの，不純な物質の場合などは，結晶にならずに，油状になって析出することがある．これを避けるためにある程度の技術を要する．いったん油状やあめ状になって後，そのまま結晶したものは，おおむね不純である．

f. 結晶化し難い物質を結晶にする対策

（1） 溶媒を少し追加して，溶液をうすめる．
（2） 冷却を極めて徐々に行なう（容器を布で包むか，ぬるま湯につけておく）．
（3） 溶媒および結晶となるべき物質を，より純粋にする．活性炭を用いる．
（4） 結晶の種を加える（同じ物質の純結晶が別に用意できる場合）．
（5） 油状になって析出する前に，十分に冷却しながら器壁をガラス棒でこすり，速やかに微細な結晶の種をつくる（結晶がいくらか不純になってもやむを得ない）．
（6） 溶媒を別種のものに変えてみる．あるいは混合溶媒にしてみる．
（7） 完全に溶媒を追い出して，ペースト状にして冷し，これを素焼板に押しつけて不純な油を吸いとり，粗結晶だけを集めて再結晶する（分離，確認には適さない）．
（8） 油状に析出したものを冷却して汚い結晶にしてから，溶媒をデカンテーションし，新しく溶媒を加えて再結晶する．
（9） どうしても結晶しない油は，密栓して長期間放置する（できれば冷蔵庫中）．
（10） その物質の結晶性誘導体を作ることができるならば，そのまま誘導体を作成して

結晶にする（誘導体を選定するには mp 100～150°C 程度のものがよい）.

このような操作により，たいていのものは固化あるいは結晶する．上にかかげた結晶化の方策は，とくに結晶になりにくい場合でなくても，当然心掛けてよいことである．結晶がうまくできず，しばらく放置するときは，三角フラスコに入れ，栓をして冷蔵庫などに入れる．実験台上に蓋や栓をせずに放置しておくと，ごみやかびが着いて，析出した結晶もよごれてしまうことがある．

結晶がまったく出なくておかしいと思うときは，（1）加えた溶媒が不当に多すぎたのではないか，（2）何か化学変化が起こったのではないかと考えてみる．溶媒と反応して変質したのではないか，付加物ができて溶解していることはないか，溶質が加熱したため分解するようなことはないか，一応は疑ってみるとよい．これらは予備知識やテストで防ぐことができる．

g. 結晶の分離

結晶が析出したら，ごみのはいらないようにして，十分に放置して結晶を生長させた後，吸引ろ過をする（p. 90 参照）．この際，結晶をよく洗浄する．結晶をよく押しつけて，ろ液や洗浄液を十分にとり去る．結晶の一部をとり，乾燥して融点を測定し，純度を調べる．このテストのために，全部の結晶を乾燥する必要はない．もしとくに純品がほしい場合には，融点と融点範囲が文献値と一致しても，もう一度再結晶をくりかえす．つぎに得られた結晶が，前のものと同じ融点を示せば，物質が純粋になった証拠である．もしさらに融点が上昇すれば，もう一度精製しなければならない．できれば別の溶媒を用いる．

初心者がよくする間違いは，結晶が白ければ純粋で，少しでも色がついていれば不純だと思うことである（純品が無色結晶の場合）．もし2種類の無色結晶が混合していても，それは無色であるが，このぐらい不純なことはない．その反対に，ほんのわずか着色していたとしても，あるいは違った臭いがしても，融点はほとんど純品と同じく，同じ物質の純粋な結晶と混融試験をしても，融点の降下を示さないことがある．このような場合は，大ざっぱにいえば，着色していても純品であるということができる．色と臭いは，ほんとに微量でも非常に知覚に訴えるものである．一般には純，不純の大まかな目安は色や臭いではなくて，融点にあるといって過言ではない（正確なことは機器分析によって知ることができる）．分析用の試料を再結晶する場合は，すべてに注意し，操作は硬質ガラスの器具を用い，ろ過はグラスフィルターで行なう．活性炭やろ紙のくずなどの異物が少しでも試料に混入しないよう注意する．

いま，ろ過により結晶 C_1 とろ液 F_1 を分離し，F_1 はこれを濃縮すると同時に，活性炭を用いて不純物質をできるだけ除いた後，第二の結晶 C_2 を析出させる．このろ液 F_2 についても再び同様の操作を繰り返せば，第一の結晶 C_1，第二の結晶 C_2，第三の結晶 C_3…と得られる．C_2 は C_1 より不純，C_3 は C_2 より不純である．これらの結晶をそれぞれ別に，あるいは場合によっては合わせて，改めて再結晶する．普通の操作では，最初の結晶 C_1 をとるだけでよい．しかし実験の性質によっては，徹底的に追求しなければならない場合もある．

h. 分別結晶（fractional crystallization, fraktionierte Kristallisation）

2種以上の物質の混合物を，適当な溶媒に加熱して溶かし，冷やして結晶を析出させ，溶解度の差を利用して，先に結晶する物質と母液に残る物質とを分ける方法を分別結晶という．たとえば2物質 A，B のうち，A は比較的熱時に析出しやすく，B は比較的溶けやすいならば，溶液の温かいうちに析出した結晶は大部分 A から成るものである．この結晶を溶液の温いうちにろ別し，母液を徹底的に冷却したときに再び析出する結晶は B に富むものである．こうして大まかな分離をしておき，さらに A および B に富む粗結晶について，それぞれ同様の操作をして，次第に A および B を純粋にする．この方法は，A および B の溶解度の関係で，数回の分別結晶をしてもなかなかきれいに分けられないこともあるから，その場合に応じて適宜工夫して操作を進めねばならない．2種の物質の結晶析出速度の差の大きい場合も，分別結晶によって分けることができる．いずれにしても，分別結晶は操作が厄介なうえ，比較的分離能率のよくないものであるから，ほかによい分離法があれば，それを試みるほうがよい．

5・16 昇　　華（sublimation, Sublimierung）

高い蒸気圧をもつ固体物質は，沸点まで加熱しなくても，液体にならずに徐々に気化して，冷えると再び固体になる．このような性質をもつ物質を昇華性物質といい，昇華法によって精製される．芳香族の多環炭化水素類やカルボン酸，フェノール類，環式テルペン類などは昇華しやすい．昇華法によれば低温の加熱ですみ，再結晶法によるよりも手軽に純粋にすることができ，操作による損失も少ない．実験室では図5・47に示すような方法で行なうことができる．

(a) は試験管を利用して昇華する簡単な方法で，少量のものならばこの方法で十分であ

る．熱し過ぎないように注意して昇華させ，あとでスプーンで静かに昇華物をかき出す．(b) および (c) は，やや多量の物質を得たいときに行なう簡易法である．物質を入れた容器の上に，細い釘などで穴をたくさんあけたろ紙をかぶせ，その上に漏斗あるいは水の通っているフラスコを置き，そこへ昇華物を付着させる．減圧にして行なうと低温で早く昇華でき，熱によって分解しやすい物質の昇華にも適していて，理想的である．たとえば (d), (e) のような装置がある．

これらの装置で昇華させるときは，時々昇華生成物をスプーンかスパーテルでかきあつめて，とり去りながら行なうとよい．昇華させようとする物質は，細かに砕いて広い面積にひろげるようにし，加熱はなるべく低温で行なうのが好ましい．

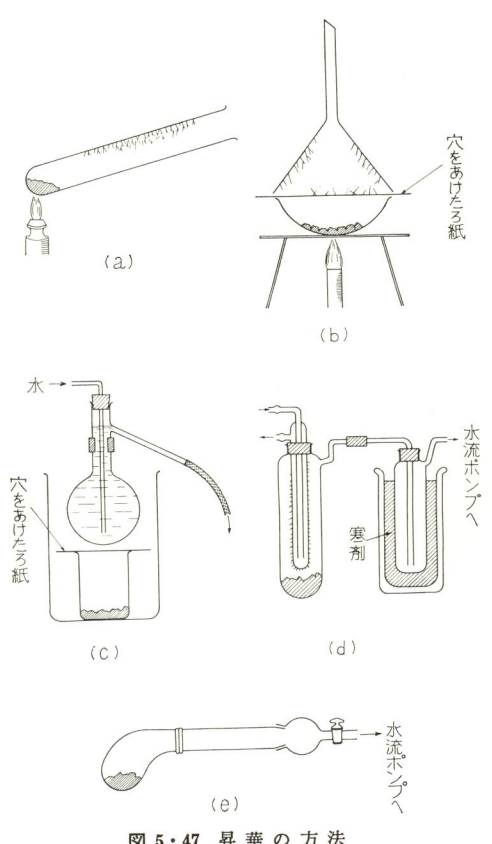

図 5・47 昇華の方法

5・17 乾 燥 (drying, Trocknen)

乾燥とは，水分を含んだ物質から水分を除去する操作をいう．物質が，固体，液体，気体のどれかによって，その乾燥法も違ってくるが，原理は同じようなものである．空気中に放置するか加熱して水分を除くか，乾燥剤（あるいはそれに準ずるもの）を共存させて吸水させるかである．化学実験では，ごくわずかの水分も悪い影響を及ぼす場合が多く，乾燥は常に必要な操作である．湿気のため変質する物質もあり，湿った結晶は融点測定に正しい値を与えない．液体に含まれている微量の水分は，しばしば反応の進行を妨害し，

蒸留のときにも悪影響を及ぼす．一般に有機化学反応は水分や湿気を嫌うと考えれば間違いない．Friedel-Crafts 反応や，Grignard 反応などはそのよい例である．したがって，乾燥の心掛けは，扱う物質の乾燥だけでなく，用いる器具，大気の湿気にまでゆきとどくのが当然である．

　安定な結晶などを乾かすには，簡単に電熱乾燥器を用いることが多いが，一般には乾燥剤を用いて乾燥する．乾燥剤とは，みずから水分を吸収する性質をもつ物質で，普通に使われるのは無機物質である．これらの吸湿性物質のあるものは潮解吸水するか結晶水などの形で水と可逆的に結合し，あるものは水と不可逆的に反応して水を徐々に分解してしまう．前者は無機塩類無水物，酸化物，水酸化物，酸類などで，後者は主に金属である．

　固体の乾燥は，密閉した容器（主としてデシケーターが用いられる）の中に乾燥剤と乾燥させる物質を入れて放置することによって水分の移行が行なわれ，液体の場合は，デシケーター中におくこともあるが，一般には液体の中に直接乾燥剤を入れて接触させ，水分の授受を行なう．気体の場合は，乾燥剤を適当な容器に入れておき，気体をその中に送って通過させ，接触によって乾燥する方式がとられている．早く完全に乾燥するために，デシケーター内を減圧にできる真空デシケーター（p. 35, 図 4・21）を用いる．試料中の水分の蒸発を促し，蒸発した水分を乾燥剤が吸収するので，たいへん効率がよい．

　乾燥剤には中性物質，酸性物質，塩基性物質，また固体のもの，液体のものなど各種あって，おのおの特色をもっている．乾燥剤といわれるものなら，何をどう使ってもよいというのでなく，使いみちが一応きまっており，それ以外の使い方をすると，いろいろの支障が起こる．また，吸湿速度の速いもの遅いもの，吸水限度の多いもの少ないもの，値段の高いもの安いもの，などの性格も考えて使いわける．また，乾燥剤には寿命があるから，だめになったらとり替えなくてはならない．

乾燥剤を選ぶときの根本的な原則

（1）　接触する試料と化学的に反応しないものを用いる．
（2）　中性物質の乾燥には，一般に中性の乾燥剤を用いる．
（3）　酸性物質には酸性の，塩基性物質には塩基性の乾燥剤を用いる．
（4）　吸湿速度は速いが吸水量の少ない乾燥剤と，性能は比較的低いが吸水量の多い乾燥剤とを使いわける．
（5）　一般に乾燥力は高温になると低下する．

　湿った物質が眼で見てわかるほど多量の水分を含んでいる場合は，すぐに乾燥剤を用い

ないで，はじめに物理的な方法でできるだけ水分を除く．分液分離，蒸発，蒸留，熱乾燥などが応用できる．その後で，適当な乾燥剤を用いて大まかな乾燥をする．完全な乾燥をして，それを保存しておくような場合は，別の方法をとる．たとえば，エーテル，炭化水素など反応性の小さい液体が相当量の水分を含んでいる場合には，はじめに吸水量の多い塩化カルシウムなどを加えて，大部分の水を除き，その後でナトリウムのような吸水速度の速い強力な乾燥剤を入れて，そのまま保存しておく．乾燥剤は吸水性をもつのが特長であるから，保存には注意して，なるべく空気に触れないようにして密栓して貯える．乾燥剤によっては，一度吸水してしまったものを，加熱などして再生して用いることのできるものがある．代表的な乾燥剤と，その用法を表 5・8 に示す．

a. 固体物質の乾燥

もっとも簡単な方法は，空気中に放置して自然に乾かすことで，風乾ともいっている．時間はかかるが，やや大量の結晶を大ざっぱに乾燥するのに適している．どんな方法でもよいが，細かに砕いた結晶をろ紙の上にうすくひろげ，ごみのかからないようにしておけばよい．通風をよくすれば早く乾く．少量の結晶なら，重ねたろ紙の間に結晶をはさんでよく押しつけたり，素焼板の上にスパーテルで押しつけたりすると，大体乾く．安定な物質なら蒸発乾固も一つの乾燥法であろう．吸湿性の有機溶媒で湿っている結晶は，水分だけでなく溶媒を完全に追い出す必要がある．低沸点溶媒ならば自然に蒸発するが，そうでない場合は工夫を要する．

電熱乾燥器の中で乾燥する方法は，その物質が熱に安定である限り好ましい方法である．ただし融点の低いものおよび昇華性のものはなるべく避けたほうがよい．可燃性の有機溶媒が付着した結晶を加熱乾燥する場合は，溶媒の蒸気に引火しないよう注意しなくてはならない．少量のものなら素焼板で水分と付着溶媒をとることもできる．

乾燥剤を使って乾かす場合は，デシケーターを使用する．乾かす試料は，やはり細かく砕き，シャーレのような口の広い器になるべく広くひろげて，デシケーターに入れ，安定な場所におく．

表 5・8 に示したように，デシケーター中に入れる乾燥剤としては，塩化カルシウム，シリカゲル，濃硫酸*，五酸化リン，水酸化ナトリウムなどがある．五酸化リンや水酸化ナトリウムのように吸水して外形のくずれるもの，濃硫酸のように吸水して増量するよう

---

* 濃硫酸はデシケーターの底部に容量の 1/3 程度入れる．多量に入れると水を吸って容量が増して困る．

表 5・8 主要乾燥剤と用法

	乾燥剤	特長	適用できる物質	適用できない物質	使用法	備考
金属	ナトリウム (Na) カリウム (K)	強力に水と反応する。	脂肪族・芳香族炭化水素, エーテル	アルコール, アルデヒド, ケトン, 酸, エステル, アミン, ハロゲン化合物, 二硫化炭素	液体中に入れる。水分の多いものには使わない。	水と反応して水素を発生し, 多量の水に接触すると発火する。発火や爆発の危険に注意。
	アルミニウム (Al) カルシウム (Ca)	水と反応する。	アルコール			
中性物質	塩化カルシウム (CaCl₂)	吸水速度は遅いが吸水量は多い。付加化合物を作りやすい, 潮解性。吸水能力は低いが適用範囲は広い。	脂肪族・芳香族炭化水素, エーテル, ハロゲン化合物, 二硫化炭素, 中性ガス*	アルコール, フェノール, アルデヒド, ケトン, 酸, エステル, アミン	液体中に入れる。デシケーター, 気体乾燥管に入れる。	安価, 適当な小粒状の乾燥用無水塩化カルシウムが市販されている。
	硫酸ナトリウム (Na₂SO₄)	ほとんどすべての物質に安心して用いられる。	ほとんどすべての液体		液体中に入れる。	
	硫酸マグネシウム (MgSO₄)	硫酸ナトリウムより能力は大きい。	ほとんどすべての液体		液体中に入れる。	
	硫酸カルシウム (CaSO₄)	吸水速度が早く, 乾燥能力は大きい。			液体中に入れる。	再生が容易。
	シリカゲル (SiO₂)	もっとも取扱いやすい, 濃硫酸に匹敵する強い吸水能。	ほとんどすべての固体および気体物質	フッ素, フッ化水素	デシケーター, 気体乾燥管に入れる。	再生は容易, 水の他か, 多くの有機化合物の蒸気を吸収する。
	アルミナ (Al₂O₃)	取扱いやすく, 相当の吸水能をもつ。	脂肪族・芳香族炭化水素, エステル, ピリジン, 中性ガス*	アセトン	デシケーター, 気体乾燥管に入れる。	
	硫酸銅 (CuSO₄)	吸水能は小さい。	アルコール, エーテル, エステル, 低級脂肪酸	メタノール	液体中に入れる。	無水物は無色, 5分子の結晶水をもつと青色になる。

5·17 乾燥

		吸水能	適用	不適用	使用法	備考
酸性物質	濃硫酸 (H$_2$SO$_4$)	吸水能は大きい。	飽和炭化水素、ハロゲン化合物、中性ガス*、塩素、塩化水素	不飽和炭化水素、アルコール、フェノール、ケトン、塩基性物質	デシケーター、気体乾燥びんに入れる。	吸水して濃度が下ると急に能力が下る。
	五酸化リン (P$_2$O$_5$)	吸水速度、吸水能ともに最大である。	脂肪族・芳香族炭化水素、酸、エステル、エーテル、ハロゲン化合物、ニトリル、中性ガス*		デシケーター、気体乾燥管に入れる。	白色粉末、吸水するると黒褐色のあめ状になる。取扱いにくい。
塩基性物質	水酸化カリウム(KOH) 水酸化ナトリウム(NaOH)	吸水速度、吸水能ともに大きい。潮解性。	塩基性物質、ジエキサン、テトラヒドロフラン	酸、フェノール、アルコール、エステル、アミド、二硫化炭素	液体中に入れる。デシケーター、気体乾燥管に入れる。	
	炭酸カリウム(K$_2$CO$_3$)	適用範囲は広い。	塩基、ケトン、ハロゲン化合物、ニトリル、塩基、アルコール	酸、フェノール、エステル	液体中に入れる。	
	酸化カルシウム(CaO)	吸水能は大きいが、水との反応速度は遅い。		アルデヒド、ケトン、酸	液体中に入れる。	安価
	ソーダ石灰	吸水力は弱いが、酸性ガスや空気中の二酸化炭素を吸収する目的を共に用いられる。			気体乾燥管に入れる。	水酸化ナトリウムの濃厚液に酸化カルシウムを加えて作った粒状物。

* 中性ガス：水素、酸素、窒素、一酸化炭素

なものは一見して吸水状況がわかる．シリカゲルに塩化コバルトで青色に着色した青ゲルは，吸水すると桃色になるので便利である．

真空デシケーターを用いるときは，試料を入れないで減圧にして，すり合わせがもらないことを確かめてから試料を入れる．減圧にはロータリーポンプを使うほうがよい．真空デシケーターにものを入れ，減圧にしてコックを閉め，そのまま放置しておく．ある時間経ったら，再びポンプで減圧にして同じことを繰返す．蓋をあけるときは，まずデシケーターについているコックを開いて常圧に戻さなくてはならないが，このときわめて静かにコックを開かないと，中に入れてある試料を吹きとばすことがある．コックのついたガラス管の先端にろ紙を押しつけてコックを開くと，ろ紙が吸いつき，静かにきれいな空気がはいってゆく．蓋がくっついてとれなくなったときの方法は p. 65 に述べた．

少量の分析用試料を完全に乾燥したり，減圧しても常温では乾燥しにくい場合には，図 5・48 に示すアブデルハルデン（Abderhalden）の検体乾燥器を用いる．この装置は減圧にすると同時にフラスコに入れた液体の沸点に加熱して，完全に乾燥できるようになっている．乾燥剤には普通は五酸化リンを用いるが，他の適当なものをえらんで使用してもよい．

b. 液体物質および溶液の乾燥

液状物質の乾燥にもっともよく使われるのは，その中に直接に乾燥剤を入れる方法で，固体の乾燥の場合より問題が多く，つぎのような注意が必要である．

（1）液体と反応を起こさない乾燥剤をよく検討して選ぶ．

（2）乾燥剤の使用量は実際に必要な量よりやや小過剰を用いる．乾燥後，乾燥剤と液体をデカンテーションかろ過で分ける．乾燥剤が多いほど吸着損失が大きい．もし水分が多すぎて乾燥剤が不足し，乾燥剤がどろどろか液状になったら，デカンテーションか分液漏斗でそれを分別し，再び新しく乾燥剤を加える．少量の液体を乾燥するには，吸着損失を防ぐため，エーテルのような溶媒に溶かして量を多くし，それに乾燥剤を入れる．乾燥後，溶媒を追い出す．

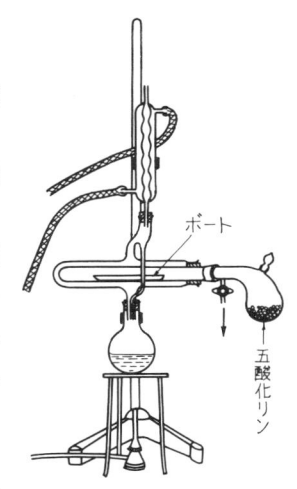

図 5・48 アブデルハルデン乾燥器

（3）一般に乾燥剤による吸水速度はかなり遅いので，乾燥剤を加えたらなるべく時間をかけて放置する．乾燥に必要な時間は，含有水分の量，乾燥剤の種類と量に左右され

る．早く乾かすには，よく振りまぜ，ほんの少し温める．できれば，容器に栓をして一夜放置するとよい．

（4） 乾燥剤は液体に直接に接触するので，あまり不純なものは用いないのがよい．また，接触する表面積が大きいように，小さな粒の揃った形のものや，多孔質のものが好ましい．

（5） 乾燥剤で乾燥した後，液体を蒸留する場合は，乾燥剤を分別してから蒸留を行なう．

金属ナトリウムによる乾燥　金属ナトリウムは液体の完全な乾燥によく使われる．金属ナトリウムは白銀色の柔かい固体であるが，空中の湿気に触れると，その表面は徐々に水酸化ナトリウムに変わって白色がかってくる．このため石油の中へどっぷり漬けて空気を断って貯える．それでも表面は白ずんでくる．使用するときには，ピンセットで石油中からとり出し，ろ紙の上で乾いたナイフで必要量を切りとり，残りは再び貯蔵びんへもどす．切りとったナトリウムは，ろ紙で石油をよく吸いとり，表面をおおっている水酸化ナトリウムをナイフで削りとる．ナトリウムを乾燥に用いるには，ナイフで薄片に切りきざんで液体に入れるか，ナトリウムプレスを使ってナトリウム線（sodium wire）にして用いる．ナトリウム線の作り方は p.48 に説明した．ナトリウムは強力な乾燥剤であるが，水と激しく反応して水素を発生すると同時に発熱するので，水分をかなり含む液体にいきなりナトリウムを入れると，たいへんなことになる．ナトリウムを乾燥剤に使うときは，あらかじめ塩化カルシウムなどの乾燥剤で十分に脱水し，またなるべく不純物を含まないようにしてから，はじめてナトリウムを入れる．ナトリウムと反応する液体は p.130 に示してあるからよく注意すること．とくにハロゲン化合物は爆発するから危険である．

ナトリウム線を液体の中に入れたときは，ナトリウムが液体の表面から空気中に出ていないように，ガラス棒でよく押しこんでおく．ナトリウムを入れた液体の容器に密栓すると，水素が発生して栓がとんだり，場合によっては容器がこわれたりすることさえあるから，栓に塩化カルシウム管をつけるか，あるいは図 5・49 のようにして水銀封をしておく．

図 5・49
ナトリウムによる液体の乾燥

使用後不要になったナトリウム線の処置にも注意を要する．表面がすっかり白くなって，水酸化ナトリウムになってしまったように見えても，しんの方には細いナトリウムが

残っていることが多い．これを流しにあけたり，水気のある廃品だめに捨てたりすると，水素がでて発火したり爆発したりすることがある．そこでナトリウム屑は，どんなものでも所定のナトリウムだめに入れるようにする．すぐに処理しなければならないときは，表面の大きな容器に水を入れ，広い場所に置いて，ナトリウム屑をきわめて少量ずつ投入して処分する．少量のナトリウム屑なら，新聞紙などにくるんで広い場所に持ち出し，火をつけて焼いてしまうのもよい処理法である．

共沸による乾燥 液体物質の乾燥法の一つとして，共沸混合物をつくり，水との共沸点を利用して分別蒸留する方法がある．この場合は性能のよい分留管を用いる．たとえばエタノールの脱水にベンゼンを加えて蒸留する方法はよく用いられる．また液体中によく乾燥された気体を吹きこんで，その気流に水分を吸わせる方法もある．

c. 気体の乾燥

気体の乾燥は適当な乾燥剤を入れた装置内をガスがゆっくり通過するようにして行なう．そのために種々の装置が考案されている．一般には洗気びん（p.36，図 4・23）中に濃硫酸を入れたり，U 字管（p.28，図 4・15 (c)，(d)）に適当な固形乾燥剤を入れたりして気体を通す*．液体乾燥剤を用いる場合は，そこを通過するためにガスに圧力が必要であり，逆流防止に注意を要する．固体乾燥剤の場合は，固体の粉末がガスの流れにのって散らないように，グラスウールなどでしっかり止めておく．また乾燥剤が吸湿してかたまり，ガスの通過を止めないように注意する．塩化カルシウム管は気体の乾燥の目的に使うより外気中の湿気を遮断する目的で使われることが多い．

p.130, 表 5・8 に見られるように，一般に気体の乾燥に用いられる乾燥剤は，塩化カルシウム，ソーダ石灰，水酸化ナトリウム，水酸化カリウム，五酸化リン，シリカゲル，濃硫酸などである．五酸化リンは飛散しやすい粉末なので，グラスウールなどにまぶして用いる．乾燥剤を1回通過させるだけでは乾燥が不十分の場合は，乾燥装置をいくつも連結するか，繰返して通過させる．

5・18 融点の測定

純粋な結晶性の物質は一定の融点を示す．この事実を利用して，融点の測定を物質の確

---

* 気体が液体乾燥剤を通るときは，気体の泡で大体の通過速度がわかる．固体乾燥剤を通過させるときは，装置の前に水または適当な液体をいれた気密装置を連結しておいて，そこを通過する泡で通過速度を調節する．

5・18 融点の測定

認,純度の検定,場合によっては簡単な定量にも用いている.一つの純粋な化合物の融点は理論的には一定であって,融けはじめてから融け終るまで同じ温度を保つはずであるが,実際には同一物質についても各種の異なる融点が報告されており,また数度の温度範囲を示していることが多い*.有機化学では,一つの物理定数としての融点をこの程度の状態で有効に扱っている.

融点測定のもっとも一般的な方法は,ガラスの毛管に試料をつめ,浴で静かに加熱して,融ける温度を温度計で測定するもので,従来のデータブックや論文の記載はほとんどみなこの方法で測定されたものである.融点の記載は,試料が融けはじめてから完全に液化するまでの温度範囲を表わしている.これは単に物質の融点が何度であるかを示すだけでなく,その物質がどの程度の純度をもっているかを示している.一般に 1°C ぐらいの温度範囲で完全に融ければ,その物質は純粋であるとみなしている.融点にこの程度の温度範囲があらわれるのは,測定方法のまぬがれることのできない性格による.すなわち,温度計で読むのは結晶そのものの温度ではなくて,結晶を加熱する浴の温度であること,結晶を入れてある毛管に厚さがあり,温度計のガラスや水銀の熱容量のため,温度計の示度は実際の温度上昇より多少おくれること,加熱方法がやや原始的なことなどによる.このように,実験的に測定される融点には,融けはじめてから融け終るまでにいくらかの温度上昇が記録される.この温度の範囲を**融点範囲**といって,純粋な物質については大体 1°C 以内である.この程度の場合には,融点が鋭敏 (sharp) であるという.物質が不純になればなるほど,融点範囲が大きくなり,かつ純物質の融点よりずっと低い温度で融ける.その物質が熱に不安定で分解しやすい場合は,厳密に融点を測定することは不可能である.また分解が少しずつ起こるような場合は,融点範囲が広くあらわれてくる.測定中に一部分が変化して他物質になるため,不純物を含んでいるのと同じ効果を示すわけである.そこで,融点範囲が広いからといって,必ずしもその物質は不純であると決めることはできない.その化合物固有の分解点を,融点の代用とすることがあり,アミノ酸やピクラートなどにその例がみられる.きわめて特殊な,むしろ例外的な場合であるが,鋭敏な融点を示しても,純粋な単一物質でない特殊な場合もある.たとえば,きわめて構造や性質の似た同族体あるいは異性体の混合物などについてみられることがある.

普通の融点測定装置では,温度計の水銀球は浴の中にはいっているが,水銀柱の大部分

---

* このような不一致の原因は,結晶の状態,混在する微量の不純物,結晶の乾燥度,温度計とその読みの誤差,測定用毛管の厚さ,加熱浴の状況,加熱の速度などの影響によるものである.

は浴の外に出ているので，温度計の読みは実際の融点よりいくらか低くなる．融点が高い程この誤差は大きくなる．そこで p. 138 で述べるように，温度計の読みに適当な補正を加えて融点とする方法がよく行なわれる．補正した融点は corr. あるいは cor. の記号をつけて，たとえば mp 121°C (corr.) のように記す．しかしこの補正値は必ずしも正確なものではないので，普通の目的のためには，温度計の読みをそのまま融点として記載すればよい（もちろん温度計の目盛が正しいとしての話である）．

a. 融点測定の方法

融点測定法は大別すると，（1）毛管と加熱浴を使う方法，（2）金属ブロックを電気で加熱する方法，（3）金属ブロック加熱法に顕微鏡を併用する方法の3種がある．ここでは昔から用いられてきたもっとも一般的な毛管加熱法について述べる．

もっとも簡単な装置は，p. 38, 図 4・25 のような測定管に濃硫酸などの浴液を球部の 2/3 ほど入れたものを，普通のスタンドにクランプと小リングで固定する．補正がしたければ図 4・25 (e)，さらに理想的にしようとすれば (f) のようにかきまぜ装置をつけ，補正用温度計をとりつける．融点測定用に使う温度計は水銀温度計を用い，しかも水銀球のなるべく小さい方がよい．使用前に温度計に狂いのないことを確かめておく．測定管は硬質ガラス製のきずのないものを用いる．加熱測定中に割れると危険である．浴液として普通は濃硫酸が用いられるが，流動パラフィン油，シリコーン油なども用いられ，シリコーン油がもっとも好ましい．

浴に濃硫酸を用いるのは，その沸点が高い（338°C）のと粘性があるためであるが，実際には 300°C 近くになると幾分分解をはじめて刺激性のガスを発するし，水を吸ったものは泡や水蒸気が出る．したがって，硫酸浴で融点測定ができるのはせいぜい 250°C ぐらいまでで，一般には 200°C 以上の測定には不便である．硫酸浴は何度も使っているうちに，硫酸が着色して汚くなるから，少量の硝酸カリウムを入れて熱するときれいになる．

試料はよく乾燥したものを用いる．少量の試料を小さいきれいな時計皿にとり，先を曲げた細いガラス棒あるいは清潔なミクロスパーテルで十分につき砕いて，なるべく細かな粉末にする．試料をヌッチェで吸引ろ過してすぐに用いる場合は，素焼板の上によく押しつけて乾かし，時計皿の上で軽く温めながら粉砕する．粉末にした試料を，融点測定用毛管（p. 70 参照）の中へ 3～5 mm ぐらいの厚さに充塡する．つめる方法は，毛管の口を試料粉末中につっこみ，つぎに口を上にして底を机上に軽くたたきつける．たたきつけるときは短時間管を手から放すようにする．これを数回くりかえすと毛管の底のほうへ試料

5・18 融点の測定　　137

がつまる．あるいはスパーテルの助けをかりて，試料を毛管の口もとへ押しこんでから，同様に底をたたいてつめる．試料は互いに密接して空間のないよう，ぎっちりとつまっていなくてはならない．机上に軽くたたいてもうまく底につまらない場合には，毛管の中にちょうど入るような細いガラス棒をつくり，試料を毛管の底へ押しつけるとよい．また一度で全部つめようとしないで，少しずつこれを繰返すのがよい．充填する試料が多すぎると融点が不正確になり，少なすぎると観測が困難になる．

この毛管を，図5・50（a）のようにして浴液の1滴でぬらし，温度計におしつけると，液の表面張力ではりつくから，(b) のように温度計の水銀球部と試料の充填部が一致するようにして，静かに浴の中へ装置する．このとき温度計を測定管の壁に触れさせると，毛管が温度計から離れて器壁にくっつくことがあるから注意する．また浴中に入れるとき勢いよく入れたり，浴に入れてから温度計を左右に動かしたりすると，毛管が離れて浴中に泳ぎ出すことがある．毛管を一度に 2〜3 本つけて同時に測定しようとするときは離れやすい．場合によっては細い針金でしばりつけておくとよい．

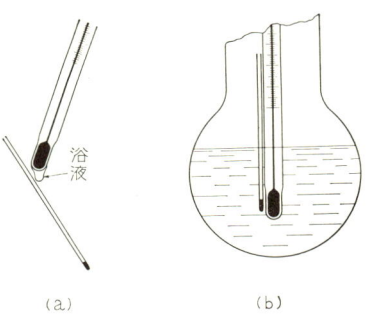

図 5・50　毛管による融点測定

装置ができたら，あまり大きくない炎で，浴の球部を静かに加熱する．急ぐ場合には，予想融点の 20°C ぐらい下のところまでは強く熱してもよい．それからは，温度の読みが**毎分 1〜2°C の一定速度**でゆっくりと上昇してゆくように，小さな炎で静かに熱する．この加熱の速度によって，異なる融点の値が記録されるから，正確な融点を測定するためには，加熱の仕方に注意しなければならない．温度を上げてゆくうちに**半融**（sintering）の現象がみられるときは，その温度を記録する．半融とは，結晶全体がちぢんで汗をかいたような状態になる現象をいう．つぎに，結晶の一部が液体になり始めたときと完全に融け終ったときの温度を記録する．この間，加熱の調子を変えてはいけない．もし融点の補正をする場合には，同時に補正用温度計の示度と，浴液表面における温度計の度盛りを記録する（p. 138，融点の補正の項参照）．

分解する物質は，液化すると同時に泡がでるか（分解生成物の一部がガスの場合），あるいは変色変形する．これは融点でなくて分解点である．分解が徐々に起こるときは，その融点は範囲が広く低くなって意味がなくなる．一定温度で分解が一時に起こるときは明

瞭に観察され，分解点として記録される．激しい分解を起こすものであれば（たとえば爆発性物質）毛管から吹き出し，場合によっては硫酸中にはいって，装置もろともに爆発することがあるから，分解が一時に起こったら念のため遠のいたほうがよい．

測定が終った装置を手荒く動かしたり運搬したりすると，温度計についている毛管がはずれて浴中で横たおしになって浮く．これをそのまま放置しておいてはいけない．また浴中に倒れた毛管が浮いているのに，そのまま別の測定を新しく始めてはいけない．測定しようとして入れた毛管が温度計から離れてしまった場合も同様である．毛管が浴中に泳ぎ出したら，内容物を全部ビーカーにあけて，毛管を取除いてから，改めて硫酸をフラスコに入れて，つぎの測定に用いる．有機物のはいった毛管を硫酸の中に入れっぱなしにすると，浴の硫酸はすぐによごれてしまう．

一度測定が終り，引きつづいて別の試料について測定したいとき，熱い加熱浴から温度計を急に引き上げると，温度計にひびがはいることがある．なるべく冷えてからゆっくりと出すとよい．このような連続測定には，p. 38，図 4・25 (c) の測定管が便利である．

b. 高融点物質の融点測定

融点が 200°C を越えるような場合には，普通の濃硫酸を入れた測定管は，煙がでたり管壁の上の方に水滴がついたりして温度計が読みにくい．これ以上の高い融点を測るには，浴の硫酸中に硫酸カリウムを多量に加えて，熱すると液状になるが冷えると固化する程度にしておくと，硫酸浴の沸点が上昇し加熱しても分解が起こりにくく安定である．大体，濃硫酸 6 : 硫酸カリウム 4 ぐらいがよい．濃硫酸を入れた普通の測定装置と，硫酸カリウムを飽和した高温用の装置と，2 種類を用意しておくと便利である．室温で固化しているこの装置を加熱しはじめるとき，熱の不均一で測定管にひびがはいることがあるから，加熱に注意する．

硫酸カリウムを加えた加熱浴を使っても，300°C 近いような高融点の測定は困難で不正確になる．どうしても高い融点を測定する必要があるときは金属ブロックの測定装置かあるいは塩浴（硝酸ナトリウムと硝酸カリウムとの混合物，p. 81 参照）を用いる．塩浴は常温で固体であるが融けると透明になるので，融点測定用に都合がよいが，ガラスの容器に入れたまま冷えると，固まるとき容器がこわれるので，測定が終ったら固まらないうちに金属容器に移さねばならない．試料を入れた毛管は細い針金で温度計にしばりつけておく．シリコーン油を入れた測定管を使えば，かなり高い温度まで安全である．

c. 融点の補正

普通の融点測定装置では，温度計の水銀柱の大部分が浴の外に露出しているため，温度計の読みは実際の融点より少し低くなる．この誤差を補正するためには，図 5・51 のようにして，融点測定用温度計 A の水銀柱の露出部の中心付近の温度を別の温度計 B で測り，つぎの式で計算した補正値を測定値に加えればよい．

露出部に対する補正　　$\Delta T = \dfrac{(T-T')(T-t)}{6000}$

T：融点測定用温度計 A の読み

T'：加熱浴の液面の位置にある温度計 A の目盛

　　（0°C 目盛が液面より上にあれば T' は負号をとる）*

t：補正用温度計 B の読み（温度計 A の水銀柱露出部の平均温度）

普通の融点測定装置では，露出部の補正は 100°C 付近で 1°C 前後，200°C 付近で 3～5°C，300°C 付近では 5～10°C 程度になる．

以上のようにして求めた融点の正確さを知るために，融点測定の標準となるような化合物を利用する方法がある．たとえば 表5・9 にあげる化合物は，容易に純粋な結晶が得られやすいもので，その融点が比較的正確に測定されているものである．試料の融点に近い融点をもつ標準物質について，同じ装置で融点を測定して比較すればよい．たとえば試料の融点が 160°C と読まれたとすれば，同じ装置で（なるべく同時に）純粋なサリチル酸の融点を測り，159°C となれば，試料の融点 160°C は正しいことがわかる．また標準物質としてのサリチル酸の融点が 156°C と読まれたら，試料の正しい融点は 163°C となる．

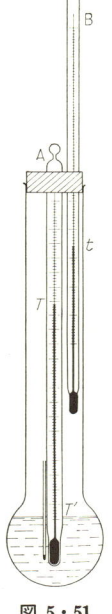

図 5・51
水銀柱露出部の補正

d. 微量物質の融点測定

微量物質の融点を測定するのに，試料の結晶を金属ブロックの上にのせ，金属を加熱して結晶を融かし，顕微鏡で結晶の状態を見ながら，結晶の融ける温度を測る装置（図 5・52）がよく用いられる．加熱は電熱による．金属ブロックの内部にニクロム線を装置し，

---

* 普通の融点測定装置では温度計のごく一部が浴液中にはいっているだけであるから，温度計の 0°C の目盛はたいてい液面より上にあり，T' は負号をとる．また多くの場合，液面には目盛がない．このような場合には温度計の液面の部分に目印をつけておいて，0°C 以下の目盛を外挿法によって求めるより仕方がない．

表 5・9 融点測定標準物質*

化 合 物	補正された融点 [°C]	化 合 物	補正された融点 [°C]
p-キシレン	13.0	ベンゾイルフェニルヒドラジン	170.0
ジフェニルメタン	23.0	コハク酸	182.7
無水安息香酸	39.0	馬尿酸	190.3
チモール	49.4	ボルネオール	201.7
パルミチン酸	62.6	アントラセン	216.5
ナフタリン	80.0	ヘキサクロルベンゼン	229.0
m-ジニトロベンゼン	90.0	sym-ジフェニル尿素	240.0
フェナントレン	103.0	シュウ酸アニリド	252.5
アセトアニリド	114.2	アントラキノン	285.6
尿　素	132.6	イソニコチン酸	317.0
o-ニトロ安息香酸	147.7	アクリドン	354.0
サリチル酸	159.0		

スライダックで電圧を加減して加熱速度を調節する．金属ブロックの横にあけてある穴の中に温度計をさしこんで温度を測定する．この方法で融点を測定するには，2〜3個の結晶を顕微鏡のオブジェクトグラスの上にのせれば十分であり，またかなり高い融点でも障害なく割合正確に測定される．顕微鏡の下では，一つ一つの結晶が融点に達すると，かどから融けはじめ，まるい液滴になる様子がよく観測され，また融点に達する前に昇華するとか，多形(polymorphism)の現象があって温度の変化によって結晶形が変わるとか，あるいは分解するとかいうような現象も観測される．このような肉眼で見てはほとんどわからない変化も，顕微鏡の下ではきわめて明瞭であって，この点からもこの融点測定法はすぐれている．

ただしこの方法では，結晶のおいてある位置と温度計の水銀球のはいる位置とがかなり離れており，温度計で読むのは加熱された金属ブロックの温度である．従って温度計の読みは実際の融点とはかなり違うこともある．そこで既に正確な融点の知られている化合物について顕微鏡下に融点測定を行なって，その装置についての補正値を求めてお

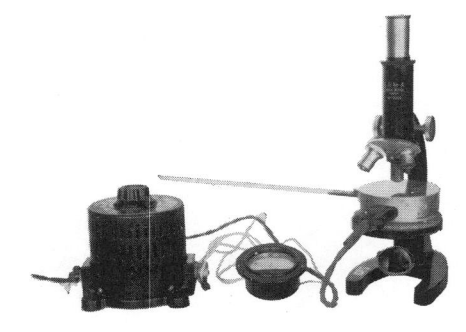

図 5・52　微量融点測定装置

---

* Kemp-Kutter: Schmelzpunktstabellen zur organischen Molekular-analyse.

く．このようにしても，顕微鏡の下で測った融点は毛管と硫酸浴を使って測った融点とはちがうことが多いので，実験報告や論文の中では，顕微鏡下で測った融点であることを付記しておく方がよい．

e. 混融試験（mixed melting point test, Mischprobe）

2種の物質が同じ融点を示しても，それが同一物質であると断定することはできない．この2種の物質を任意の割合に混合し，混合物の融点がもとと同じであって，融点の降下が認められなければ，同一物質であることが確認される．同じ融点をもつ異物質であれば，これを混融したとき融点が下り，融点範囲が広くなる．

混融試験を行なうには，2種の物質を少量ずつ小さい時計皿にとり（量は任意でよいが，なるべく1:1ぐらいに採るほうがよい），きれいなガラス棒かスパーテルなどでよくつき砕いて混合する．なるべく均一に混合したものを毛管に入れて，常法に従って融点を測定する．要すれば純結晶の方も別の毛管に入れ，同時に温度計にくっつけて，いっしょに融点を測り，混合物の融点と比較する．

2種の異物質がたまたま分子化合物を作る割合に混合されたときは，融点降下の認められないこともあり得るので，正確を期するときは，混合の割合を変えて再び混融する．それでも融点に変化がなければ，同一物質である．

一般に2種の異なる物質 A, B の結晶の混合物を加熱すると，混合物の融点は各成分物質の融点より低くなり，また融点範囲が広くなる．しかも，混合物の融点降下度と融点範囲のひろがりは A:B の量の比率によって異なる．純粋な A, B 2物質を各種の割合に混合し，これらの混合物について測定した融点をグラフにしたものを**混融曲線**といい，物質によってこの形がきまっている．その一例を図5・53に示す．このような混融曲線を利用して，混合物の融点からその成分物質の混合率を近似的に求めることができる．

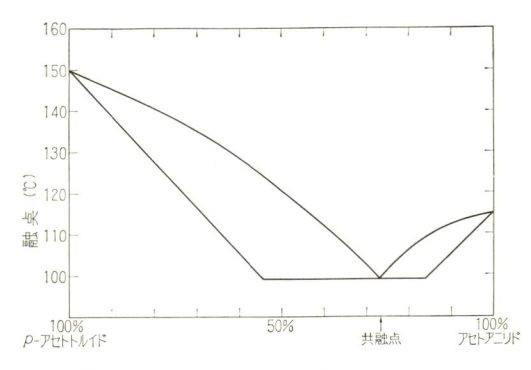

図5・53 *p*-アセトトルイド―アセトアニリド混融曲線

たとえば図5・53で，A物質 *p*-アセトトルイドの融点は 150°C, B物質アセトアニリ

ドの融点は 115°C である．A 27%，B 73% の混合物は共融混合物であって，一定の温度 99°C で融ける（共融点）．両者の等量混合物は 99°C から融けはじめ，121°C で全部液体になる．もし A, B の混合物の混合率が不明の場合，その融点を測定した結果，116°C 付近から融けはじめ 135°C で完全に融けたとすれば，混融曲線にあてはめて，大体 A 70%，B 30% の混合物であることがわかる．

5・19　クロマトグラフィー*（chromatography, Chromatographie）

吸着を利用した化合物の分離法で，簡単な装置で手軽に行なえるのと，効果的な分離ができるのとで，実験室でよく用いられる．この分離法は元来色素の分離に利用されたもので，適当なガラス管に吸着剤をつめて柱状にしたもの（カラム）を用い，混合物の溶液を通過させ，各物質が吸着力の差によって吸着剤の柱の違った場所に吸着されて色層を生ずるように操作するので，色層分析あるいは**カラムクロマトグラフィー**（column chromatography）という．これに対して吸着のかわりに二液相間の分配を利用した**分配型クロマトグラフィー**（partition chromatography），カラムのかわりにろ紙片を利用して行なわれる**ペーパークロマトグラフィー**（paper chromatography）などがある．

　カラムクロマトグラフィーを行なうには，直立させたガラス筒に，適当な吸着剤を均一につめ，混合物の溶液を上から注いで静かに吸着剤の層を通過させると，各物質はその吸着されやすさの度合（吸着親和力）により，異なった高さの場所に層状に吸着される．このままでは各物質の吸着層は完全には分離していないが，この上からさらに適当な溶媒を注ぐと，吸着剤に吸着されていた物質が溶媒に溶けて下に移り，各物質はそれぞれ吸着剤の柱の下の部分へ移動してゆく．その移動速度は各物質の吸着親和力に応じて違うので，下層の物質ほど早く下へ移って，結局各物質の吸着層は明瞭に分離されるようになる．この操作を**展開**（development）という．分離すべき物質が色素であれば，吸着剤の柱の部分に上下に分れた色層ができる．この色層をクロマトグラム（chromatogram）という．展開が終って色層ができたら，吸着剤を筒から押し出し，各吸着層を切り離して別々に溶媒で抽出する．この操作を**溶離**（elution）という．あるいは吸着剤を筒から押し出すことをしないで，ひきつづき上から溶媒を流して，各吸着層をそれぞれ順次分別的に溶離せしめ，吸着剤をつめた管の下端から滴下してくるのを，次々に受器を変えて集めることもあ

---

* 詳しくは専門実験書，単行本を参照されたい．

る．このような方法を**液体クロマトグラフィー**（liquid chromatography）という．

クロマトグラフィーは吸着親和力の差を利用する分離法であるから，能率のよい分離を行なうためには，吸着剤と溶媒の選択に工夫を要する．吸着剤と溶媒の選び方，用い方は，主に経験的に見出してゆくほかはない．

吸 着 剤（充填剤）　活性の強いものから弱いものまで各種の吸着剤があり，試料の吸着親和力に応じて適当なものを選ぶ．吸着剤は，溶媒に溶けないこと，溶媒や試料と反応しないこと，再現性のある結果を与えるものであることが必要である．よく使われる吸着剤をつぎに挙げておく．

　強活性——活性アルミナ，ケイ酸ゲル（シリカゲル），活性炭
　中活性——水酸化カルシウム，酸化マグネシウム，炭酸カルシウム，硫酸カルシウム
　弱活性——炭酸ナトリウム，タルク，デンプン，ショ糖，乳糖

溶　媒　分離を能率よく行なうには溶媒の選び方も大切である．一般に溶媒自身の吸着親和力が大きいほど溶離力が強いが，あまり溶離力の強い溶媒を最初から使うと，試料の吸着分離が満足に行なわれない．物質の吸着親和力はその化学構造と関係があり，一般に極性のない炭化水素はもっとも吸着されにくく，極性の大きな置換基をもつ物質ほど吸着されやすい．溶媒の沸点は高すぎても低すぎてもいけない（40~80°C 程度が最適）．普通のクロマトグラフィーに使われる溶媒を，吸着親和力（したがって溶離力）の小さいものから大きいものへと順にならべるとつぎのようである．

　石油エーテル（ベンジン），シクロヘキサン，四塩化炭素，トルエン，ベンゼン，クロロホルム，エチルエーテル，酢酸エチル，アセトン，エタノール，メタノール，水

これらの溶媒はよく精製したものを用い，場合によっては混合溶媒を使うのも有効である．最初の吸着と後の展開とを同じ溶媒で行なってもよいが，一般的な原則として，最初試料を溶かして吸着に使った溶媒よりやや吸着親和力の大きい溶媒を展開用に使うのがよい．たとえば，試料を石油エーテルに溶かして吸着を行なった場合，展開用の溶媒には石油エーテル—ベンゼン混合溶媒を使えば効果的である．

装　置　いろいろの工夫があるが，いずれも簡単なものである．図 5・54 にもっとも簡単な装置の二三を示す．吸着剤をつめる筒は先の細くなったガラス管で，直径 1~3 cm，吸着剤のカラムが長さ 15~50 cm 程度になるものがよい．（a）のように先端部にコックのついた管を使うこともある．管の上部には，液体を流しこむために普通のガラス漏斗かあるいは分液漏斗をとりつける．必要に応じて，管の上や分液漏斗の上に塩化カルシウム

管をつける．受器は普通の三角フラスコか吸引びんを用い，吸引びんを用いるときは水流ポンプに連結して軽く吸引するようにする．

吸着剤のつめ方　吸着剤のつめ方は，均一につまって気泡のはいらないように気をつけ，液の流速が適当になるようにつめる．

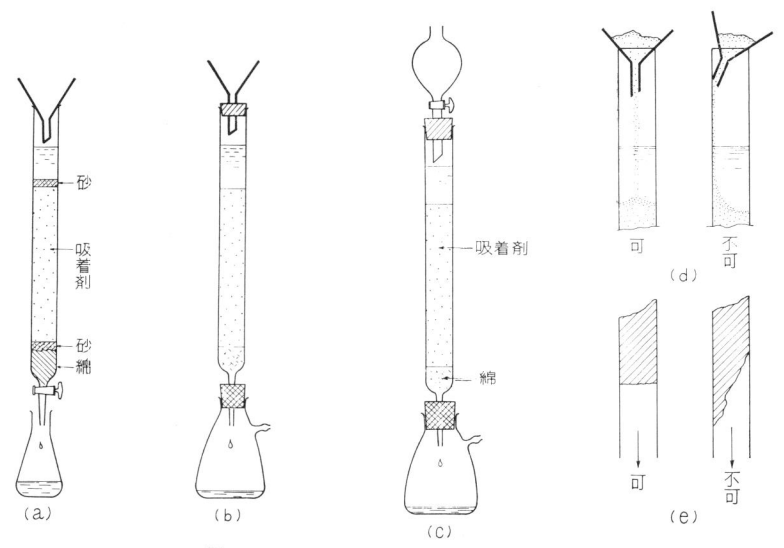

図 5・54　クロマトグラフィーの装置と操作

湿式法：　ガラス管を垂直に立て，下端に短いゴム管をはめピンチコックでとめるか，または下端のコックを閉じて，管の高さの 1/2〜1/4 ぐらいまで所定の溶媒を入れる．あらかじめ同じ溶媒にひたしてよく気泡を除いた脱脂綿を，ガラス管に入れた溶媒の底に沈ませ，上からガラス棒でおさえて，管の下端から吸着剤が流れ出さないようにする．そこで図 5・54 (d) に示すようにして吸着剤を少しずつ落してゆく．このとき吸着剤のすきまに気泡が入ったり，吸着剤の上面が傾いたりしないように気をつける．もし気泡が入ったり上面が傾いたりしたら，直ちに吸着剤を落すのをやめ，ガラス管をはずして両手のてのひらにはさみ，垂直にしたままきりをもむようにしてまわすと，気泡が浮び上り，吸着剤の上面は水平になる．吸着剤は管の上端から 10 cm ぐらいのところまで入れ，それ以上入れてはいけない．つぎに，ガラス管の内径に合わせてろ紙を切り，これを吸着剤の上面に平らにのせておく．管が細くてろ紙を水平に入れにくいときは，あらかじめ溶媒にひたし

た脱脂綿を沈めて，吸着剤の表面をおおうようにしてもよい．あるいは (a) のように吸着剤の上に薄い砂の層をつくってもよい．吸着剤をつめ終ったら，下端のゴム管を取り去り，またはコックを開いて，溶媒を滴下させ，ひきつづきつぎの吸着の操作に移る．

乾式法：　ガラス管の下部に脱脂綿をつめ，上からガラス棒でしっかりおしつける．管を垂直に立てて，上から吸着剤を落す．このときも上面が水平になるように気をつけ，大体 1 cm ぐらいの高さにつめては机の上で軽くトントンたたいて均一に平らにつまるようにし，さらに新しく 1 cm ぐらいつめては同様にくりかえす．吸着剤をつめ終った後，吸着剤の上面にろ紙あるいは砂の層をのせるのは，湿式法のときと同様である．

吸着剤をつめたガラス筒を垂直に固定し，受器に吸引びんを使う場合はゆるやかに水流ポンプで引いておいて，試料を溶かすのに使ったのと同じ溶媒を，筒の上から吸着剤の層に流しこむ．液が下降するときは，図 5・54 (e) に示すように吸着剤が上から平均に湿ってゆくのがよい．一部だけ早くなるのは，吸着剤のつめ方が均一でないためでよくない．吸着剤が溶媒で湿されたら，すぐひきつづいて試料溶液を注入して，吸着の操作に移る．

吸着，展開，溶離の操作　　吸着剤の層が溶媒で一様に湿されたら，溶媒がとぎれないうちに，試料溶液を流し始める．試料はカラムにつめた吸着剤の量にくらべて多過ぎないこと，溶液の濃度はできるだけ濃いのがよい．滴下速度は毎秒 1 滴以下で，しかもつねに一定の速さで滴下するように，筒の下部のコックあるいは水流ポンプを調節する．

試料溶液を全部注ぎこんだら，間をおかず展開用の溶媒を流しはじめる．クロマトグラフィーでは，操作の始めから終りまで，吸着剤の上面が常に液で覆われていることが大切であって，液がとぎれるときれいな吸着層が得られない．展開の操作で吸着層が下降するときも，図 5・54 (e) のように吸着層の端が平らになって下がっていくようになることが望ましい．

普通のクロマトグラフィーでは，色層に展開した後で，ガラス筒の中の吸着剤をそのまま筒の外へ取り出さねばならない．この操作はなかなか熟練を要し，吸着剤が湿っているとガラス管にくっついて容易に出て来ないし，乾きすぎると吸着剤がバラバラになって色層がくずれてしまう．適度に湿った状態だと，あまりガラス管にくっつかないで柱状のままでガラス管の外へ取り出される．

液体クロマトグラフィーでは，吸着層をすっかり下へ流し出してしまうので，吸着層の色の移動を見ながら受器を取りかえていけばよい．無色の試料では，その区切りがわからないので，流出液を一定量ずつ分けて別の受器にとり，それぞれについて調べる．ある成

分が出つくしたら，吸着親和力のより強い別の溶媒で溶離するのも良法である．クロマトグラフィーで分離した試料は，さらに別の方法で精製する必要がある．

5・20　気体物質の取扱い

やや応用的になるが，実験室における基本操作の一つとして，気体物質の取り扱いについての一般的な注意を述べる．主な気体の製造法は，専門書を参照されたい．

a. 気体の用い方

実験で気体物質を用いるのは，気体を液体と反応させる場合が多い（気体同士の反応もあるがここでは省略する）．また，空気（酸素や二酸化炭素）を嫌う反応では，反応容器内の空気を窒素で追い出し，窒素ガスの雰囲気の中で反応させる．

気体は，その発生装置あるいは高圧ガス容器（ボンベ）* から管で誘導して用いる．一般常識として，そのガスが不純物を含んでいないかどうか，乾燥しているかどうかを考える．必要に応じて洗浄装置，乾燥装置を作って，その中を通過させる．このためには洗気びん，U字管などを利用する．用いるガスの種類によって，精製試薬，乾燥剤を調べて用いる．ガスを用いるときは，どこかに多少の圧力がかかるから，安全のためにコックのついた安全びんを中間につないでおく．

ガスを反応液に導入するには，普通は導入口と廃ガスの出口のある気密容器を用いる．フラスコの底へ少し曲がったガラス管で導入されたガスが，反応液とよく接触して有効に使われるため，かきまぜを十分に行なうとよい．接触還元のような場合は，密閉した水素ガスの雰囲気で，容器全体をよくふりまぜるとよい．加圧加熱して反応させるためには，耐圧のオートクレーブが用いられる．

ガスを用いる実験は，中性の無毒ガス以外はできるだけドラフトの中で行なうのが好ましい．

b. 廃ガスの処理

反応に使用したガスの余り，あるいは反応中に発生したガスは，少量の無毒ガス以外は

---

* 鋼鉄製の耐圧円筒形の容器で，日本では俗称を「ボンベ」といっている．ボンベの色は，水素（赤），窒素（青またはねずみ色），酸素（黒），二酸化炭素（緑），液体アンモニア（白），塩素（黄），アセチレン（褐），その他はねずみ色ときめてあり，白文字でガス名が書いてある．ボンベはねじこみになった口に圧力調節器（減圧弁）をつけて用いる．ボンベは高圧で危険であるから，取扱い注意を守り慎重に扱う．年々数個，多いときは20個も破裂して死傷者を出している．

その処理を考えなければいけない．有害ガスを実験室の中へ放出するのは禁物である．能率のよいファン式ドラフト室で行なうことができれば，どんなガスが発生しても構わないが，ドラフトが使えない場合にはどうすればよいか，一応の常識を示す．中性ガス（H_2，O_2，N_2，CO など）は長い管で戸外へ放出すればよい．酸性ガス（ハロゲン，ハロゲン化水素，HCN，H_2S，CO_2，SO_2 など）は濃アルカリ水溶液に吸収させる．塩基性ガス（NH_3，アミンなど）は濃酸水溶液に吸収させる．水溶性ガスは，水あるいは流水に吸収させる．濃酸や濃アルカリに吸収させる方法は，たとえば図5・55のような吸収びんを用いると都合がよい．このとき，ガスの導入管の先端が水溶液の中にはいっていてはいけない．塩化水素のように水に溶けやすいガスの場合は，水が反応容器の中へ逆流することがある．吸収びんから出る廃気は戸外へ導くか，あるいは水流ポンプにつないでごく軽く引く．水に溶けやすいガスの場合は，図5・56のような工夫をして水流ポンプに導くか，水で流し去る工夫をする．水流ポンプで引くときは，(a) のように中間に空気の吸いこまれるびんをおいて，反応容器内が減圧にならないようにする．水流ポンプの脚にはゴム管を

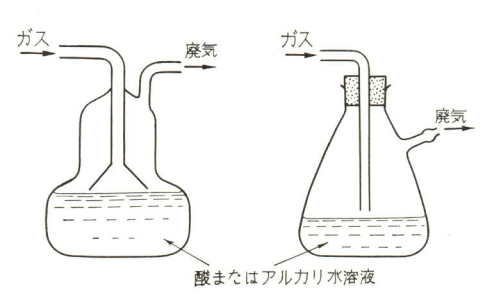

図 5・55 廃ガス吸収びん

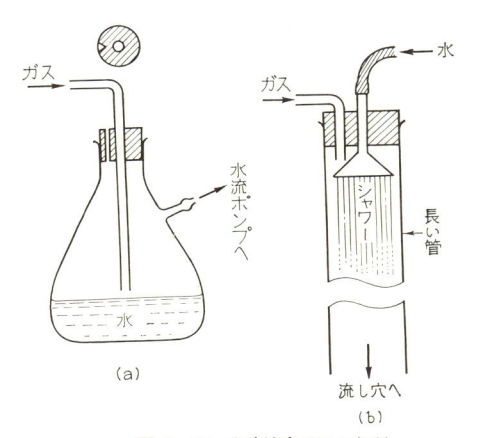

図 5・56 水溶性廃ガスの処理

つけて，流しの穴に深く差しこんでおく．あるいは，太いガラス管と目皿つき漏斗を利用して，(b) のようにシャワー式にガスを流し出す工夫をしてもよい．

c． ドラフトの使用

ドラフトはドラフトチェンバー（draft chamber）ともよばれ，実験装置の組める程度の空間をもつ箱形の部屋に，空気抜きのえんとつをつけて，モーターファンで強力に吸引

排気できるようになっている．化学実験室では，部屋の隅にとりつけられており，電気・ガス・水道・排水の設備がされていて，その中ですべての実験ができるようになっているのが普通である．ドラフトの前面に窓のあるものと何もないものとあるが，いずれにしても，内部の吸引排気が十分に行なわれ，開口部全面の風速が均一になっていればさしつかえない．ドラフト前面の空気の流速は，大体 30～50 cm/sec あれば十分である．この流速は，たばこの煙や紙をいぶらせた煙の流れをみると大体わかる．はじめて使うドラフトは一応その能力を点検してから使用するとよい*．普通のドラフトは，正面の壁の前にバッフル板（邪魔板）があり，その上と下の横溝形のスロット（すきま）から空気が引かれるようになっている（図 5・57）．軽いガスは上から，重いガスは下から引かれる．実験をするときは，いろいろな物を置いて下部のスロットをふさがないように気をつける．

有機化学実験室にドラフトのないのはまことに不幸である．そのような場合は，間に合わせでも何でもよいから，何かそれに代るもの（たとえば移動できるフードのようなもの）を用いて，有害ガスを実験室にまき散らさないようにする．

さて，ドラフト中で実験をするときの注意は，常に通気を確かめること，実験中は決してドラフトの中に顔を入れないことである．実験装置に顔を近づけたり中をのぞいたりすると，有害ガスを吸うだけでなく，いつ爆発するか噴出するかわからないので，二重に危険である．

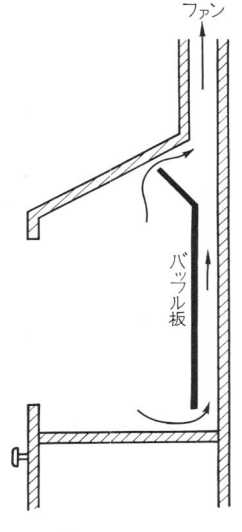

図 5・57 ドラフト

---

* ガス点火通風式のドラフト（旧式）では，引火性物質が扱えないだけでなく，戸外の風の状況が悪いと逆流することがあるので危険である．時々煙で点検して安全を確かめる．

6 試薬の常識

 われわれがひんぱんに使う試薬類には，どのようなものがあり，その取扱いにどのような注意が必要か？　試薬の品質と純度にはどんな標準と保証があるのか？　危険な試薬とはどんなものをいうのか？

 このような問題は，実験をする者がみな簡単な常識として当然心得ておかねばならない．実験をする場合，これら試薬に関する基本的常識に比較的無頓着なために，案外実験がうまくいかないことがある．

 この章では試薬の常識と思われる点を概観して，実験の一助となるようにした．

6・1　試薬の品質と扱い方

 試薬（reagent）と普通いわれている意味はまことに広い．試薬とは一定の純度を保証しうる特定の規格を標準として製造販売される薬物の総称であって，試験（化学分析，医療診断，医薬品および食品の検査などを意味する），研究，教育，工業などに用いられるものである．すなわちここでいう試薬とは，有機化学でよくいわれる試薬——Grignard 試薬，Schiff 試薬などという用い方とはやや異なって，いわゆる化学薬品のほとんどすべてをさしている．またここには反応試剤とか溶媒とかいう使用上の区別はない．このように研究その他に必要な，特定の純度をもつ薬品に，試薬という統一的な名称を与えたの

は，昭和16年からである．今日では，機器分析などの発達に伴って，用いられる試薬はますます高純度のものが要求され，また特殊な用途にこたえるような新しい試薬がどんどん作られている．日本では過去においてその多くが外国（とくにドイツ）から輸入されていたが，現在は特殊なものを除いて大体国産化されるまでに発展した．

試薬は一見しただけでも多様であり，安定な固体あるいは液体試薬，揮発性の液体——それらは多くは溶媒となり引火性である——，空気や湿気を嫌う試薬，光を嫌う試薬，爆発性や有毒性の試薬，発煙する試薬などがあり，それらはその性質に応じて保存方法が異なり，使用上の注意も必要であり，古いか新しいかも考えて使用しなければならない．

一つの実験を行なうにも，通常は幾種類もの試薬を使わなくてはならない．これらの試薬の中で，もし1種類でも非常に不純な，あるいは変質したものを用いたならば，そのために実験は失敗し，あるいは予期しない結果になる．研究においては，結論の判断を誤ることにもなりかねない．そこでわれわれは練習実験をする場合にも研究を進める上にも，試薬の品質と扱い方に細心の注意を払う習慣がほしいものである．最近は試薬の規格が定められ，良質の品が割合に安心して使えるようになったので，一応の常識で試薬を使いわけることも，それほど困難でない．

a. 市販試薬の純度

試薬を安心して使うには，信用あるメーカーのものを用いるのが一番確かである．日本の試薬の純度の規格については，いろいろの発展過程を経て，日本工業標準調査会が昭和24年に日本工業規格（JIS）として試薬規格と試験法を制定し，主な試薬の標準を決めた．その後，次第に種目が追加されて現在に至っている．このように試薬規格を国家で制定しているのは日本だけである．現在日本で市販されている試薬類にはつぎのものがある．

（1）官封試薬＊：　工業品検査所がJIS規格に基づいて検査し，合格したものに官封証紙が貼付された試薬で，国がその品質を保証している．

（2）JISマーク試薬：　工業標準化法によるJIS表示許可工場が，標準化された製造工程で製造している品質の安定した試薬で，JISマークが貼付されている．

（3）JIS規格試薬：　試薬メーカーが，JIS規格に基づいて検査して保証している試薬である．

＊ 官封試薬は，検査を受けるため検査料その他を払うので，いくらか値段も高くなる．これらは試薬そのものの値段にくらべればごくわずかなものであるから，なるべく官封試薬を用いる方が賢明である．

（4） 私封試薬： メーカーが勝手に独自の規格を表示しているもので，上のどれにも該当しない．

これらの問題とは別に，いわゆる医薬品に適用されている薬局方がある．日本では明治19年に日本薬局方がつくられ，規格の標準にされているが，この規格は試薬としての規格とは違うので，共通した点もあるとはいえ一応区別してのぞまねばならない．

さて JIS 規格の試薬はその品質によってつぎの3種に分類されている．

（1） 標準試薬： 基準試薬ともいい，化学分析の基準に用いられる試薬である．"容量分析用標準試薬として日本工業規格（JIS）の特級以上の純度を有し，さらに乾燥したものについて99.95%以上の品質をもち，その含量は小数第2位まで明記するものとする"と定められている．その種類はつぎの 10 種である．

塩化ナトリウム，シュウ酸ナトリウム，スルファミン酸，炭酸ナトリウム，フッ化ナトリウム，ヨウ素酸カリウム，亜鉛，銅，三酸化二ヒ素，重クロム酸カリウム．

（2） 特級試薬： 一般の分析用はもちろん，高純度の試薬としてそのまますべてに用いられる．

（3） 一級試薬： 特級より純度の低いもので，一般の実験に差支えなく用いられる．

このほか，高純度特級試薬，精密分析用試薬（最純品）など，特級試薬を精製したものもある．

このように，各種試薬および各級試薬によって，その品質には相当の差があるが，それに応じて価格も大きな違いがあるので，使用の目的に応じて適当なものを用いるのが合理的である．

＜試薬が不純である＞という場合，その試薬に含まれている主な不純物は，その製造過程からみて，あるいはその試薬の性質からみて（保存中に変化して生ずる物質など）大体きまってくる．しかしこれも必ずしも常識どおりとは限らない．不純な試薬を実験に使うと，合成反応の収率の減少，反応の失敗などだけでなく，どこかで反応の本質に影響を及ぼすことも考えられる．したがって，反応の目的によっては十分に純粋な試薬を使わなくてはならないが，その反面，相当に不純な試薬を使ってもさしつかえない場合もたくさんある．試薬の純度の問題は，臨機応変にかんじんなところでチェックすることができればよい．

b. 試薬の保存

使わない試薬を長期間保存するという意味でなく，実験者として試薬をどんな容器に入

れておき，どんな注意で扱えばよいかということである．

市販の液体試薬の多くは，口の細いガラスびん（普通は 500 g 入）に，コルク栓，ゴム栓，ポリエチレンの栓，ガラス栓などをして，その上からピッチなどをかぶせてある*．分解しやすいもの，揮発性で悪臭の強いものなどは，褐色ガラスのアンプルに入れてある．コルク栓ですむような一般の試薬はプラスチックのねじ蓋をしたものもある．一般の固体試薬は，広口のガラスびん（普通は 500 g 入）に入れ，ポリエチレンその他プラスチックの蓋をするか，コルク栓をしてパラフィンで封じてある．吸湿性で，金属を犯さないものは，金属の罐に入れてある．

試薬は封を切って一部分を使用しても，残りを保存することが多い．いったん開封したら，その保存にはとくに注意する．**防護の要点は空気中の湿気，二酸化炭素，酸素，あるいは熱や光線などによる変質である**．吸湿性の試薬はその種類が多いが，それぞれの特性に応じ，空気を遮断して乾燥した状態に保存する．固体物質ならその外見で吸湿状態がある程度わかるものである．しかし，無水酢酸や，濃硫酸，硝酸，塩酸などは見かけだけではわからないので注意する．よくある例として，レッテルに書いてある濃度（比重やパーセント）をそのまま信用して，古いものを使って失敗することがある．はなはだしいときは，レッテルと中味とが違っていることもある．たとえば，市販の発煙硫酸（50% SO_3）を用いてスルホン化を行ない，非常に結果が悪かったような場合，試薬を長期間おいたため SO_3 の濃度が低下したことによることが多い．エーテルは古くなると過酸化物を生じ，爆発の危険をもつようになる．そこで，各試薬の化学性をよく知って，適切な方法で保存しておくと共に，古くなればどうなるかということを考えて使わなくてはいけない．一般に試薬を購入して封を切る前の状態と同じような保存法をとっておけば大体まちがいない．すべて化学薬品はなるべく空気を遮断して，できるだけ暗く，できるだけ冷い所に保存しておくことは，化学者の常識である．ここでは詳しく述べないが，各種の試薬を保存しそれを使いこなすには，個々の試薬についての具体的な知識が必要である．

試薬は実験室の試薬棚などに置くのが普通であるが，長く置くといろいろな試薬の影響でレッテルがとれやすい．はがれなくても，ぼろぼろになったり字が読めなくなったりする．レッテルのない試薬は結局は使いものにならない．とくに有機試薬のレッテルがとれてしまうとやっかいである．そこでレッテルがとれない工夫，とれそうなレッテルを新し

---

* 長らく置いたままの栓については，とれなくなったり中へ落ちこんだり，いろいろのトラブルがある．p. 64 および p. 76 を参照されたい．

いものに替える配慮が必要である．レッテルの文字はマジックインキか，石炭酸の 0.5～1％ 液ですった墨で書くとよい．レッテルを貼るには日本糊（デンプン糊）がよい．レッテルの上にパラフィンをとかして塗るか，コロジオンを十分に塗ると，試薬類に犯されにくい．レッテルの上にセロテープを貼るのもよい．

強酸や強アルカリ液を入れた試薬びんを棚に置くときは，びんの下に適当な大きさの磁製の皿を敷くとよい．あるいは使った後の素焼板も役にたつ．

c. 試薬の使い方

試薬の扱い方，使い方にはまず危険防止（出火，毒害，皮膚傷害，爆発）の問題があるが，これについてはつぎの危険な試薬の項で述べる．

試薬をとり出すときの注意

固体試薬をびんからとり出すには，各人が薬さじなどを用いて出すのが普通である．薬さじは十分清浄にして用いることである．ごみ，水分，他の試薬などのついたものを入れると，残りの試薬全体を汚染することになる．さらさらした固体なら，薬さじなど使わないで，びんを斜めにして回しながら，少しずつ自然に落し出すのがいちばんよい．原則として，一度びんからとり出した試薬は再びもとのびんに戻してはならない．

液体試薬はびんを横にすれば流れ出るので簡単であるが，液体をこぼさない注意と，びんの壁を伝わって下へ流れレッテルを犯すことのないよう注意することが必要である．少量の液体なら，きれいなメスピペットか駒込ピペット（目盛つきスポイト）で取り出してもよい．

液体試薬をびんから別の容器にとるときは，びんの栓を左手でとって持ったまま，右手で液を注ぎ，終った後にびんの口に残る液のしずくを栓でぬぐいとるようにして，再び栓をする．栓をどこかに置くと，時には他のびんの栓と混同することがある．どのような試薬にせよ，試薬びんからとり出した後は，すぐに栓をしなければいけない．実験のほうに気をとられて，栓を忘れるのはよくない．

アンプルは厳密を要する医薬品などにはよく使われるが，化学試薬としては分解性など要注意の液体だけがアンプルにはいっている．したがって，アンプルをちょっと切って，注射やドリンクという調子で気易く取扱うと危険である．アンプルを開くときは，あらかじめよく冷却しておく．つぎに冷いしぼったタオルでアンプルを巻き，細い口のところだけを出し，斜め上をむけて軽くやすりを入れてから，その部分に近い口先の部分を軽く横にたたく．これはアンプルをあけているときに爆発しないためである．あまり危険性の

ない試薬のアンブルは，一部をとり出した後，残りを再び熔封しておけばよいが，分解性物質のアンブルは，一度開けたら再びアンブル中に封じない．また，この種のアンブルは，万一破裂しても危なくないように，ボール紙や布を巻いて冷蔵庫に保存する．

試薬の使用上の注意

試薬類を用いるときは重さか容量をきめて使うことが多い．安定で蒸気の出ない固体や液体なら，きれいな薬包紙かビーカーを用いて上皿天秤ではかることができる．有害ガスを発生する液体などは，メスシリンダーにとって容量的に測るのがよい．その液の比重がわかっていれば，重量も計算できる．ある濃度（$a\%$）の試薬を水でうすめて所定の濃度（$b\%$）にするには，$a\%$ 試薬を P g とり（$P \times a/b - P$）g の水を加えればよい．ナトリウムなどを正確に秤量したいときは，ビーカーに石油かキシレンを入れてあらかじめ秤量しておき，その中へナトリウムを入れてはかる．

固体試薬を反応などに用いるときは，乳鉢などでできるだけ細かに粉砕する．反応しやすいし，溶媒にも溶けやすい．試薬を一度に用いないときは，密閉できる容器に入れ，火気から遠ざけておく．

吸湿性の試薬や水を嫌う試薬を使うには，なるべく雨の日や湿気の多い日を避ける．試薬の容器を開くと湿気がはいるし，実験そのものもうまくゆかないことがある．無水塩化アルミニウムを用いる Friedel-Crafts 反応や金属ナトリウムや金属カリウムを使う諸反応などは，その例である．

6・2 危険な試薬*

実験に使用する試薬の中には，その取扱いを誤ると人体にさまざまの危害を与えるものがあり，ときには生命をおびやかすことさえある．12 章には防災的な見地から事故と対策の概要を述べてあるが，この項ではどのような試薬がどのような危険性をもっているかを体系的に示す．

はじめに，日本化学会・防災化学委員会が編集した防災指針による各種試薬の危険性区分の大要を表 6・1 に紹介する．危険薬品については従来消防活動の見地から＜火気および爆発＞を中心に議論されたり，あるいは毒劇物に対する対策が講じられたり，ばらばら

---

* 詳細は日本化学会編："化学実験の安全指針"，"防災指針 Ⅳ-10"，丸善（1966）を参照されたい．

6・2 危険な試薬

表 6・1 危険薬品の区分と取扱い法

No.	危険性区分	代表例	危険の種類および程度	取扱い
1	発火性	ナトリウム 黄リン 水素化リチウム トリエチルアルミニウム	水との接触によって発火するもの,あるいは空気中における発火点[1]が 40°C 未満のもの.	空気に直接触れさせないようにして密封し,ほかの危険薬品と隔離して貯蔵する.ナトリウムは石油中に,黄リンは水中に貯蔵する.試薬の取扱いには適当な器具を用い,皮膚に触れさせないこと.
2	引火性	水素 メタン エチルエーテル エタノール ベンゼン	可燃性ガス,または引火点[2] 30°C 未満の液体.	着火源があると常温で引火するので,火気厳禁.ガスまたは蒸気洩れに注意しないと,ガス爆発の危険あり.多量の廃液を流しに捨てないこと.大きな容器から移すときは,室外の日蔭で行なう.
3	可燃性	可燃性試薬一般	引火点 30~100°C のもの,ただし引火点 100°C 以上でも発火点の比較的低いもの.	常温では引火しにくいが,少し温度が上って,それらの引火点以上になると,引火性物質と同じ性質を示す.
4	爆発性	トリニトロトルエン 硝酸アンモニウム 過酸化ベンゾイル	加熱により分解爆発するもの,あるいは高さ 1 m 未満から,重量 5 kg の落槌により分解爆発するもの.	強い衝撃や摩擦を与えないようにし,火気や加熱を禁ずる.できるだけ少量を扱い,多量の貯蔵または取扱いを禁ずる.
5	酸化性	酸素 過酸化水素 塩素酸カリウム 過マンガン酸カリウム	加熱,圧縮または強酸,強アルカリなどの添加によって強い酸化性を表わすもの.衝撃,摩擦,加熱によって爆発しやすい.	還元性の強い物質またはすべての有機物との混合または接触をさける(混合危険).酸化性の塩類と強酸は混合してはいけない.強い衝撃,摩擦,加熱をさける.
6	禁水性	ナトリウム 五酸化リン 発煙硫酸 無水酢酸	吸湿または水との接触によって,発熱または発火するもの,または有害ガスを発生するもの.	区分 No. 1 のあるものは,この中にも属する.リン化金属は有害ガスを発生する.取扱いには特殊の器具を用い,皮膚に触れさせないこと.水分を避けて密封する.
7	強酸性	無機,有機の強酸	金属,木材,人体(皮膚・粘膜)を犯す.水に触れると発熱する.	ガラスびん中に入れ密栓する.
8	腐食性	水酸化ナトリウム アンモニア ハロゲンアミン	人体の皮膚・粘膜を強く刺激し,腐食するもの.No. 6 および 7 と重複することが多い.	眼に入ると激痛,ときに失明する.人体に直接触れないこと.衣服についたらすぐに着かえる.
9	有毒性	ハロゲン シアン化水素 水銀 アニリン	吸収毒性を主体としたもので,吸入の許容濃度 50 ppm[3] 未満,または 50 mg/m³ 未満のもの.または経口致死量 30 mg/kg.毒性には種々あり,全身中毒のもののほかに,発がん性のもの,接触部に作用するものがある.	ガスまたは蒸気を吸入してはならない.皮膚からも吸収されることがあるので,直接に触れないこと.多量に取扱うときはドラフト中で行なう.取扱い後は手をよく洗うこと.

156　6. 試薬の常識

No.	危険性区分	代表例	危険の種類および程度	取扱い
10	有害性	酢酸鉛 ピクリン酸 キシレン アルデヒド類	有毒性の軽いもの．許容濃度50〜200 ppm，または50〜200 mg/m³のもの．または経口致死量30〜300mg/kgのもの．	吸入，接触および口中へ入れることを避ける．一時に多量を体内に摂取しない限り急性中毒を起こさないが，長期間にわたると慢性中毒をおこすおそれがある．
11	放射性	ウラン 酸化ウラン トリウム 塩化トリウム	原子核壊変によって電離放射線を放出する核種を含むもの．ただし，その比放射能が天然カリウムのそれ以下のものは除く．	皮膚に触れ，口中に入れ，粉末を吸収することのないよう．多量の取扱いや貯蔵をしない．

1) 発火点 (ignition point)：ほかから火炎，電気火花などの着火源を与えないで，物質それ自身を空気中または酸素中で加熱したとき，発火または爆発を起こす最低温度．
2) 引火点 (flash point)：可燃性液体の液面近くに，引火するのに十分な濃度の蒸気を生ずる最低温度．30°C 未満の引火点をもつ可燃性液体は，引火性液体ということがある．
3) ppm (parts per million)：100 万分の 1. 1 m³ 中に 1 ml の気体が存在する状態をいい，容積で示される．

に扱われていたが，危険という立場から全体を統轄して扱うことは，実験者にとっては合理的である．程度の差はあれ，火災の危険，爆発の危険，腐食中毒の危険，それに加えて放射能の危険などにわけられる．このような危険は試薬の性質を理解していれば相当の程度まで防ぐことができる．また，試薬の危険性の種類を標示するための色つきで見やすい防災ラベルが作られており，容器に貼るようにすすめられている．

ここで，No. 9 と No. 10 の有毒性，有害性の薬品の区分をみると，説明でわかるように，人体に及ぼすいろいろな毒害の程度の差にすぎない．強いていえば，有害性の薬品はすぐに影響が現われない遅効性か，蓄積による慢性中毒性のものである．これは実験室だけでなく，職業病や水俣病，阿賀野川事件，四日市ぜんそくのような問題，さらにひろく農薬や合成洗剤などの公害問題にまで関係してくる．有毒，有害と指定されている薬品の数は非常に多く，実験室で扱う普通の試薬の多くは，みな何らかの形で有害であるといっても過言でないほどである．だからといって「試薬の害など，いちいち気にするな」といって無視することは誤りである．あくまでも注意しなければならない．

有毒，有害の分属になっている薬品の種類をやや詳しくあげる．

No. 9, 有毒性：

ハロゲン，硫酸，硝酸，シアン化合物，水銀化合物，リン化合物，ベリリウム化合物，

6・2 危 険 な 試 薬　157

表 6・2　有害有毒性薬品と危険性

化合物	害, 毒作用	備考
ハロゲン	粘膜, 目, のど, 呼吸器管, 皮膚などを激しく刺激する. 灼熱感を与え, 涙, せきなど出るが, 激しいとカタル症状を起こし, 気管支炎, 肺水腫, 出血となり, 窒息死する. 液状臭素が皮膚につくと重症の火傷になる. 30 ppm 以上, きわめて危険.	ハロゲン化アルキル, ハロゲン化水素もハロゲンの毒作用に準じている. 皮膚につくと, そのときはそれほどでなくても, 時間がたつと炎症になる.
シアン化水素	猛毒で, 意識不明, 呼吸中止, 中毒死する. 皮膚からも吸収される. 50 ppm 前後だと1時間近くは耐えられるが, きわめて危険である.	シアン化ナトリウム, シアン化カリウムは, 飲んだ場合にシアン化水素中毒と似た症状になり, 死亡する (約 0.25 g). 酸や水分により分解してシアン化水素を発生するから注意すること.
リンとその化合物	リンは空気中で燃え, 毒性の高い蒸気を発生する. 粘膜を強く刺激し, 肺を犯す. 皮膚につくと激しい火傷をする. 有機リン化合物は神経毒である.	リンには解毒剤がない.
一酸化炭素	頭痛, めまい, 吐気を起こし, やがて顔面紅潮し, 意識あるうちに手足が動かなくなる. 進むと昏睡状態になり, 呼吸が停止する.	無色, 無味, 無臭に注意.
硫化水素	目, 呼吸器を刺激, 呼吸困難になり, 卒倒失神する. 高濃度のものを吸うと即死する. 疼痛を伴う眼症状を起こす.	20 ppm 以上になると臭気が感ぜられなくなる. 低濃度でも暫くすると嗅覚を失うので注意すること.
二硫化炭素	蒸気を吸い, 皮膚に触れると, 神経系が犯され, 中毒を起こして種々の障害を生ずる. 蒸気は強い衝撃で自然発火し, 有毒ガスを生ずる.	保存に注意.
二酸化イオウ	目, 粘膜, 呼吸器を激しく刺激し, 濃度が高いと肺水腫を起こし, 窒息死する.	窒素の酸化物も同様である.
アンモニア	粘膜や眼を刺激し, 炎症や腐食作用を起こす. 強く犯されると呼吸困難になる. 液体アンモニアに触れると, 激しい凍傷を起こす.	
水　銀	蒸気を吸入したり, 接触したりすると, 中毒を起こし, 全身がだるく, 種々の症状になる. 水銀が筋肉内に入ったときは, その部分を切除する以外に対策がない.	水銀化合物は, 飲むと似たような中毒を起こす.
ニトリル類	中毒性で, 神経, 呼吸器, 消化器, 粘膜などの障害となってあらわれる. 吸入, 接触, のみ下しなどにより, 頭痛, 衰弱感, 食欲不振, 悪心などが起こる.	
ベンゼン	蒸気を吸入すると, 慢性あるいは急性の中毒を起こす. 慢性になると致命的貧血, 急性の場合は精神が混乱し, 死亡する.	芳香族炭化水素は, ほとんどこの種の毒性をもっている.
アニリン	蒸気を吸入し, 皮膚から吸収して中毒する. 唇や舌, 粘膜, 爪などが青くなる. 次第に頭痛, 吐気, 睡気がして, 意識不明になる.	ニトロベンゼンは, アニリンと似た作用をする.
フェノール類	皮膚, 粘膜, 肺などから速かに吸収され, 中枢神経を犯す. 急性の場合は死亡する. 慢性の場合は, 消化障害, 神経異常などが起こり, 死亡することもある. 皮膚につくと腐食作用をする. 飲むと死ぬ.	
アルキルアミン類	目, 皮膚, 呼吸器を刺激する. 触れると皮膚を犯す.	可燃性.

化合物	害, 毒作用	備考
無水酢酸	目, 皮膚, 呼吸器を刺激する. 触れると皮膚を犯す.	酢酸, 酢酸エステルもこれに準ずる.
ホルムアルデヒド	目, 皮膚, 呼吸器を刺激する. 連続して吸入すると, 催眠作用をする.	人によっては, ホルムアルデヒドに著しく感度の高いことがあるから注意.
アセトアルデヒド		
有機溶媒類	一般に, 吸入すると麻酔作用で意識不明になる. 進むと呼吸や循環機能まで犯され, ときには死亡する. 皮膚に作用して (脱水) 荒らす.	エーテル, クロロホルム, エタノールなど代表的なもので, とくに2種以上の物質が同時に作用すると, その効果は大きい.

セレン化合物, ヒ素化合物, クロム酸塩, アンモニア, 一酸化炭素, 硫化水素, 塩化水素, オゾン, アンチモン, カドミウム, ウラン, ネスラー試薬

アクリル酸エステル, ニトリル, アニリン, クロロホルム, 四塩化炭素, ホスゲン, アルキルアミン, 二硫化炭素, ピリジン, フェノール, ベンゼン, ナフタリン, エチルベンゼン, 酢酸, 無水酢酸, 酢酸塩, メタノール, ニトロベンゼン, 塩化ベンジル, など.

No. 10, 有害性:

亜硝酸ナトリウム, 塩化銅, 硫酸銅, 塩酸, アセチレン, 塩化ベンゾイル, ギ酸エステル, 酢酸エステル, クロル酢酸, クロルベンゼン, キシレン, ジオキサン, スチレン, ニトロフェノール, ピクリン酸, フラン, ホルムアルデヒド, など.

そこで, 人体に対する薬害の性格をみると, 大きくわけて刺激性のものと中毒性のものとの二つになる.

刺激性: (付着, 吸入) 皮膚, 眼, 粘膜, のど, 呼吸器などを刺激し, 炎症, 腐食, 腫瘍, 出血などの薬傷を与え, 呼吸器の場合, 重症なら窒息死する.

中毒性: (吸入, 飲みこみ, 皮膚吸収) さまざまの中毒症状, まひ, 各種神経障害, 失神, 重症になると呼吸停止, 中毒死する.

No. 9 の有毒物質はこの両方の害の強いものであり, とくに中毒性が恐ろしい. No. 10 の有害物質は中毒性の害が軽微に慢性的に現われることが多い. 人体に及ぼす薬害があらわれる限界量については, 許容量, 極量などということばで, 適当な数字に単位をつけて表わされている. しかし実際問題として実験室で試薬を使っているとき, 空気が極度に汚染されるか相当量飲みこんだ場合以外, 特別の参考になるものではない. それは許容濃度* の定義からみても理解できよう. すなわち≪ある濃度にさらされながら働いている労

---

* MAC: maximum allowable concentration

働者の大多数が，毎日その状態で作業を続けても健康に障害をおよぼさないような最高濃度》ということになっている．これはいいかえれば，大部分の人は危険を感じないけれども，一部の人は生命をおびやかされることもあり得るということである．いずれにしても，試薬を扱うときは人に嘲笑されるくらい慎重にしてほしい．

6・3 酸とアルカリの濃度

　実験を行なう場合によく用いる酸やアルカリの濃度の指示は，文献によってさまざまで，比重，百分率（％），規定（N）などが用いられている．文献に指示された処方で実験しようとすれば，手もとにある試薬の濃度を知り，計算をして，適当な濃度にうすめて用いることになる．そのためには市販の酸とアルカリの濃度を知る必要があり，また比重と百分率濃度の関係が簡単にわかると都合がよい．

　つぎに実験にもっともよく使われる二三の酸，アルカリについて，市販品の濃度を示し，比重と濃度の表を掲げて，実験上の便宜を計る．

　硫　酸　　市販の濃硫酸は比重 1.84, 96％ 程度で 34～36 N 程度のものである．希硫酸をつくるときは，水の中へかきまぜながら硫酸を少しずつ加える．発煙硫酸は 97～98％ の濃硫酸に多量の SO_3 を吸収させたもので，SO_3 40％ までは液状，40～60％ までは固体となる．

　塩　酸　　市販の濃塩酸は 37％ 程度で，比重 1.19, 12 N を標準としている．微量の鉄分を含んでやや着色しているものもある．

　硝　酸　　普通濃硝酸とよばれて市販されているものは主として比重 1.38 以上の濃度で，種々の濃度のものがある．たとえば比重 1.42 のものは 69.3％ の硝酸含有量で 16 N である．発煙硝酸は濃硝酸に二酸化窒素を多量に含ませたもので，比重 1.48～1.54, 86％ 以上の硝酸を含有し，空気中では褐色の二酸化窒素蒸気を発生する．希硝酸は 2 N のもので 12.5％，比重は大体 1.07 程度である．

　氷酢酸　　市販の酢酸は 99％ で，比重は 1.05 程度のものである．凝固点は約 14～5℃ である．

　アンモニア水　　市販の濃アンモニア水は比重 0.9，アンモニアの含有量 27～29％ 以上で，15～16 N のものである．

160　6. 試薬の常識

表 6・3 硫酸の比重と濃度（重量百分率および規定度，太字は市販品）

比重(d_4^{15})	H_2SO_4%	N	比重(d_4^{15})	H_2SO_4%	N	比重(d_4^{15})	H_2SO_4%	N
1.01	1.57	0.3	1.29	38.03	10.0	1.57	66.09	21.2
1.02	3.03	0.6	1.30	39.19	10.4	1.58	66.95	21.6
1.03	4.49	1.0	1.31	40.35	10.8	1.59	67.83	22.0
1.04	5.96	1.3	1.32	41.50	11.2	1.60	68.70	22.4
1.05	7.37	1.6	1.33	42.66	11.6	1.61	69.56	22.9
1.06	8.77	1.9	1.34	43.74	12.0	1.62	70.42	23.3
1.07	10.19	2.2	1.35	44.82	12.3	1.63	71.27	23.7
1.08	11.60	2.6	1.36	45.88	12.7	1.64	72.12	24.1
1.09	12.99	2.9	1.37	46.94	13.1	1.65	72.96	24.6
1.10	14.35	3.2	1.38	48.00	13.5	1.66	73.81	25.0
1.11	15.71	3.6	1.39	49.06	13.9	1.67	74.66	25.4
1.12	17.01	3.9	1.40	50.11	14.3	1.68	75.50	25.9
1.13	18.31	4.2	1.41	51.15	14.7	1.69	76.38	26.3
1.14	19.61	4.6	1.42	52.15	15.1	1.70	77.17	26.8
1.15	20.91	4.9	1.43	53.11	15.5	1.71	78.04	27.2
1.16	22.19	5.2	1.44	54.07	15.9	1.72	78.92	27.7
1.17	23.47	5.6	1.45	55.03	16.3	1.73	79.80	28.2
1.18	24.76	6.0	1.46	55.97	16.7	1.74	80.68	28.7
1.19	26.04	6.3	1.47	56.90	17.1	1.75	81.56	29.2
1.20	27.32	6.7	1.48	57.83	17.5	1.76	82.44	29.7
1.21	28.58	7.1	1.49	58.74	17.9	1.77	83.51	30.2
1.22	29.84	7.4	1.50	59.70	18.3	1.78	84.50	30.7
1.23	31.11	7.8	1.51	60.65	18.7	1.79	85.70	31.3
1.24	32.28	8.2	1.52	61.59	19.1	1.80	86.92	31.9
1.25	33.43	8.5	1.53	62.53	19.5	1.81	88.30	32.6
1.26	34.57	8.9	1.54	63.43	19.9	1.82	90.05	33.4
1.27	35.71	9.3	1.55	64.26	20.4	1.83	92.10	34.4
1.28	36.87	9.6	1.56	65.20	20.8	**1.84**	**95.60**	**35.9**

表 6・4 塩酸の比重と濃度（重量百分率および規定度，太字は市販品）

比重(d_4^{15})	HCl%	N	比重(d_4^{15})	HCl%	N
1.01	2.14	0.6	1.11	21.92	6.7
1.02	4.13	1.2	1.12	23.82	7.3
1.03	6.15	1.7	1.13	25.75	8.0
1.04	8.16	2.3	1.14	27.66	8.7
1.05	10.17	2.9	1.15	29.57	9.3
1.06	12.19	3.5	1.16	31.52	10.0
1.07	14.17	4.2	1.17	33.46	10.7
1.08	16.15	4.8	1.18	35.39	11.4
1.09	18.11	5.4	**1.19**	**37.23**	**12.1**
1.10	20.01	6.0	1.20	39.11	12.9

表 6・5 硝酸の比重と濃度（重量百分率および規定度，太字は市販品）

比重(d_4^{15})	HNO$_3$ %	N	比重(d_4^{15})	HNO$_3$ %	N	比重(d_4^{15})	HNO$_3$ %	N
1.00	0.10	—	1.18	29.38	5.5	1.36	57.57	12.4
1.01	1.90	0.3	1.19	30.88	5.8	1.37	59.39	12.9
1.02	3.70	0.6	1.20	32.36	6.2	**1.38**	**61.27**	**13.4**
1.03	5.50	0.9	1.21	33.82	6.5	1.39	63.23	13.9
1.04	7.26	1.2	1.22	35.28	6.8	**1.40**	**65.30**	**14.5**
1.05	8.99	1.5	1.23	36.78	7.2	1.41	67.50	15.1
1.06	10.68	1.8	1.24	38.29	7.5	**1.42**	**69.30**	**15.6**
1.07	12.33	2.1	1.25	39.82	7.9	1.43	72.17	16.4
1.08	13.95	2.4	1.26	41.34	8.3	1.44	74.68	17.1
1.09	15.53	2.7	1.27	42.87	8.6	1.45	77.28	17.8
1.10	17.11	3.0	1.28	44.41	9.0	1.46	79.98	18.5
1.11	18.67	3.3	1.29	45.95	9.4	1.47	82.90	19.3
1.12	20.23	3.6	1.30	47.49	9.8	1.48	86.05	20.2
1.13	21.77	3.9	1.31	49.08	10.2	1.49	89.60	21.2
1.14	23.31	4.2	1.32	50.71	10.6	1.50	94.09	22.4
1.15	24.84	4.5	1.33	52.37	11.1	1.51	98.10	23.5
1.16	26.36	4.8	1.34	54.07	11.5	1.52	99.67	24.0
1.17	27.88	5.2	1.35	55.79	12.0			

試薬に関する参考書類

1. 三堀重光，石原平太郎，加藤保孝：試薬註解，全4巻，南江堂
2. 石原平太郎：試薬ハンドブック，南江堂
3. 山村醇一，野島貞栄：毒劇物取扱者必携，産業図書
4. Merck Index of Chemicals and Drugs, Merck & Co., Inc.

なお，p. 256, 化学実験の安全対策のための参考書類の項も参照されたい．

7 有機化学実験の考え方と進め方

　この章では，有機化学実験を行なう場合の理念と方法を述べる．有機実験の主な内容，実験の把握のしかたとその実施法，基礎反応の考え方，その他初歩実験に必要と思われることを総合して説明する．

　このような問題は，従来まとめてとりあげて論じられることはなかったし，識者の中にはその必要はないと考える方もあると思う．本来，実験をするめいめいが，実際に体当りして考え，時間をかけて自分で体得するものであり，あるいは断片的に＜経験者のことば＞として与えられる性質のものであった．しかし，現代は合理性が強く求められるテンポの早い時代である．はじめから＜この実験ではどういうことをするか，どうすればうまくいくか＞という意識をもって積極的に体験するようにすれば，より効果的な進歩を約束する．本書は＜どのような場合，どのようなことをするにも，その基本的指針を与える初心者の手引である＞ことを願った．そこで，あえて類書にない問題をとりあげて，実験学習者の参考に供することにした．

7・1　有機化学実験ではどんなことをするか

　有機化合物の成分元素はふつう C, H, O, N, S, ハロゲン, P などその種類は少ないが，化合物の数は実に多く，分子の構造は一般にたいへん複雑である．特長ある多くの官能基

7・1 有機化学実験ではどんなことをするか　163

をもち，同族列の化合物でも分子量の大きさによってその性質が変わる．固体一つとってみても，融点のたいへん低いものから非常に高いものまであり，さらに昇華性，分解性，多形性のものまである．あるものは水によく溶け，あるものは有機溶媒に溶け，中にはほとんど溶解性のないものまである．また，揮発性，引火性，爆発性，有毒性のものも少なくない．近年は有機金属化合物，錯化合物，高分子化合物や不安定な化合物の化学が発達して，ますます多彩になってきた．

　このように化学的・物理的性質が多様で，反応性の複雑な有機化合物を扱う実験も，ひとくちにはいいつくせない多様さである．しかし幸いなことに，その基礎となる考えと手法とは，昔から本質的に変わっていない点が多い．近代はエレクトロニクスを駆使した多くの分析機器の利用により，研究の手法には画期的進歩がもたらされたが，基礎実験の段階は依然として昔のままの手法が大切である．そこで以下に有機実験ではまずどんなことを目的とし，どんなことをするのかを簡単に示す．

a. 基 本 操 作

　ある目的のために化合物を処理する基本的な単一操作の中から（簡単な測定を含む），その代表的なものを5章に示した．たいていの場合，これらの基本操作を組合わせて，複雑な実験が行なわれる．そして，組合わせと進行のプロセスの中に，各人の工夫と改良が要求されることが多い．一つ一つの基本操作が手際よく，正しく，しかも臨機応変にできるようになれば，実験の第一歩は卒業である．扱う物質が既知の単一物質であることは少ない．未知の混合物を扱う場合を考えると，この基本操作のむずかしさが想像できると思う．一連の実験過程の中で，たとえば抽出とか再結晶（結晶化）とかの操作がどうしてもうまくできなかったら，その実験なり研究なりは暗礁にのりあげてしまう．

　いま，ベンゼンからアセトアニリドを合成する実験を考えてみよう．この実験は，つぎの操作の組合わせからなる．単位反応：ニトロ化，還元，アセチル化．単位操作：ニトロ化反応—かきまぜまたは振りまぜ，冷却，加熱，分離，洗浄，乾燥，蒸留；還元反応—かきまぜ，冷却，水蒸気蒸留，塩析，抽出，乾燥，蒸留；アセチル化反応—還流，ろ過，再結晶（熱ろ過），乾燥，融点の測定．この一連の合成実験では，どの操作をへたにもたついても，実験に致命的な影響を与えて完全に失敗に終わるという性質のものはないが，一つのしくじりが，全体に悪影響を及ぼすことは明らかである．ことに終りに近い操作で失敗するほどその影響は大きい．基本操作とはそういうものである．

b. 合成反応

たとえば，A+B(+C) $\xrightarrow{\text{反応条件}}$ X+Y(+Z) のような反応で，目的とする主生成物がXである場合，Xの量がなるべく多く（高収率），Y, Zなどの副生成物はなるべく少なく，そして反応混合物からXをなるべく簡単にしかも純粋にとり出せるような反応が合成反応として役にたつ．しかし，新物質を合成する場合は操作や反応に困難を伴い，しかも収率が低くても，取りあげねばならないことがある．近年は各種の分析機器の進歩が著しく，有機化学の研究手段は驚くべき多彩な進歩をしているが，合成だけは依然として人間が手をくだして行なわねばならないことが多い．合成法にも多くの進歩がみられるが，昔からの手法がそのまま受けつがれているものも多い．合成の目的は，ある化合物をつくること，あるいは工業的に生産すること，未知の化合物をつくり出そうと試みること，新しい合成法や合成技術を見出すことなどのほかに，有機化学反応そのものの性格を研究するという意味もある．このような意味から，練習実験においても研究実験においても，有機合成反応は重要なものである．有機実験の初歩はまず合成実験に習熟することであるといっても過言ではない．実験を進める要領，合成の道すじなどについては7・2以下に述べる．

c. 分　離

化学でいう分離とは，固体，液体，あるいは気体の混合物から各成分を分けて，混合物に含まれている目的物をほとんど純粋に取り出すことをいう．したがって，分離のための基本操作は，抽出，蒸留，ろ過，再結晶，蒸発，昇華，カラムクロマトグラフィー，その他機器による分離など，広い範囲にわたっている．また化学反応を利用して分離することも多く，一般に各種の手法を組合わせて目的を達するのが普通である．われわれの日常扱う物質や天然物はほとんどが混合物である．合成を行なう場合も反応が終ったままの状態では混合物である．有機化学で得たい目的物は混合物でなく，単一物質であり，不純であってはいけないことが多い．したがって，分離はあらゆる有機実験につきまとう非常に重要な操作であり，それは精製につながっている．

d. 有機分析

分析ということばは現代では相当に広い意味で使われていて，初心者は時に混乱することすらある．これは社会用語で分析ということばが使われていることにもよるが，古典的化学分析のほかに，新しい多くの機器分析法が生れたことにもよる．そこで，その内容をはっきり示すことばの使いわけをして，正しい表現をしなくてはいけない．昔からつづい

ている基本的な分析法はつぎのようである.

元素分析　化合物の構成元素の組成を知るための分析法である．炭素および水素の分析は常に同時に行なわれ，そのほか窒素，イオウなど各成分元素について分析を行なう．Pregl の開拓した微量分析法によって，数 mg の試料で分析ができる．分析に供する試料は十分に精製した純粋な物質であることが必要である．最近は各研究者が自分でこの分析を行なうことは少なくなった．

定性分析*　ある化合物がどのような元素，どのような原子団を含有しているかを定性的に知り，試料がどんな化合物であるかを確認することである．それぞれ特定な方法を用い C, H, N, S, ハロゲンなどの存在を検出する．また官能基や不飽和結合の存在などを検出し，その化合物が何であるかを知る手掛りにする．この場合も，なるべく純粋な試料を用い，しかも少量でできることがのぞましい．

定量分析　上述の元素分析および特殊な官能基の定量，あるいは混合物中の一定成分の定量などを総称している．現在は，分光分析，磁気的分析，ガスクロマトグラフィー，その他さまざまの分析機器による分析も，定性だけでなく定量分析にも利用されることがある．

7・2　有機実験の考え方 ——研究的態度の訓練——

a. 実験とダイレクション

初歩の練習実験ではたいていダイレクションあるいは実験書を与えられ，それに従って実験を進めてゆく．やや高度の練習実験や研究実験では自分で実験計画を立て，それに従って実験を進める．この場合は自分なりのダイレクションを作ることになる．ダイレクション（direction）とは，元来は＜方向，指導，心得書＞というような意味の英語で，実験指導書といえば適当であろう．内外で出版されている有名実験書は，いわゆるダイレクションと，それに加えて実験の注意と重要なコツなどが簡単に織込んであるのが普通である．ていねいなものになると，引用した原典を掲げ，また反応理論を加えてある．

さて，ダイレクションによって実験を始める前に，ダイレクションのもつ意味をよく理解することである．自分で作った実験計画にしても，文献などを参考にしているわけで，立場は同じである．ダイレクションはあくまで方向を示すもので，どんな支度でどのよう

---

*　定性分析の要領は 7・6 を参照せよ．

なやり方をするかは，実験者の考えに委ねられている．実験前の準備や勉強，実験中の観察，実験のまとめなどの経験からさまざまのことを学び，ひき出す主体は自分にある．実験者はまず自分の実験の科学的検討をしなければならない．これによって，もっとも成果のあがるもっとも能率のよい実験ができる．

今世紀にはいるまで，化学実験教育は専ら技術指導の目的で行なわれていたようであるが，科学的素養の訓練に実験教育を導入する方法が考えられてから，大学教育においても化学実験は二つの目的をもつものになった．いうまでもなく，練習実験の目的は，第一に実験器具の名称と扱い方，化合物の諸性質と扱い方を覚え，これらを自由に扱って有機化合物の諸反応や実験の諸操作を身をもって体得することである．第二に，これらの体験を通じて，化学の諸理論，考え方，実験の進め方など，化学の真髄といわれるものを学ぶことである．この第二の目的を達するために，いわゆる研究的態度が必要になり，そこから科学的な考え方も生れてくる．実験のバックボーンともいえるこの研究的態度は，実験の科学的検討からはじまる．

b. 実験の科学的検討

（1） ダイレクションの消化——実験の目的，方法，および理論をよく理解し消化する*．ダイレクションは，その反応のための一つの適例を示したものと考え，できれば参考書，文献などを調べて理解を深める．

（2） 調査——扱う物質，反応中間体，製品の性質などをあらかじめ調査して，適切な操作ができるよう心掛ける**．ダイレクションには操作部分の細かな点はあまり詳しく書いてないから，細かな部分は自分で工夫し，必要によっては方法を調べる．これによって，実験のポイントともいうべき所とその理由をとらえる．

（3） 装置略図——できれば実験の装置を図に描いて検討する．また，大切な操作の場面を図にしておく．実験の性質によっては是非必要である．

---

* ダイレクションに示された，試薬の種類と用量，反応あるいは操作の所要時間，あるいは要所の操作など，なぜそれが必要かその理由を考える．たとえば，〈50〜60°C で3時間反応させる〉とあれば，それは一般の標準を示してあるので，3時間経つと機械的に反応が完結するという意味ではない．要は，自分の実験がフラスコの中で反応し終らなくてはならない．

** 一般のダイレクションは，実験操作のアウトラインに主眼をおいているので，それを見ただけでは不十分である．たとえば実験中で蒸留を行なう場合，蒸留の主目的である物質の正確な沸点その他の性質を文献や便覧で調べることは，目的に沿う正しい蒸留のためには必要である．結晶物質を扱うときも同じで，溶解度や融点を調べておくと適切な処置がしやすい．一つの反応を行なっているときも，自分の行なっている方法のほかにどんな方法があるか，なぜこの方法で行なうのか，その得失なども，一応調べて承知した上で行なうのがよい．

7・2 有機実験の考え方

　(4) 異常の発見と追求——実験中にダイレクションとは違った現象を認めたときは，それを見過さず，できるだけ追求すること．この問題についてはつぎの＜実験の成功と失敗＞の項に述べる．

　(5) 実験成果の検討——実験状況や成果を総合的にまとめて検討し，ダイレクションと対照してみる．この検討が終ってはじめて実験が完了したと考えること．

　このようにして行なう実験は，自分の与えられている立場の中で，自分自身の実験として行なうものとなる．新しいことをするには，最初は上手にまねをすることから始まる．ていねいに書いてあるダイレクションは，初心者にとっては安心で，目的物も割合容易に得られることが多くて結構であるが，一方うっかりすると，大した検討なしに最後まで書いてあるとおりまねをするだけですむかもしれない．そして，ただやりさえすれば目的は達するのだ……という錯覚さえ起こしやすい*．もし，実験を早く終了することに熱心すぎたり，合成実験で製品の収率を上げることだけに目的をおいたり，結果だけ得ればよいと考えたりすると，往々に上すべりした手先仕事を機械的にしてしまうことになり，頭は働かず実力はつかない．このような実験は，cook-book chemistry (experiments) といわれても仕方がない．実験はフライパンでオムレツを作ることとは同じでない．また，有機反応は一般に複雑なもので，本気でダイレクションを研究して行なったとしても，うまくゆかないことがある．このような場合，注意深く観察して実験を進めればそれでよいところを，むやみに心配したり，失敗しているのではないかと考えたりするのも愚かである．この場合も，実験は借り物の再現ではなく，ダイレクションを利用して自分の実験を試みているのだという考えに徹すればよい．

　このような科学的検討に立って，頭を働かせて行なう一つの実験は，いい加減な多くの実験より優っている．一つの実験がしっかりと身につき，その意味がよく理解できれば，それに類似の実験についても，自分で工夫してできるものである．練習実験といえども，その程度は低いが考え方は研究と同じでなければならない．馴れて余裕が出てくれば，自分が研究者になったつもりで，相当の興味ある追求もできるものであるし，そのような例もある．極言すれば練習実験にも研究が導入できる．

---

* 学生実験の実情では，自分でやっている実験の意味を理解せずにただ手を動かしていたり，合成している物質の名称や構造式さえはっきり知らないままに実験していたりすることがある．また，自分で行なった実験を説明できなかったり，誤った理解をしていたりする場合も往々にあるので，皆で注意したい．

c. 実験の成功と失敗

以上のような科学的検討のある実験が行なわれるならば，実験の成功と失敗という考え方は，皮相的なものから本質的なものに変化する．そこでは，「実験がダイレクション通りに進み，何も特別なことなく終った」とか「製品の収率がダイレクションにある値に近い」とかいうような実験が成功であり，そうでない実験は失敗であるという考え方は成立たない．また，ダイレクション通りにならず，どうもうまくゆかないとき，失敗ということばは使えない．実験をする場合は，成功と失敗の概念はもっと広く深く科学の本質として把えてゆきたいものである．古来，多くの化学者がある目的，ある予想をもって実験をはじめ，意外な結果を得てそれを追求した末に，新しい物質や反応を見出した例は少なくない．思わぬ現象や新事実というものは，既成概念に捉われない自由な科学的態度があって，はじめてつかみ出すことができる．実験には常に疑いの態度をもって臨み，あくまで事実に忠実でなければならない．しかし実際には異常を認めても気にとめず，あるいは異常であるために失敗したものとして顧りみないで放棄することがしばしばあるのではなかろうか．＜こうすれば当然こうなるのだ＞という紙上勉強の先入観が強いと，とかく異常を認めたがらないし，無視しがちになる．

それでは，実験の失敗とはどんなことか？ もっとも初歩的なものとして，不注意や散漫な態度のため，操作を失敗して取返しがつかなくなったり，あるいは事故を起こしたりなどするのが失敗である．前に述べた cook-book experiments すなわち無計画，無方針でダイレクションの処方のとおりに動くだけのロボット実験も，成功とはいえず，むしろ失敗である．また，ダイレクションとは様子が違うようだからと途中で放棄した実験は，本当の失敗でありマイナスであろう*．いろいろの理由はあろうが，自分では失敗したと思っても，実験を途中で放棄してはならない．初歩のうちは，それほど大した問題でないことを取返しのつかない失敗と考えがちのものである．もし判断できないときは，指導者に相談する．もしダイレクションと違う結果がみられたら，その原因をできるだけ追求するとよい．

---

* 学生実験の場合，他人の実験と比較して様相が違うといって迷うことはない．よくあることであるが，有機反応ではごく微量の着色物質が生成しても，反応内容物全体に色がつき，しかもその色は同じ実験をしていても実験ごとに違う．生成したタール状物質の塊の中に，目的の化合物が包みこまれていることもある．とにかく，実験で扱っている内容をよく考えずに捨てるのは失敗のもとである．

7・3 有機実験の進め方

a. 実験の準備

　実験は，いきなり実験台にむかってダイレクションをひろげ，器具や試薬を集めても，まともにはじめられるものではない．すでに 7・2 で述べたように，これから行なう実験の内容をあらかじめ十分に研究して，調べるものは調べ，自分なりの実験として消化し，準備しておくと同時に，実際の実験操作と手順を進めるうえの計画と準備をしておかねばならない．

　反応の種類と規模がきめられると，その原料試薬の使用量に応じて，反応に用いる器具の種類とスケールが大体きめられてくる．実験に用いる器具材料は，こと細かにダイレクションに指示されてないのが普通である．そこで，自分の実験の全経過に対する必要器材を，自分で判断して選びそろえる．実験している間に，扱う量がどれほどになるか，どんな操作をするかという基準で器具の大きさを決める．実験操作の途中で，器具が不適当だからといって変えるのはまずい．使う器具はほとんどガラスであるから，操作中にこわれないよう，よく点検して安全なものを選ぶ．スケールの大きい実験の場合はとくに注意する．器具は，きれいに洗って乾かしたものを用意する．コルク栓，ゴム栓なども適切で完全なものを選んで用いる．市販のガラス器具は大体その種類がきまっているので，場合によっては自分で工夫して作るのも一法である．器材の用意ができたら，反応装置の場所を選んで組立てをする．便利と安全を考えて工夫する．有機実験は，その準備のときからいつも危険対策を頭に入れておかねばならない．前節の＜実験の科学的検討＞のところで述べたように，あらかじめ器具を組立ててみた装置の概念図を書いてみるとよい．実験操作が複雑なほど必要である．それに覚え書き的に注意を加えておくとよい．

　実験に用いる試薬類も，器具と同じように，実験の全過程に対して必要なものを，あらかじめ検討して揃え，しかもすぐに使えるように準備しておく．自分の行なう実験に適当な試薬の純度や水分に対する注意，レッテルを過信したり試薬を間違えたりしないことなどが，基本的な注意である．

　実験に対する時間的な段どりは，有機実験ではとりわけ必要である．定められた時間内で実験をしなくてはならないから，どこで区切りをつけるか，一度で全部の反応を終るようにするか，2 日にわけて行なうか，途中で反応を止めて放置する場合は，どのような処

置をしておけばよいか，などをあらかじめ検討しておく．無計画，無準備でいきなり始めるような実験は，本人の学習にさしつかえるだけでなく，他人にも迷惑をかけることが多い．このような準備は，実験を始める時までに少しずつ暇をみてしておくのが賢明である．

b. 観察と記録

実験には観察と記録がつきものである．それが成功の記録であっても，失敗の記録であっても貴重である．細かな観察と，要点をとらえた正しい記録は，実験中の重要な仕事である．

実験をはじめたら，なるべく実験の場所を離れないこと．実験から目をはなすことは原則として禁物である．そして注意深い観察で，ありのままの要点と所見を記録する．実験装置，操作中に観察されたこと，反応の結果などの記録には，計画や調査の記録と共に実験ノートを使う．実験記録は実験の進行と同時になるべく細大もらさずその場で直ちに書きとめておく．実験の様子や結果が，ダイレクションあるいは常識的な予想からはずれておかしい点があれば，よく観察して異常を記録し，決して見過さないようにする．観察はその実験者の関心と勉強の反映であることが多い．各種の観察の中で，説明のつかないものが多くあるかもしれないが，それはいっこうにさしつかえない．問題提起は多いほどよい．観察と記録は，さきに述べた研究的態度の具体的な表現である．記録の意味と具体的な方法については11章に述べる．

c. 大量と小量の使いわけ

実験を行なう場合，操作する物質，反応内容物などの量の多い少ないが問題になる．扱う量の多少は，用いる容器に関連するだけでなく，操作そのものも違うことがあり，適切を欠くと実験の成否にまで影響する．操作の点からみると，50～1000 ml 程度の器具を使ってできる程度の実験が，いろいろな面からもっともやりやすい．しかし，そんな実験ばかりはない．数段階にわたる合成反応の原料合成などは大量の操作が必要となるし，合成の終段階で物質の量が減ってきた場合，あるいは天然物から抽出した微量物質の取扱いなどには，少量ないし微量の操作を行なわねばならない．分析の試料なども少量ですむ場合はできる範囲で少量で実験するほうがよい．少量実験が望ましい場合，あるいはやむを得ず少量で行なう場合など，意識的に大量実験操作との使いわけをするとよい．少量物質を扱うときは，操作による物質の損失を極力防ぐことに注意して，それ相応に工夫した小器具を巧みに使いこなすことが要求される．このコツをのみこめば，小スケールの実験を活用して能率をあげることができる．詳しくは8章を参照されたい．

7・3 有機実験の進め方　171

d. 省略もよしあし

　実験に馴れてくると，そのポイントとコツが自然にわかってきて，あまり必要でない個所で神経質になったり，やたらに時間をかけたりすることはしなくなる．しかし初歩のうちは，実験に手を省いて失敗する例は数限りなく，肝心のポイントすら知らずに省略してしまうこともある．手を省くということは，一面ずるい面倒くさがりの気持も手伝っている場合がある．いい加減な実験準備と装置で実験を始めてはいけないことは述べたが，実験操作をいい加減にしたらなお困る．実験操作には抑えるべきポイントがあるから，それを早く体得するとよい．たとえば，反応が大体終了したかどうかのテスト，抽出が大体完全にできたかどうかのテスト，反応液を酸性あるいはアルカリ性にしたり中和したりする場合に試験紙などで確かめること，分液漏斗で二液相を分離するとき二層になってもしばらく放置して分離を完全にすることなど，数えあげればたくさんある．このたぐいの操作は，普通はダイレクションにはごく簡単にしか書いてなく，常識的な問題とされているものである．しかし，こういうことはあまり勘に頼るのはよくない．たとえば，Schotten-Baumann 反応でアミンをベンゾイル化する場合，加えるアリカリの量をいい加減にして足りないまま塩化ベンゾイルをいい加減過剰に加え，反応後の液が十分にアルカリ性かどうかを確かめもせずに操作を続けたとする．得られた結晶の相当部分が過剰の塩化ベンゾイルから生じた安息香酸であることを，相当後になって気づくであろう．

$$\text{C}_6\text{H}_5\text{-NH}_2 + \text{C}_6\text{H}_5\text{-COCl} + \text{NaOH} \xrightarrow{\text{H}_2\text{O}} \text{C}_6\text{H}_5\text{-NHCO-C}_6\text{H}_5 + \text{NaCl} + \text{NaOH}$$
（小過剰）　　　　　　（過剰）

$$\text{C}_6\text{H}_5\text{-NH}_2 + \text{C}_6\text{H}_5\text{-COCl} + \text{NaOH} \xrightarrow{\text{H}_2\text{O}} \text{C}_6\text{H}_5\text{-NHCO-C}_6\text{H}_5 + \text{C}_6\text{H}_5\text{-COOH} + \text{NaCl}$$
（過剰）　　　　　　（不足）

　また，反応終了後結晶として得られた粗生成物を，ある溶媒で再結晶するように書いてあるとする．この場合，この粗結晶の一部をとり，まず融点を測定してみることは常識である．しかし，ダイレクションにはそんなことまで書いてない．

e. 混雑とまちがい

　実験が複雑になると，操作してゆくうちに，多種多様の試料や処理液などがたまってくる．一つだけの試料にとりかかって，それをかたづければすむような単純な実験は，ほん

とに初歩の実験であって，これでは仕事にならない．実験の原則として，反応混合物の処理を行なう場合，不必要と思われるものでも考えなしに捨てるのは禁物であるから，自然にいろいろの物がたまってくる．不潔で乱雑な実験台は当然いけないが，扱う材料や製品が混雑してきたら，整理をよくしてかからないと，混乱とまちがいが起こりやすくなる．

この場合大切なことは，机上，引出し，棚などをよく整頓し，試料や処理物質に正確な標識をして整理し，ノートの記録をしっかりしておくことである．標識は小さなレッテルを十分に用意して容器に貼るか，ガラスに書けるペンや鉛筆などではっきりマークしておく．そして，少しでもまちがいの起こらないよう，よく整理しておく．この習慣がないと，複雑な実験を快刀乱麻とさばけないし，ときには物質をとり違えて大きなミスをすることにもなりかねない．

f. 実験のリズムと能率

＜急がばまわれ＞という昔からのことわざは，有機化学実験の場合にもよくあてはまる．無理な実験をするな，一人ぼっちで実験をするな，などの注意は急いであわてて実験するなという意味も含んでいる．ある一定期間，集団で練習実験をする場合，たいていは，たいへん早くすます者とたいへん遅い者とがでてくる．そして，この特別に早いほうも遅いほうも実験成果からみてどうも問題がある．それぞれの理由はあろうが，実験のやり方は中庸の速さで平均してジワリジワリと進めるのが，もっともその能率がよいらしい．いつも急がずあせらず，中断したかと思うと急に張切ってつめたりせず，平均したリズムをもって着実に進めることである．時には＜有機は寝て待て＞というぐらいに，しんぼう強くねばることも必要であろう．一方，慎重のつもりであろうが，やたらに時間ばかりかけるのも考えもので，ポイントさえしっかり抑えておけば，どんどん進むのがよい．有機実験は一般にたいへん時間と労力を要することが多いが，費やした時間と実験の成果（学習能率を含めて）とは必ずしも比例するものではない．

7・4 有機化学反応の方法

有機化学反応の方法とは，反応の本質を理解し，さまざまの工夫をして反応をうまく行なうための方法である．反応の方法といっても，いくつかの型に分類して，すべて規格化するわけにはいかないし，またそれですむものでもないであろう．しかし，反応させようとする物質を，混合して処理する形式など類型にわけて扱い，その理由をはっきりさせて

7・4 有機化学反応の方法　173

おくことは，反応を理解し，事故を防ぎ，また応用するのに役だつ．また，反応にもっともよく利用される基本的な単位操作，加熱，還流，冷却，かきまぜ，加圧などが，反応にどのような役割をしているのか，つっこんで考えてみることは必要である．物質には固体，液体，気体の三態があるが，反応にもこの三相のほかに，それぞれの混合相もある．以上の三つの問題と，反応物質の濃度や反応の特性，反応スケールの問題などがいりまじって，各種の反応方法が具体化されるものである．

a. 有機反応の特徴

一般に無機化合物の反応はイオン同志の反応で瞬時に終るものが多いのに対して，有機化合物の反応は時間がかかり複雑である．これは有機化合物の反応は，分子と分子との間の反応であって，反応にあずかる分子を構成する原子間の切断や新しい結合の形成には，かなりのエネルギーを要し，反応条件も複雑になるからである．反応性の弱い化合物は，共存させるだけでは反応が起こらず，加熱や触媒を必要とし，反応はゆっくりと進む．反応性の激しいものは，一挙に反応を行なわせると危険である．そこで，固体物質も液体物質も，溶媒に溶かしてその濃度をうすめ，冷却などいろいろの手段で反応を抑えながらゆっくりと進める．いずれの場合も，その反応速度を適当に調節して，反応が局部的に不均一に起こらないように，かきまぜたり振りまぜたりして反応物質がよく接触し合うような条件下で行なうのが常識である．

$$A+B \begin{array}{c} \nearrow C+D \\ \rightleftarrows C+D \\ \searrow X+Y \end{array}$$

AとBの反応が不可逆であるか，可逆であるかで，反応の扱い方が違ってくる．可逆反応ならば平衡が成立するので，その点の考慮が必要で，生成系の一物質を系外へとり出して反応を生成系の方へ指向することもできる．反応の条件を変えることによって，生成物がC+Dである反応が，X+Yになるような反応に変わることもある．またこの反応が発熱か吸熱かで，反応の容易さや，AとBの混和方式，加熱，冷却の方法も変わってくる．

つぎに反応物質の相の違いを考えてみると，各種の組合わせができてくる（図7・1）．①の固体同

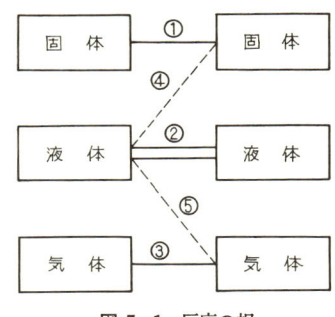

図7・1 反応の相

志の反応は，まことに例の少ない特殊な反応である．よく知られたものに，bakingといわれるスルホン酸のアルカリ融解によるフェノール合成反応がある．②の液相反応は，

もっとも一般的なもので，反応を均一に行なうために，適当な溶媒でうすめて行なうことが多い．実は，① の反応も，溶媒を用いて溶液同士の反応にすれば，② と同じようなものになる．たがいに溶け合わない2種の液体同士の反応は，2液相の不均一系反応になるので，2液相の接触をよくするための工夫が必要である．また ④ の固一液の反応も不均一系の反応になるので，固体と液体の接触をよくするように気をつけねばならない．しかし，固体を液体（あるいは溶液）に加えてゆくと，結局溶けて均一な液相反応になる場合が多いし，また固体を溶液として行なえば ② と同じようなものになる．③ の気体同士の有機反応は，有機実験室ではそれほど一般的とはいえない．やや高温下で，固体や液体を気化させて，しかも固体触媒の共存で行なうことが多い．有機接触還元を最初に開拓したSabatier の気相還元法はこの例である．このような反応は，一般に高温で行なわれる．⑤ の液体と気体の反応は，かなりよく行なわれるものであって，簡単な例として，塩素ガスによる塩素化や塩化水素ガスを吹き込みながら行なわれる反応などがあげられる．実際には，固一液一気三相の反応もしばしば行なわれる．ベンゼンを塩素ガスで塩素化してクロルベンゼンを得ようとすれば，鉄（塩化鉄）―ベンゼン―塩素の三相，液相接触還元でいえば，固体触媒（ニッケルなど）―溶液―水素の三相である．

以上を検討すると，反応の相というものは反応技術に大きな影響を与えるが，反応の本質にはそれほど根本的な違いはない．どんな反応であっても，その反応の速度を決定する基本的な要素は，反応物質の濃度，反応温度，および圧力である．反応がどういう方向に進むかは触媒や反応温度などの条件によってきめられてくる．

〔溶液濃度の影響〕

反応溶液の濃度が低いと，反応の速さは遅く穏やかになり，濃度が高いと早く激しくなる．反応が2物質 A, B の間で起こる二分子反応とすれば，反応速度 v は A, B 2分子の衝突の回数に比例し，衝突は各物質の濃度に比例する．そこで物質 A, B の濃度を C_A, C_B とすれば，その反応速度 v は C_A, C_B の積に比例する．

$$v = kC_AC_B \quad (k は速度定数)$$

いま，両物質の濃度を 1/2, 1/5, 1/10 に減らしてゆくと，反応速度 v は 1/4, 1/25, 1/100 に減ってゆく．そこで特別の理由のない限り，反応に用いる溶液の濃度は大きい方がよいのである．

反応速度は溶液の濃度によってきまり，用いる物質の量には関係がない．すなわち，量が変わっても濃度が変わらなければ反応速度は変わらず，したがって反応時間も変わるこ

とはない．

　文献や実験書を参照して合成反応を行なう場合，原料物質の量を増減して，違うスケールで実験することが多い．たとえば，原料を文献の量の半分に減らして行なうとすれば，用いる溶媒の量もやはり半分にする．したがって，全体の量は半減して実験スケールが小さくなっても，その溶液濃度は変わらないから反応速度は変わらず，反応に必要な時間は決して半分にならない．「原料 50 g を用い，5 時間加熱する」というダイレクションを変えて，原料を 10 g にしても，やはり 5 時間の加熱が必要ということになる．

　さて，先に示した反応速度式において，反応が進むにつれて原料は消費され溶媒はそのままであるから，濃度 C_A, C_B は次第に小さくなり，反応速度もそれにつれて遅くなってゆく．反応速度が小さくなっても，反応時間をのばせばそれをカバーできるが，それにも限度がある．理論上は，不可逆反応ならば反応にあずかる物質の一方が消費されきったときに，反応速度は 0 になって反応が完結する．可逆反応なら平衡状態に達したときに，みかけの反応速度は 0 になる．実際には，反応が終りに近づいて反応物質の濃度が希薄になると，反応が非常に遅くなってしまうので，適当なところで実験を終了するのが普通である．あるいは，A, B 二物質のうちで A が大切な試料とすれば，A に対して B を相当過剰に用いる．そうすれば，B は未反応で残っても A の大部分は反応してしまう．

〔反応温度の影響〕

　化学反応は温度によって著しい影響を受ける．それは，有機化学反応においてとくに著しい．温度の影響は，反応速度を増加させるだけでなく，副反応を起こさせ，また反応の様相を変えることもある．ある程度の温度範囲内では，温度の上昇は反応の速度を著しく速めるので，常温ではほとんど反応しない場合でも，加熱すれば十分な反応速度で反応が進むことが多い．一般に反応温度が 10°C 上昇すれば，その反応速度は大体 2～3 倍ぐらい増加すると考えてよい．化学反応には発熱反応と吸熱反応とあるが，発熱反応の場合にも，ある程度加熱しないと反応が起こらないことがある．吸熱反応の場合は一定の加熱をつづけて，温度を下げなければよいが，発熱反応の場合には反応が進みすぎると，反応熱のため反応温度が急上昇して，反応が一挙に起こり暴走するから危険である．このような場合は，適当な溶液濃度にして，反応温度を一定に保つように加熱したり冷却したりして反応を調節しなければならない．

　一般にどのような反応でも，たいていの場合はそれに適する反応温度（あるいは温度範囲）が限定されている．このため，反応温度も溶液内の濃度も均一にゆきわたっているこ

とが必要で，かきまぜはこの目的で行なわれる*．

　一方，反応温度の上昇は反応速度を速めるだけでなく，同時に好ましくない副反応をひき起こすことが多い．有機反応で目的とは別の反応が同時に起こるとき，それらを総称して副反応というが，実際には相当の速さで起こる別種の反応と，比較的少量のタール状高分子物質などを生成する反応とにわけて考えられる．前者の例は，ベンゼンのニトロ化で一置換体のニトロベンゼンを得ようとするとき，二置換体の m-ジニトロベンゼンを副生成物として生ずるような場合である．反応温度を 60°C 以上に高くするほどジニトロ化が速くなる．どうしたら副反応を抑えて，主反応をよりよく進められるかは，反応温度や反応物質の濃度の調整によることが多い．つぎに後者の場合は，いわゆる分解や重合など，複雑な反応の結果生ずる少量の高分子物質で，一般に褐色ないし黒色に着色している．この不純物は，普通の精製操作でたいていは除くことができる．有機反応には，このような副反応のつきまとうことが多く，一般に反応温度の上昇と共にタール化も促進されるようである．たとえば，反応液が着色したり，目的の有機化合物が白色結晶であるはずなのに，得られたものは茶色っぽい色をしているなど，よくあることである．これは，副反応によるタール状物質が混ってくるためである．

〔溶媒の機能〕

　溶媒の機能は一般につぎのようなことである．(5・13 溶解と溶媒の項参照)

　（1）　固体物質をとかして，液相反応を可能にする．
　（2）　溶質を均一にとかして，反応を均一に促進する．
　（3）　溶液濃度を調節して，反応を穏やかに進める．
　（4）　混和しない二物質あるいは二液相を均一にする．
　（5）　還流することによって，ほぼ一定の反応温度を与える．
　（6）　溶媒の種類によって，反応速度や反応の性質を規定する．

　溶媒の種類と反応の関係は微妙で，一概にいえないが，その選定には相当に注意を要する．溶媒が，反応にあずかる物質を均一に溶かすだけでなく，反応生成物も同じ溶媒に溶けることが望ましい．もちろん反応によっては二液相になるようなこともあるし，溶液中に固体が懸濁していてもよいこともある．臭素による臭素化は，激しく局部的に反応するので，臭素水や臭素の氷酢酸溶液がしばしば用いられる．一般に溶媒は，何らかの形で溶

---

* 大きなスケールで，酸化反応のような発熱反応を行なうときは，反応液の十分なかきまぜと定温に保つことに注意すると共に，試料をごく少量ずつ加えて局部的に激しい反応が起こらないような注意が必要である．このうち，どれをおこたっても反応は暴走しやすい．

7・4 有機化学反応の方法　177

質と反応するようなものは不適当である．しかし場合によっては，溶媒と反応試薬を兼ねる便利な使い方もあることに注意されたい．カルボン酸のエステル化におけるアルコール，芳香族ハロゲン化物のシアン化におけるピリジンなどその例である．

$$\text{RCOOH} + \text{R'OH} \xrightarrow[\text{R'OH}]{\text{H}_2\text{SO}_4} \text{RCOOR'} + \text{H}_2\text{O}$$

$$\text{ArX} + [\text{CuCN} \cdot \text{C}_5\text{H}_5\text{N}] \xrightarrow{\text{ピリジン}} \text{ArCN} + [\text{CuX} \cdot \text{C}_5\text{H}_5\text{N}]$$

〔圧力の影響〕

　普通の状態で大気中（約 760 mmHg）で行なわれる一般の反応では，とくに圧力を気にしない．しかし，化合物の分子間の状態は常圧下にある場合と加圧されたり減圧されたりしている場合とではそれぞれ変わっているから，反応のしかたも変わってくる．封管やオートクレーブなどを用いる加圧下の化学反応は，実際的にいろいろの利点があるので，研究にも工業にもよく用いられている．圧力と反応の関係は，温度と反応の関係にやや似ている．一般に加圧下では反応速度が速くなり，また常圧ではほとんど起こらない反応も起こる．液体と気体の反応にも有利である．圧力が高くなれば，物質は気化しにくくなるから，液状のまま高温に加熱することができるし，平衡を有利に導くことができる．その反対に適当な装置で減圧下に反応を行なうと，反応は非常に穏やかになり，段階的な反応をその中間段階で止るよう制御することもできる．加圧，減圧の実験は，危険を伴うことが多いから注意が必要である．

　b. 有機反応のさせ方

　〔反応の雰囲気〕

　普通の化学反応は大気中で行なわれる．気密にして行なっても，容器の中は空気である．空気には不活性な窒素は別として酸素，二酸化炭素，水蒸気が含まれていて，これらは反応に影響する場合がある．したがって，酸化されやすい物質，吸水性や水と反応しやすい物質，二酸化炭素と反応しやすい物質などを扱う反応は，それ相応の防護の工夫をしなければならない．有機化学反応にはとくに水を嫌う反応が多いが，塩化カルシウム管などを装置につけるだけでは不十分なこともあり，単に脱水剤や装置に頼るだけでなく，空気の乾燥している時を選んで実験を行なうのも一つのコツである．酸素を嫌う反応は，窒素気流中で行なうのが普通である．

　また普通の化学反応は太陽その他の光線の中で行なわれる．化学反応は光によって促進されることが多いが，時には光によって分解されると困るような物質を扱かったり，光の影響を避けて反応を行なったりしなければならないこともある．このような場合は反応装

置に光をさえぎる工夫が必要になる.

〔反応の相〕

さきに,物質の相とその組合わせによる反応の相との関係を述べたが,ここでは有機反応にもっともよく利用される液相を中心にして考える*. 普通に行なわれている液相反応を大きくわけて,つぎの6種類が考えられる.

(1) 均一液相
(2) 不均一な二液相
(3) 懸濁物を含む液相
(4) 固体共存の液相
(5) 気体共存の液相
(6) 固体および気体共存の液相

(1)の均一液相反応は,拡散,接触,熱伝導が円滑に行なわれるので,もっとも好ましい相といえよう.(2)の二液相反応も,実際には割合に多いが,かきまぜ,ふりまぜを十分に行なって,反応を円滑に進めることができる.(3)の懸濁は,反応の途中から生じたり,あるいは途中で消えたりすることが多く,それほど問題にすることはない.(2),(3)のどちらも溶媒などを加えてむりに均一相にする必要のないことが多い.(4)の固体共存の場合も,かきまぜ,還流,ふりまぜなどをよくすれば,反応は円滑に進む.固体は触媒であることが多いが,それが反応して変化する場合は,固体表面が反応生成物で蔽われることがあるので注意を要する.塩化アルミニウムを用いる Friedel-Crafts 反応の場合のように,反応中に固体が溶けて均一相になることもある.どの場合にも,用いる固体はなるべく細かにしたものが望ましい.(5),(6)の気体共存の相は,一般には液をよくかきまぜながらその中へ気体を吹き込んで接触させる.気体は完全に反応して吸収されてしまうことは少ないので,未反応の気体を外へ導く工夫が必要である.能率のよい反応は,気体の泡で自然にかきまぜられるので,機械的にかきまぜる必要がない.反応物質の添加,混和法はいろいろであるが,どのような相にせよ,反応物質の互いの接触が重要である.

〔反応物質の純度〕

反応を行なう場合,用いる試薬や溶媒がどの程度の純度かを,心得えていなければならない.その要点は＜この反応のためには,どの程度の純度ならば必要にして十分か＞とい

---

* 化学工業では,生産上の利点その他の理由で,触媒などを用いる気相反応も多い.

うことになる．したがって，場合によっては相当に不純なものを承知して使うこともあるし，場合によっては徹底的に精製して用いなければならないこともある．普通の物質は，常にいくらかの水分を含んでいる．固体（結晶），液体，気体，いずれも水を嫌う反応に使う場合は，注意して乾燥しなければならない．試薬を反応に使う場合には，どんなときも純度，乾燥度ということを念頭におくことが必要である．

　一つの実験を行なうにも，通常は幾種類もの試薬を使わなくてはならない．それらの試薬や溶媒の中で，もし1種類でも不適当に不純なものを使うならば，その実験全体が失敗に終らないにしても，悪い結果を与えることになる．研究実験の場合には，その結論の判断を誤りかねない．保存期間中に，酸類の濃度が低下していたり，化合物が変質していたりすることは，よくあることである．一般に合成反応などでは，いくつかの反応を段階的に経て，目的の化合物に到達することが多い．この場合，一段階ごとに得られる製品がつぎの反応の出発原料になるが，特別な場合以外は粗製品がそのままつぎの段階の原料に使われることが多い．

〔反 応 様 式〕

　化学反応を行なうには，反応させる二つ以上の物質を，何らかの方法で加え合わせ，適当な反応温度を与えるように調整する．物質 A と B とを反応させる場合，基本的な反応の様式には反応の特質によって以下の3種がある．

　（1） A と B を同時に全部混合する：

$$A+B \xrightarrow[\text{(触媒)}]{\text{加熱}} X+Y$$

反応速度が遅く，多くは加熱して反応させる場合に好んで用いられる，もっとも単純な反応様式である．反応の相は，均一でも不均一でも行なわれる．一般には，別に溶媒を用いないことが多い．加熱のときは機械的にかきまぜるか，あるいは沸騰還流のため自然にかきまぜられる．所要の反応温度を与え，所要の反応時間で，大体の反応は完了する．もし触媒が必要なときは，はじめに加えておくだけでよい．このような反応は，装置もいたって簡単で，反応の危険もほとんどない．

　カルボン酸のエステル化およびエステルやハロゲン化物の加水分解など，多くの例がある．

$$CH_3COOH + C_2H_5OH \xrightleftharpoons{H_2SO_4} CH_3COOC_2H_5 + H_2O$$

$$C_6H_5CH_2Cl + NaOH_{aq.} \longrightarrow C_6H_5CH_2OH + NaCl_{aq.}$$

（2）AにBを徐々に加えて反応させる：

$$A+B\downarrow \xrightarrow[\text{(溶媒)}]{\text{加熱, 冷却}} X+Y$$

Aの溶液を反応容器に入れ，これにBを徐々に加えながらかきまぜて反応させる．Bは固体，液体，気体，溶液，いずれでもよい．ただし，Bの相によって装置の様式は変わってくる．一般に発熱反応で，反応の激しい場合，副反応の起こりやすい場合などに用いる．ニトロ化，スルホン化，酸化，還元，ハロゲン化，その他この種の反応は多い．この様式のコツは，Bを加える方法と速度，反応液の十分なかきまぜ，反応温度の調節にある．いずれも反応が急激に起こって暴走しないための用心である．Bの加え方は，反応の進行につれて，少量ずつ一定速度で加えてゆく．加え方が少なすぎたりとだえたりすると反応温度がふらついて下り，急速に加えすぎると発熱のため反応温度が上り暴走する．加えるBが固体の場合は，よく砕いて粉にして用い，なるべく一定量ずつに小分けして，少しずつ加えてゆく．もし反応が激しくなりそうで，温度が何となく上り気味だったら，Bの添加速度を小さくするか添加を中止し，反応液を幾分冷却する．かきまぜは，反応が均一に起こり局部的に激しく突発しないために行なうもので，（1）の場合と違う重要な意味をもっている．この種の反応は，促進よりもむしろ抑制に主眼が置かれる．とくに1l以上の大きなスケールのとき注意が要る．反応が暴走すると，急に高温になるため所期の反応生成物が得られないだけでなく，内容物の噴出，爆発が起こるので危険である．

（3）別の反応によって生ずるBをAに加えて反応させる：

$$\begin{array}{c}(C+D\downarrow)\\\downarrow\\A+B\downarrow \longrightarrow X+Y\end{array}$$

やや特殊な反応様式で，反応物質の一つBが不安定な化合物の場合に行なう方法である．C+D→Bの反応でBを反応容器内でつくり，これが直ちにAと反応するようにする．反応容器の中にまずAとCを混合しておき，これにDを徐々に加えてゆくと，少しずつ生成するBが直ちにAと反応してゆく．

例として，スズと塩酸によるニトロベンゼンの還元，芳香族アミンのジアゾ化などがあげられる．ニトロベンゼンの還元の場合は，ニトロベンゼンとスズを混ぜておき，塩酸を少しずつ加えてはよくふりまぜる．発生期の水素が生じて，ニトロベンゼンを還元する．ニトロベンゼンに水素ガスを吹き込んでも還元は起こらない．ジアゾ化の場合は，アミンの塩酸水溶液を冷却して，よくかきまぜながら，亜硝酸ナトリウムの水溶液を少しずつ加

7・4 有機化学反応の方法　181

えてゆく．発生した亜硝酸がアミン塩をジアゾ化する．これらの反応は，実際は式で示すよりずっと複雑である．

$$\begin{cases} Sn + 2HCl \longrightarrow SnCl_2 + 2H \\ \text{C}_6\text{H}_5\text{-NO}_2 + 6H \longrightarrow \text{C}_6\text{H}_5\text{-NH}_2 + 2H_2O \end{cases} \begin{cases} A=C_6H_5NO_2 \\ B=H \\ C=Sn \\ D=HCl \end{cases}$$

$$\begin{cases} NaNO_2 + HCl \longrightarrow HNO_2 + NaCl \\ \text{C}_6\text{H}_5\text{-NH}_2\cdot HCl + HNO_2 \longrightarrow \text{C}_6\text{H}_5\text{-N}_2Cl + 2H_2O \end{cases} \begin{cases} A=C_6H_5NH_2 \\ B=HNO_2 \\ C=HCl \\ D=NaNO_2 \end{cases}$$

〔反応の進行〕

　反応が進むにつれて，内容物が変化してゆく．その変化は，眼で見えない場合もあるが，見えることも多い．液の相，色，臭い，泡だち，ガスの発生，水滴の発生，結晶や油の析出，液の粘度状況など，さまざまな変化がある．また反応による発熱，吸熱がある．このような眼に見える変化は，反応の進行状況を知るうえに重要な手がかりになるだけでなく，反応が予期したものであるかどうか，また反応を順調に進めるにはどんな処置をすればよいかなどを示す．しかし，このような視覚や嗅覚に頼る判断には，本質的な信頼を置くことはできないし，時には見かけにだまされるようなこともあるから，その点は注意しなければならない．とくに，反応物質の色の変化はデリケートである．確実に進行状況を知るためには，反応中適当な時に，反応液の一部をとり出して，適当な方法で反応物を調べるとよい．ニトロベンゼンの還元の場合なら，内容物を数滴とり，小さな試験管に入れた少量の水に注げば，アニリンの塩酸塩は水に溶け，未変化のニトロベンゼンが油状で残るから，その量で大体の様子がわかる．また反応の中間段階のところで分析機器で測定することもできる．反応生成物の一つが比較的低沸点の液体で，他の反応物質（溶媒も含めて）よりも沸点が低い場合は，低沸点の物質を生成するにつれて蒸留によって反応容器の外へとり出すような装置を工夫すると，平衡もずれ，反応の進行状況もわかり，円滑な反応ができる．

　時間の都合で，反応を一時中断したい場合がある．反応を中断してよいかわるいかの一般的な判断は，つぎのように考えるとよい．さきの反応様式（1）のように，反応速度が遅く，加熱して行なうような場合は，何度中断しても，一般に加熱時間の総計を反応時間

とすればよい．その逆に，様式（2），（3）のように反応物を徐々に加えて行なう反応や，触媒を用いる反応は，中断はあまり好ましくない．いずれにしても，反応を中断するときには，反応物質の処置をよくしておくことである．湿気や二酸化炭素を嫌う反応や，やや不安定な物質のある場合には，とくに注意して中断時の処置をしておかないと，せっかくの反応を駄目にしてしまうことになる．

〔反応の完結〕

反応をどこで終りにするかは，タイムスイッチで知るようなわけにはゆかない．文献やダイレクションに示してある反応時間も大体の基準である．実際には有機反応は徐々に進行するもので，とくに反応が終りに近くなると反応速度も遅くなるので，反応を打切る時期についてはそれほどの正確さを求める必要のないことが多い．しかし，反応によってはその反応に応じた反応完結の目安や調べ方があることもある．たとえば，反応の副生成物としてのガスの発生が止まるとか，特臭ある出発原料の臭いがほとんどなくなるとか，色の特徴ある変化などが参考になる．反応混合物をごくわずかとり出して，適当な方法で調べてみるのは確かな方法である．未反応原料がどの程度あるかも一つの目安になる．

反応の打切りに注意を要する実験は，つぎのようなものである．いわゆる副反応が多い場合，競争反応を行なう場合，生成物が段階的に別の反応を起こす場合，生成物が割合に不安定な場合，あるいは制御した反応条件で中間生成物を上手にとり出そうとする場合などである．以上でもわかるように反応時間は短かすぎてはいけないが，長すぎてもいけないことが多い．

7・5　合成実験の道すじ

何から何まで，手をとるように書いてある実験書で練習する合成実験は，最初の一つ二つで十分かもしれない．進歩のためには自分で工夫して実験を行なう心掛けが必要である．そこで，一般に合成実験を行なうにはどのような道すじと注意で進めればよいかを，いくらか研究的な立場から示す．初歩から，なるべくこのような心掛けで臨むとよい．

a. 合成法の決定*

まず，何を，どのくらい（量），どのようにして作るか，それに必要な材料とその量はどうかをきめなければならない．そこで合成書をはじめ，いろいろの文献を調べる．合成

---

*　ここにあげる参考書の手引きは，すべて9章に解説してある．

の手引きになる辞典としてまず Beilsteins Handbuch* が参考になる．合成しようとする化合物について，Bildung（生成）と Darstellung（製法）の項を見るとよい．ついでに Chemische Eigenschaften（化学的性質）も調べておくと便利である．また Chemical Abstracts も，そのつぎに参考にしたい．Beilstein にしても Chemical Abstracts にしても，原典（original）すなわち学術論文の引用であるから，詳しくはそこに指摘されている学術雑誌を調べる．このほか，一般の合成化学書** も参考になる．

こうして，いくつかの合成法が浮び上ってくるが，その中から自分で行なうのにもっともよい方法を選択して決定する．その基準として，一般につぎのようなことが考えられる．

（1）製品の収率のよいこと．
（2）原料が入手しやすく，安価なこと．または簡単に合成できる原料でもよい．
（3）反応の操作と合成段階が簡単なこと．反応時間も短かくてすむほうがよい．
（4）全般に，複雑な操作・特殊な操作を必要としないこと．
（5）特殊な器具・装置を必要としないこと．
（6）生成物の単離が容易で，なるべく純粋に得られやすいこと．
（7）全般に，危険性の少ないこと．

もう少し程度を進めて追求しようとするならば，その反応は最初に誰によって，いつ，どんな目的で行なわれたかを調べてみる．日進月歩の化学の世界において，以前に不可能であったことが現在では当り前に可能なこともあり，試薬，器具，操作法の進歩は，古い合成反応をそのままの姿ではおかないからである．

b. 目的物質の性質の調査

合成しようとする化合物の性質をあらかじめよく調べておくことが，反応中の処置，製品の単離，精製，確認，保存などに役立つ．もちろん，実験に用いる他の試薬の性質もよく知っておかねばならない．

c. 反　応

7・3 有機実験の進め方および 7・4 有機化学反応の方法を参照して合成反応の操作を進める．

---

* Beilstein-Prager-Jacobson: Beilsteins Handbuch der organischen Chemie （本書 p. 215 参照）．
** たとえば，R.B. Wagner, H.D. Zook: Synthetic Organic Chemistry あるいは Organic Syntheses, Organic Reactions, など（p. 204 参照）．

d. 反応生成物の単離

反応後の混合物から,目的の反応生成物をなるべく損失なく,なるべく純粋にとり出して製品とする.この操作が楽にうまくゆくような反応を始めから選ぶことが好ましい.生成物の単離のためにもっとも普通に行なわれている方法は,

　　固体物質なら　　ろ過,溶媒に溶けている場合は抽出―蒸留,再結晶(あるいは昇華),クロマトグラフィーなど

　　液体物質なら　　抽出,蒸留,クロマトグラフィーなど

固体でも液体でも,そのままで分離精製が困難な場合には,精製しやすい誘導体に変えて操作することがある.

いざ単離操作をしてみて,ほとんど目的物が得られていない場合は,どこかへ逃がしてしまったか,未反応か,よく考える.このため,扱った反応液などは捨ててしまってはいけない.うまく分離できず,見かけがタール状であったり,様子が変であったりしたときも,決して捨ててはいけない.せっかく反応がうまくいっても,この単離でつまずくことが多いので,ここを上手に工夫して切り抜けなければいけない.生成物が少量のときは,精製には細心の注意をして損失を防ぐ.

e. 製品の検査

一般には,得られた粗生成物のごく一部をとって,各種の検査をする.製品が液体のときは,蒸留してとり出すときの沸点でその純度がわかる.結晶は,その一部をとって融点を測り,つぎに再結晶などの精製操作をして再び融点を測って比較する.精製操作をくりかえしても融点があがらなければ,製品はほぼ純粋とみなしてよい.目的の化合物が得られたという確認は,沸点や融点のほか,7・6 分離と確認の要領の節を参照して行なう.

f. 収率の計算

実施した合成反応の成果を検討するためには,反応生成物の収率を計算する.諸種の文献で yield または Ausbeute ということばが出てくるが,日本語では収量または収率と訳されている.この数値がグラムで示されていれば,実際に実験で得られた製品(乾燥した状態)の量そのもののことであり,日本語では収量という.パーセントで示されている場合,日本語では収率という.収率とは,出発物質(原料,starting material)から反応式に従って理論的に生成する目的化合物の量(理論量の計算値)に対して,実際に得られた製品の量(収量)の比率を百分率であらわしたものをいう.

$$収率(\%) = \frac{収量(g)}{理論量(g)} \times 100$$

ここで理論量を計算するとき，原料のどれを基準にするかが問題になる．ところが，A+B→C のような合成実験では，一般に A と B をちょうど等モルずつ用いることはない．すなわち，この反応の中心になるような物質あるいは貴重な原料（A とする）のほうを基準とし他の試薬 B は過剰に加えて，A をなるべく効果的に C に変えようとする．したがって収率の計算には A を基準にすればよい．反応の性質によって A, B どちらが基準であるのかまぎらわしいような場合には，何を基準にして計算した収率かを明記する．典型的な例としてニトロベンゼンの合成についてみると，ベンゼン（A）を基準として硝酸（B）を過剰に用いる．ニトロベンゼン（C）の収率の計算はベンゼンを基準とする．

$$\underset{\text{(分子量 78)}}{C_6H_6} + HNO_3 \xrightarrow{H_2SO_4} \underset{\text{(分子量 123)}}{C_6H_5NO_2}$$

使用したベンゼンの量 a g，得られたニトロベンゼンの収量 c g，ニトロベンゼンの理論収量 x g とすれば

$$78 : 123 = a : x \qquad x = \frac{123 \times a}{78}$$

$$\text{収率}(\%) = \frac{c}{x} \times 100 = \frac{78 \times c}{123 \times a} \times 100$$

もし出発物質が，何の副反応も起こさずに，反応式の理論通りに目的物質に変化し，しかも分離精製の操作で量的損失がないとすれば，$c=x$ で収率は 100% である．しかし実際には，そのようなことはありえない．普通の合成に使われる有機反応では，大体その収率が 60〜90% の範囲のものが多い．生成物は精製する程その量は減少するから，従って収率も減少する．これでは反応の実体がわからないから，ある程度の純度（融点，沸点で見当がつく）のもので計算する．どの程度で収率を計算するかは場合によって判断する．

g. 製品の保存

合成した製品や，中間体などは，あとでいつでも参考にできるように適当な方法で保存し，整理しておく．普通は，その量が割合に多ければ，結晶は広口びん，液体なら細口びんかアンプルに保存する．少量なら，小さい試験管，試料管，小アンプルなどに入れる．試料管または小試験管には，ピッタリするコルク栓をはめる．特殊な試料でない限り，これらの容器は普通の無色ガラス製のものでよいが，試料の性質によっては褐色ガラス製のものが使われる．コルク栓を使う場合は，栓のかけらなどが中へ落ちないように，小さいパラフィン紙，あるいはアルミニウム箔で栓を包んで用いる．よく乾燥した試料を，この試料管に入れ，図 7・2 (a), (b) のように栓の上から再びパラフィン紙で覆い，糸か輪ゴムで縛っておく．液体試料はアンプルに入れ，それを底に綿をつめた試料管に入れ，さら

に上から綿をかぶせてコルク栓をする（図 7・2(c)）．液体の場合は，容器が割れて試料を失うことと，いっしょにあるほかの試料を汚すことを防ぐために，二重にして保存するのがよい．vial といわれるねじ蓋つきの試料びんは，もっとも便利である．容器にはレッテルを貼って，試料名，あるいは化学式，融点あるいは沸点，内容の重量，製造の年月日，氏名を記入する．もちろん必要があれば，その他のデータ，構造式，あるいは整理番号などを記入する．記入はなるべく普通のインキや鉛筆を避けて，黒インキ，墨，サインペンなどで書くのが好ましい．タイプライターを使うのもよい．レッテルは脱落することがあるので，しっかり糊づけし，レッテルの上から，やや大きいパラフィン紙か，セロテープを貼っておくとよい．

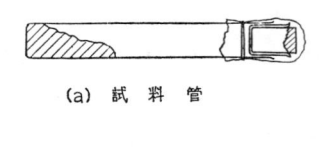

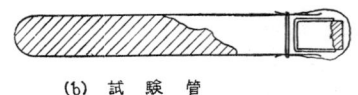

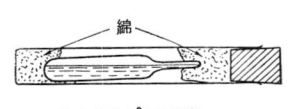

(a) 試 料 管
(b) 試 験 管
(c) アンプルの保存
図 7・2 試料の保存

もし試料が吸湿性の場合は，コルク栓をパラフィンで煮たものを用い，栓をしてから上にパラフィンを融かして塗っておく．あるいはアンプルに入れてしまってもよい．また試料が分解しないように，箱に入れて光をさえぎり，涼しい所に置くようにする．多種類の試料を保存する場合はよく整理して，必要なものがすぐに見出せるようにしておく．

アンプルはアンプルびんが使えれば一番よいが，試験管を使って簡単に自作することができる．はじめに閉じたいと思うあたりをやや細く引きのばしておき，そこを長目に切って小さい漏斗で液体を流しこみ，最後に小さい炎で閉じる．

7・6 分離と確認の要領*

われわれが普通に扱う有機化合物は，合成品であっても天然物であっても，そのままで純粋であることはほとんどない．相当に不純であるか，むしろ各種成分の混合物である．たとえば自分である化合物を合成すれば，目的の生成物を含む反応混合物から，目的物を分離精製して純粋な製品としなければならない．また，ダイレクション通りの反応を行なっても，何かの原因で異常な物質が相当量できたとすれば（その化合物が何であるかわ

---

* 具体的な実験法一般については p. 206, 9・2C. に示してある各種の有機分析書を参照されたい．

かっていても，未知であっても），その分離と精製には余程の注意と工夫が必要である．したがって，混合物を各成分に分離する方法，技術は重要である．そして，大体の分離ができたら精製して，はじめて化学的検討ができる．一方，あるわからない化合物が何であるかを確認するのは（同定ともいう），一般にはなかなかやっかいでむずかしい問題である．それが，ほとんど純粋な単一物質であっても簡単にはいかない．有機化合物は，複雑な構造をもつものが多く，類似のものも多いだけでなく，既知化合物だけでもその絶対数は莫大である．未知の混合物試料の中からその成分を分離し，純粋に単離された物質が何であるかを確認するのには，一般につぎの要領で行なうとよい．

第一段階 まず，その物質が液体か固体か，相当不純な単一物質であるか，いくつもの混合物か，などによって対策を考える．不純なら精製操作，混合物ならまず分離の方法と操作を考える*．分離のためにはいろいろの操作を順次試みる必要があるが，それぞれの段階で各種のテストを行ないながら，安全で的確な分離精製をしなければならない．たとえば液体混合物なら，蒸留してみれば大体の分離ができるだろうと考えて，うっかり加熱するのは間違いのもとである．試料の中の成分の間で反応が起こって変化するかもしれない．液体，固体を問わず，はじめは各種の溶媒に対する溶解性を利用した抽出分離法が無難である．そこで，混合物のまま溶解性試験を行なうと，中性，酸性および塩基性の物質に大別することができて，その後の分離・精製がよほど楽になる．

　　水，エーテルに対する溶解性（水に溶けるなら水溶液が酸性かアルカリ性かを調べる）
　　10％ 塩酸に対する溶解性（塩基性物質，たとえばアミン，ヒドラジンなど）
　　10％ 炭酸水素ナトリウム溶液に対する溶解性（カルボン酸，スルホン酸など）
　　10％ 水酸化ナトリウム溶液に対する溶解性（フェノール類など）

第二段階 中性物質，強酸性物質，弱酸性物質，塩基性物質の4群に大別した後，それぞれを，抽出・蒸留・再結晶・昇華・吸着などの古典的方法を適当に活用してさらに分離精製して，純粋かほとんど純粋に近い状態にする．それがどの程度純粋かの判定は，主として化合物の物理的性質の測定による．融点，沸点はまず測定しなければならない．低融点の固体は沸点も測ってみる．

第三段階 大体純粋になったらつぎのようなことで大体の見当をつける．
　（ⅰ）色，臭，結晶形　　とくに色は物質の構造推定の手がかりになる．液体であれば

---
　* たとえば，日本化学会編："実験化学講座（続）2，分離と精製"，丸善（1967）などは，詳しく調べたいときの参考になる．

比重や屈折率の測定も役にたつ.

(ii) **強熱試験** 磁性のボートか，スパーテルのようなものの上で静かに加熱し，揮発の状態，融ける状態，分解の状態，燃焼の状態と残留物の有無などを調べる. 灰が残ったら，金属を含んでいるものと考え，その色から金属の種類を推察する.

(iii) **成分元素の検出** N, S, ハロゲンなど. 試料の量が少なすぎると判定困難なことがある. 金属を含む場合は金属の定性分析が必要になる.

(iv) **不飽和性の試験** 臭素の四塩化炭素溶液, 過マンガン酸カリウム水溶液などの脱色. テトラニトロメタンによる呈色.

(v) **官能基の検出（クラステスト）** 化合物中に存在する官能基をそれぞれの特性反応によって検出する. 簡単な呈色反応, 発臭反応, 沈殿反応, 特定試薬による反応（たとえば誘導体の生成）などを試み, 推理の助けとする. これで問題の化合物がアルコールであるか, カルボン酸であるかなどがわかる.

これらのテストおよびその他の事情から総合して，大体の見当をつけて，その追求範囲を次第に狭くしてゆく．このためには，便覧，融点表，文献などを大いに活用して追求と推理を進め，それらしいと思われる可能性のある化合物を予測して，それを確かめるためのテストを行なう．しかし，このような定性的な反応は，決して確定的なものではない．

以上からわかるように，有機化合物の検出反応は，無機イオンの定性分析のように，一定の方式に従って簡単に確定的な結果がでるというものではない．官能基の検出反応にしても，どんな化合物に対しても絶対に確実だというような反応はなく，つねに例外があり疑わしい場合がある．そこで何種類かの反応を行ない，色や溶解度や融点などをにらみ合わせて，表や文献をあさると，可能性のある化合物の名称がいくつか浮びあがってくる．そこでさらにつぎの手段によって，そのうちのどれであるかを確認するわけである．

第四段階 化合物の確認をする最後の手段として行なわれるのは，誘導体を作ってみることである．しかも確認のために必要なのは，得られた誘導体が結晶であることである．各種の官能基などが反応して生ずる誘導体のうち，どんなものが確認のために都合がよいかということは，有機定性分析書に詳しく記されており，結晶性誘導体の融点も表にして載せられている．たとえば，アルコール類であれば 3,5-ジニトロ安息香酸エステル，フェニルウレタンなど，アルデヒドやケトンであればフェニルヒドラゾン，セミカルバゾンなどである．未知試料から作った結晶性誘導体の融点が，文献に記載された融点に一致するかどうかによって，物質の確認を行なうのであるから，融点はなるべく正確に測

7・6 分離と確認の要領　189

定しなければならない．そのためには，結晶性誘導体のうちでも融点が 100～150°C 程度のものを選べば，精製も楽で融点もかなり正確に測定できる．たとえばアセトフェノンの確認にはセミカルバゾン（融点 198°C）よりフェニルヒドラゾン（融点 105°C）の方がよい．

　はじめの予備実験とクラステストの結果から見当をつけた化合物について，結晶性誘導体を作り，うまく結晶が得られたら，一応精製して融点を測り，文献の値に近かったらもう一度精製して融点を調べる．こうして文献に載っている融点と同じ融点のものが得られたら，予想通りの物質であることが確認される．ただし，同一化合物について文献に記載されている融点にはいろいろ違った値があるのが普通であって，これらの値のうちどれを採るべきかにはいろいろ問題があるが，大ざっぱにいって，自分の作った誘導体の融点が，文献値と 1～2°C の範囲で一致すれば，まず両者は同一物質とみてさしつかえない．多少の疑問がある場合は，もう一つ別種の結晶性誘導体を作ってくらべてみれば間違いない．

　さらに確実にするためには，見当をつけて確認された化合物の標本をもってきて，問題の試料と混融し，融点降下がなければ最終的な確認となる．混融の相手となる確実な標本は，購入できることもあり，よく知られた方法で自分で合成することもあり，また他の研究者にたのんでわけて貰うこともある．混融は結晶性試料ならそのままでも行なわれるし，さらに両者から同じ結晶性誘導体を作って混融することもある．

　試料が液体である場合は，定性分析の操作は一層むずかしく，結局は結晶性誘導体を作ってその融点によって確認する．しかし，パラフィン系飽和炭化水素などでは誘導体ができないので沸点，比重，屈折率などを測って確認するより仕方がない．またエステルなどもそのままでは確認が困難で，沸点，比重，屈折率などで見当をつけておいた後，加水分解して生ずる酸とアルコールとを，別々に結晶性誘導体にして確認することになる．

　機器分析の利用　　研究実験で化合物の確認を行なうには，赤外吸収スペクトル，核磁気共鳴スペクトル，ガスクロマトグラフィーなどをはじめとする各種の機器分析を利用するのが普通であるが，ここでは説明を省略した．

8 大量と小量のはなし

8・1　大量と小量の実験——小スケール実験法——

　試みに，定評ある内外の有機化学実験書をひらいてみると，たいていの場合は 300 ml～1 l の反応フラスコを用い，30～100 g 程度の原料物質で反応を行なうようになっている．有名な Organic Syntheses の場合は，さらに大きなスケールで行なうように書かれている．つぎに元素の検出，確認反応の類のところは 10 mg ぐらいの試料とか米粒大の ナトリウムとか，あるいは試薬何滴というような実験が普通になっている．このように普通の有機化学実験では，合成反応は大量で，分析反応操作などは少量で行なうのが常識になっている．
　化学実験用のガラス器具は，19 世紀になってやっと現代的な形態をととのえたものが揃い，一般的に使用されるようになった．それらは，ブンゼンバーナーによって加熱されるに適当なスケールであり，他のいろいろな実験器具と歩調を揃えた大きさのものであった．しかし，20 世紀になってから，天然物の成分として抽出された種々の貴重な少量あるいは微量物質を扱うようになり，また微量分析法が開拓された．一方，実験用ガラスも，良質の信頼できるものができるようになって，さまざまの小さなガラス器具が工夫された．そして，いわゆる微量物質取扱法が次第に普及して，その長所を発揮しつつある．
　大量の試薬と大きなスケールで行なう実験は，割合に労力を要することが多いが，一般

に操作が大まかで楽であり，物質の損失 (loss) が少なくてすみ，合成反応では1回の反応で多量の目的物を得ることができる．混合物を分離して目的物を得る場合も同様である．しかしその反面，試薬および器材に相当の経費がかかり，実験の場所も狭いとやりにくい．スケールが大きいほど操作の労力が大きくなり，実験に時間がかかる．また反応そのものの所要時間も一般に長くなり，強烈な発熱反応が急激に起こったりすると危険である．さらにその実験に引火性溶媒や爆発性のものを用いるときは，危険率はより大きい．有毒性のものや毒ガスを出すものであれば，相当の対策を講じてはじめないと危い．実験は一度失敗すると，その損失も大きい．

これに対して，小スケールの実験とはどんなものなのか？ たとえばアセチル化の実験を例にとってみよう．20 ml の試験管にアニリンを 1 ml とり，沸騰石1個と氷酢酸 2 ml を加えて，バーナーの小さな炎で2時間加熱してみる．この場合，試験管の上部が還流冷却器のはたらきをして，脱水によって水を生ずる状態もわかるし，酢酸とアニリンが反応してゆく状態もわかる．それを，水のはいった 50 ml のビーカーにあけて，生ずる結晶を小さい目皿漏斗でろ過すれば，完全にアセトアニリドの合成実験ができ，2〜3回再結晶操作をして，正確な融点を測ることができる．簡単で早くて楽で，しかも実験は 200 ml の丸底フラスコに玉入冷却器をつけて行なうのと少しも変わらない．

考えてみれば，われわれが集団的に練習実験を行ない，あるいは研究室で研究実験をする場合，習慣的に大量で実験をする理由はどこにあるのだろうか？ 大量の物質が必要でない限り，丸底フラスコで反応を行ない，ヌッチェでろ過をしないと実験らしい気がしないという先入観は捨てた方がよい．大量の物質を合成する必要のあるとき，従来通りの実験をすればよい．

8・2 小量法はなぜ必要か

セミミクロ法といえば，合成実験では，2000〜100 mg，分析実験では 25〜10 mg 程度の物質を扱う実験法をいうのが普通である．しかしここでは，この本の他の個所で説明しているような，普通の器具で実験するには無理な程度の試料を扱う場合について一般的に考えてみる．したがって，試料 5 g 以下程度，結晶の操作なら 0.1 g 程度でも困らないぐらいの実験スケールを考えればよい．

有機化学の実験は，時には大量で行なわねばならぬ場合も多い．とくに天然物を取扱う

場合は，最初はきわめて大量，次第に小量になり，最後には数 10 mg 程度の実験を余儀なくされることがある．また合成実験の場合も，収率の悪い反応を数段階つづけなくてはならないときは同様である．こうして小量法は，はじめはやむをえず行なわれたであろうが，現在はその長所を認めて意識的に行なうようになってきた．

　各種の利点をもつ小スケール実験法は，普通の実験器具を縮少しただけの＜ミニ＞とは異質の，特別な工夫による器具を用い，操作法も異なる．しかし，注意して行なえば，まったくの初歩でも，結晶性物質なら 100 mg，液体物質なら 1 g ぐらいまでの実験は何とかできる．小量実験の優れている点は，つぎにあげるように，本質的に大量実験の欠陥を除くと共に，練習実験の場合は教育的な点にある．

　（1）　時間の短縮　　操作時間および実験準備時間の短縮は，実験期間が同じならば実験内容を豊富にし，自分で考え工夫する余裕を生む．実験のスケールを小さくすると，実験時間が短縮されるのは事実である．反応時間そのものは決して短かくならないが，実験の準備や後処理（ろ過，再結晶，蒸留）などの時間が著しく短縮されるためである．

　（2）　労力の節約　　一つ一つの操作が簡便で，要する労力が少なくてすむということは，実験が楽にできて効果が上るということであり，時間の短縮と同じように，他のことに力を注ぐことができる．

　（3）　場所をとらない　　小量実験は，反応や操作が簡単なだけでなく，使用器具も小さく，広い場所をとらなくてすむ．

　以上に挙げた三つの理由のため，少し馴れてくると，容易にいくつかの実験を併行して実施することができる．

　（4）　経済的である　　器具が小さく，しくみが簡単なために，すべていくらか安価である．また，試薬類および一般の消耗品が少量ですむために経済的である．さらに小スケール実験では，器具の破損率が少ない．少量のため加熱も冷却も簡単で，冷却には氷を使わずにすむ場合もある．

　（5）　危険事故が少ない　　火災，爆発，有毒物質の害などが少なく，初歩でも安心してできる．万一あっても非常に軽くてすむ．

　（6）　教育的である　　以上の点からみて，実験の能率は良好で，充実した内容の実験を多種類にわたって行なうことができる．実験者の注意力と熱心さが目立って増し，操作の熟達も早く，教育的にも心理的にも好ましい．

8・3 少量・微量物質の取扱い

a. 小量実験操作の原則

（1） 既製の実験器具と操作の概念にとらわれず，実験に即して臨機応変，物性に応じた工夫をして能率化を計る．

（2） 試料が使用器具に付着し，損失することを極力防ぐ工夫をする．このため，なるべく小型で簡単な器具と，容器の移し変えをしないですむような操作を考える（使う容器の数をなるべく少なくする）．いくつかの単位操作を，同じ器具の中で連続して行なうよう工夫をする（たとえば，反応を行なった装置でそのままつぎの蒸留をする，蒸留と抽出を連続操作で行なうようにする，など）．

（3） 加熱，冷却，還流，かきまぜ，蒸留，ろ過，再結晶などの操作を簡略化する．

（4） 扱う試料にごみや異物が混入することを極力防ぐ．

（5） 器具はできるだけ清浄にし，使用後は，なるべくクロム酸混液で洗う．

（6） 小さな器具類の安定のための工夫をする．普通のスタンドや試験管立てでは役にたたないことが多い．

（7） 試薬の容器は，小さな扱いやすいものにして，スポイトや点滴びんを活用する．

b. 単位操作の簡略化

（1） 加熱　小さな容器，少量の物質を加熱するときは，液体，固体を問わず，ミクロバーナー（p.41，図 4・30 (e)～(h)）を用いて静かに，しかも最小限度に加熱する．加熱に浴を用いる時も，小型の浴を用い，たとえばビーカーなどを浴に用いることもできる．反応に用いる物質の量の少ないときは，それが発熱反応であっても，それほど危険はない．

（2） 冷却　なるべく簡便で効果的な冷却をするため，後に述べるようなさまざまの工夫がある．大量で反

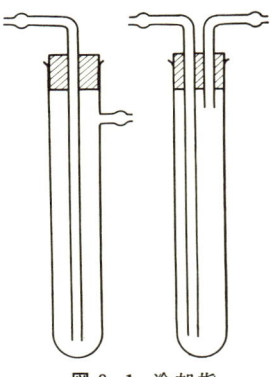

図 8・1　冷却指

応を行なうと，よくかきまぜながら，試薬を少しずつ加え，十分な冷却をしなければならないような反応でも，小さいスケールで試験管などで行なうときは，水や氷水で冷やし，手で振りまぜながら，試薬をほとんど一時に加えてしまってさしつかえないことが多い．

また，空気冷却ですませることも多い．反応，蒸留，昇華などによく用いられる冷却器に，図 8・1 に示すような冷却指（cold finger）がある．細く小さい試験管に底までとどく細いガラス管をゴム栓で固定し，ゴム管をはめて水を流しながら，試験管の外側の蒸気を冷却する．数種の大きさのものを用意しておくとよい．

（3）抽出　10 ml 程度の小型の分液漏斗も使えるが，試験管とスポイトを利用するような特殊な工夫をすることが多い．先端が長い毛管状になったスポイトを用いると，下層にある液だけをとり出すこともできる．

（4）ろ過，再結晶　ヌッチェとろ過びんを用いるろ過や自然ろ過は，原則として行なわない．とくに，ろ液のほしい場合と，結晶のほしい場合，両方ほしい場合の三つをわけて考え，操作する．

（5）簡略化のための器具　一般に用いられる器具の代表例を図 8・2 に示す．

各種の試験管 (a), (b)，先端の細くなった小型試験管 (c)，小型ビーカー，小型三角フラスコ，先の細い小型反応フラスコ (d)，各種の小型枝付フラスコ (e) などがあり，このほかフラスコにつけて蒸留するための各種蒸留器，小型冷却器，冷却指，各種スポイト，中型注射器，ミクロバーナー，小型温度計，点滴びんなどがあげられる．

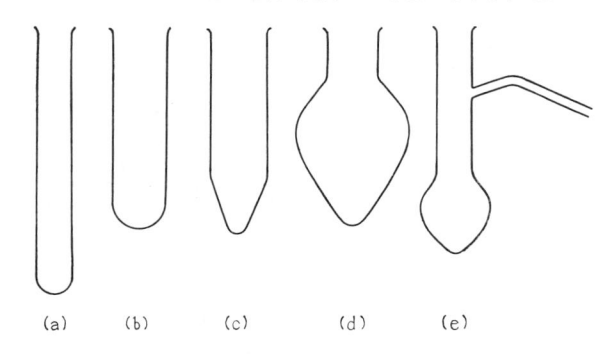

図 8・2　小量実験のための小型器具

8・4　小量実験の操作法

a. 還流

図 8・3 は，簡便な還流の例である．少量物質の反応では，小型の丸底フラスコなどを使うより，むしろ試験管を利用することを考えるほうがよい．加熱は，試料の部分だけを

8・4 小量実験の操作法　195

最小限に熱するように工夫し，還流冷却器を用いないで還流させることを考える．(a)は，ガラス管を数個所ふくらませて玉入冷却器の玉の部分のような形にして，コルク栓で試験管につないである．必要に応じて，外側にろ紙を巻き，時々スポイトで水を与えて湿らせる．沸点のそう低くないもの，短時間の反応ならこれでよい．(b)は，冷却指(cold finger)を試験管にセットしたものである．反応容器としての試験管の口にさしこむか，空気の流通する切りこみをつけたコルク栓で固定して用いる．反応液の蒸気は，外部の空気と内部の冷却指で冷却されて液化して還流する．冷却指のかわりにガラス細工で作った(c)に示すようなふくらみをつけた管や，(d)のような蛇管なども効果的に使える．

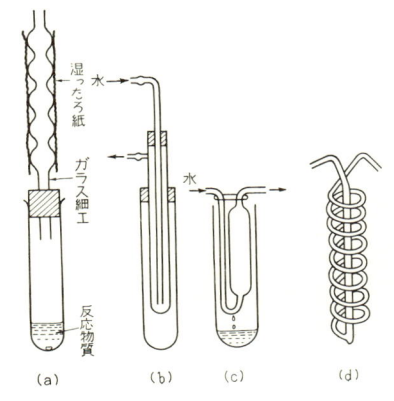

図 8・3　少量物質の還流

b. 蒸　留

試験管内で反応が終った後，反応生成物がそのまま蒸留でわけられる場合は，図 8・4 (a) に示すように，小型温度計と蒸留管をとりつけたコルク栓をはめて，静かに蒸留することができる．あるいは，はじめから (b) のような小さなセットを組んで，反応中は蒸留のための留出コックを閉じておき，反応終了後はコックを開いて蒸留すればよい．(b) の還流冷却器をはずして減圧蒸留用毛管を装置すれば，そのままクライゼンフラスコとして減圧蒸留にも使える．

小量実験の場合，普通の温度計は大きすぎることが多いので，径 2～3 mm ぐらいの小型温度計が必要である．(a) のような蒸留で，留出液の冷却が不十分のときは，蒸留管の先を受器(試験管など)の中へ深く差し込んで，受器を氷水などで十分に冷やすとよい．あるいは (c) のように，留出部の枝にろ紙を巻き，スポイトで水をたらして湿らせる(水を多量に含ませすぎて受器に流れこまないよう注意)．低沸点物質の場合は，この程度の冷却では不十分で危険なので，(d) のように，枝の部分にリービッヒ冷却器の外側の管のようなものを，ゴム栓あるいはゴム管でとりつけて，流水で冷却する．このような工夫は (a) の場合にも適用できる．リービッヒ型ほど完全に冷却しなくてもよい場合は，(e) のように蒸留管の枝の先に，冷却指をつけた試験管をコルク栓で固定すればよい．この場合

は密栓しないよう隙間をあけておく．簡単な蒸留で温度を計る必要のない場合は，(f) のような工夫でよい．(f) の場合は，留出液を分液漏斗に受けている．つぎの操作で抽出を行なう場合は，中間に余計な容器を使わずに，直接に目的の容器へ液を受けるのは小量連続操作の要点である．

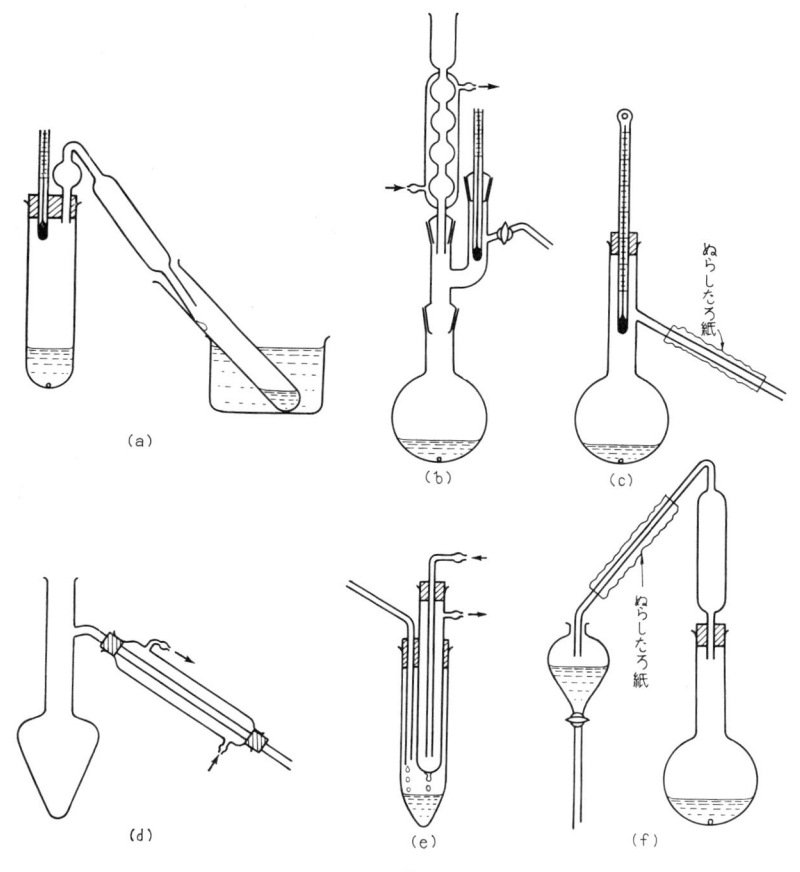

図 8・4　少量物質の蒸留

c. 水 蒸 気 蒸 留

図 8・5 は水蒸気蒸留の工夫である．(a), (b) ともに，中の小さな容器に試料を入れ，外側の容器に水を入れて，ゴム栓でとめてある．(b) の場合は，上質の硬質ガラスの

フラスコか，なす形フラスコを使うとよい．(c) は，小型のケルダールフラスコを利用しているだけで，普通の水蒸気蒸留と変わらない．場合によっては，試料に水を加えて，簡便な蒸留をしただけでも目的を達する．

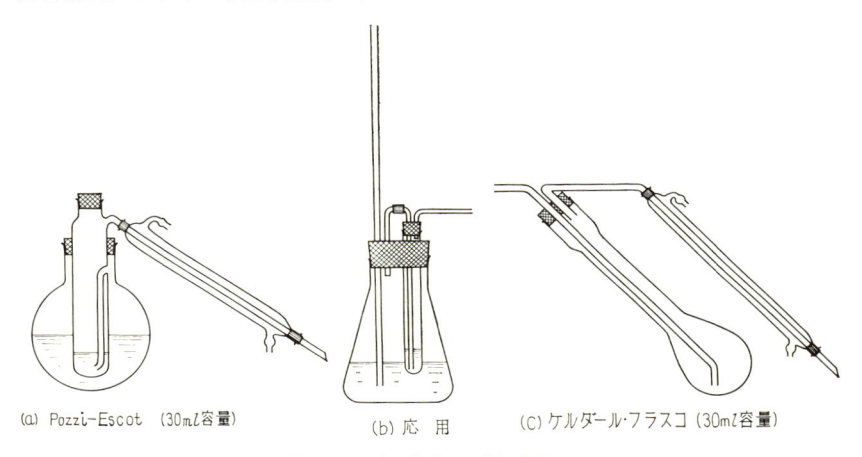

(a) Pozzi-Escot (30m*l*容量)　(b) 応用　(C) ケルダール・フラスコ (30m*l*容量)

図 8・5　少量物質の水蒸気蒸留

d. 抽　出

少量の液体の抽出は，小型の分液漏斗を使ってもよいが，反応容器として使った試験管なり，そのほか先行する操作をしていた容器に，図 8・6 (a) のような2本のガラス管をはめたコルクで栓をして，そのまま抽出の操作をすることができる．2本の細いガラス管には，柔かいポリ塩化ビニル管をはめ，スクリューコックで閉める．溶媒を入れて振るときは，コックを閉めるので，内圧でコルク栓が飛びぬけないように注意し，時々コックを開いて内圧を抜く．液をとり出すときは，全体を逆さにしてコックを開くと，Aから下層液が出る．固体の抽出を長時間連続的にしたいときは，(b) のような器具を自作するとよい．しかし一般に，少量の抽出は試験管に指をあてて，よく振りまぜ，上層をスポイトでとる操作

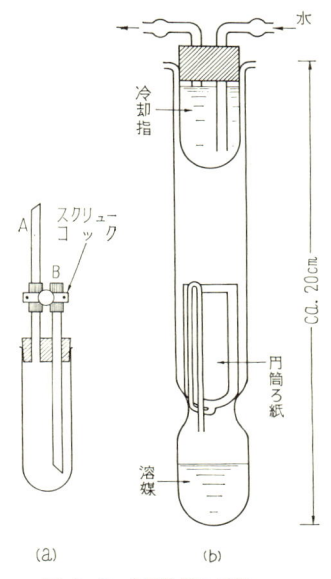

図 8・6　少量物質の抽出

198 　8. 大量と小量のはなし

を数回行なえばすむことが多い．量的損失のないように注意すればよい．

e. ろ　過

　少量の結晶をろ過するときは，4・2, p.31 に述べたフィルターステッキなどが便利であるが，さらに少量のときはろ紙なども使いたくない．ろ液が不要の場合は，結晶を下に沈ませて，液の部分をスポイトでとり去ればよい．あるいは図 8・7(a) のように，水流ポンプにつないだ細いガラス管で液を吸いとることもできる．このときは，なるべく弱い減圧にして静かにひくことと，万一のため，ガラス管の先端に小さなろ紙片をくっつけておけば，結晶の損失はない．(b) のようなグラスフィルターのついたろ過棒を使えば，安全コックのついた受器へろ液を集めることができる．液が大体なくなったら，(c) のように素焼板の上へ一挙にあけてしまえばよい．結晶を集めるためスパーテルでつついて，素焼板の粉が結晶にはいりこまないよう注意が必要である．結晶が細かく軽くて，うまく下に沈まない場合は，小型の手回し遠心分離器を使うとよい．

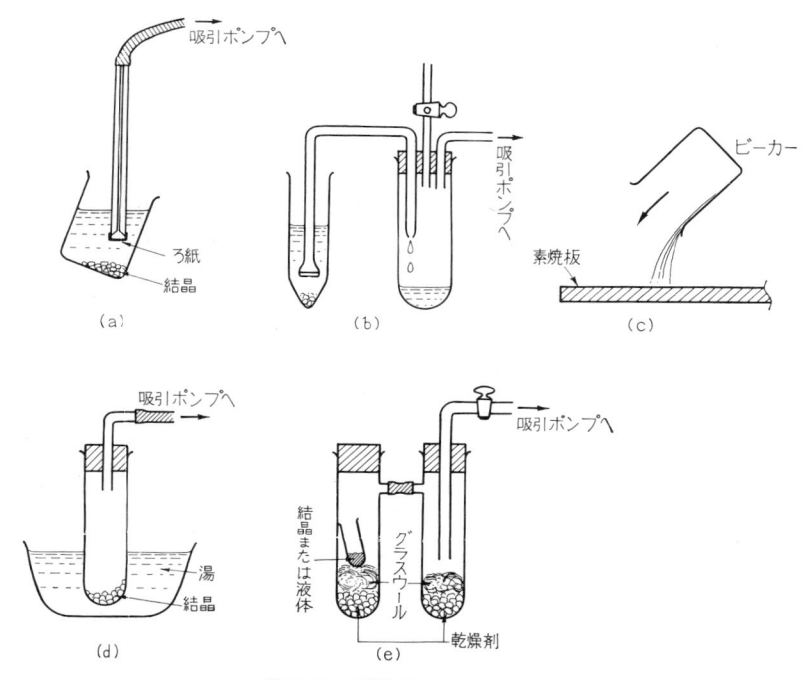

図 8・7　少量物質のろ過・乾燥

f. 再　結　晶

再結晶する場合は，やむを得ない場合以外は活性炭を使わない．少量のろ液を集めるためには，小型漏斗かフィルターステッキをろ過鐘につけて，小型容器にろ液を集め，そのまま冷やして結晶を析出させる．結晶を洗浄するときは，溶けやすい溶媒を使うと，結晶がなくなってしまうから，混合溶媒などを少量使うとよい．素焼板の上で洗うのも一法であろう．少量の結晶は，乾燥するにも，荒っぽくすると飛ばしてしまう．図 8・7 (d) のように小さな短かい試験管に入れ，湯につけて吸引するとよい．あるいは (e) のように，乾燥剤とグラスウールをつめた2本の管を利用して，減圧乾燥すれば理想的である．

g. 昇　華

少量の結晶を昇華するには，普通の昇華のつもりで簡便昇華法を行なってはならない．図 8・8 (a) に示すように，やや長い試験管に，表面を清浄にした冷却指を少しすき間ができるようにとりつけ，ミクロバーナーで結晶部をごくわずかに加熱する．冷却指の表面に昇華した結晶が付着するから，その状況をよく見ながら加熱を調節する．もし昇華しにくいものなら，(b) に示すように，一まわり大きい丈夫な冷却指の中に，小さい冷却指をゴム栓で空気の洩れないようにとりつける．吸引ポンプで減圧にしながら，静かに結晶部を加熱する．完全を期するなら，吸引ポンプとの間に (c) のようなトラップをつける．このトラップにも冷却指を用いている．

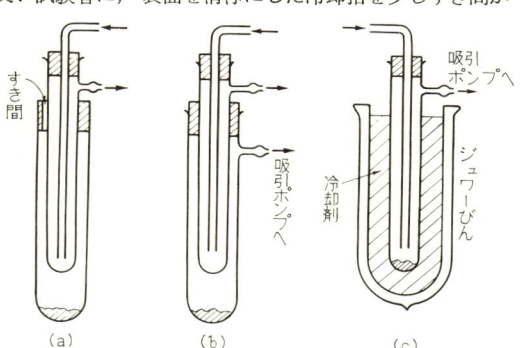

図 8・8　少量物質の昇華

8・5　合　成　実　験　例

小量実験の一例としてニトロベンゼンの合成をあげて，操作の概念を示す*．

20 m*l* の大きさのなす形フラスコ（あるいは試験管でもよい）に，4.5 m*l* のベンゼンを入れ，還流冷却器をとりつける．一方，100 m*l* のビーカーに混酸をつくり（濃硝酸 6.4

---

* J.H. Willkinson: Semi-micro Organic Preparations, Oliver and Boyd (1954) による．

ml と濃硫酸 6.4 ml），冷水で冷やしておく．還流冷却器を通して混酸を 1 ml ぐらいずつ，ベンゼンに加えてはよく振りまぜて，冷水で冷やす．混合物の温度が 60°C を越えないように注意する．全部加え終ったら，湯浴で 60°C に 20 分ほど温め，時々よく振りまぜる．終ったら冷却し静置する．

　混酸の部分が下層に，ニトロベンゼン部が上層に分離するから，毛管スポイトで下層の混酸部をとり除く．残ったニトロベンゼン部に，炭酸ナトリウムの水溶液を加えて振りまぜる（発泡するから注意）．上層の水溶液部をスポイトで除く．これを繰り返す．つぎに 2～3 ml の水で同じように洗浄する．水層を除いてから，乾燥用塩化カルシウムの 2～3 片を加え，振りまぜる．ニトロベンゼン液が透明になったら，ろ過棒でニトロベンゼンを蒸留容器に吸取り，蒸留する（bp 204～209°C の範囲を集める）．あらかじめ受器の重さを計っておくと，容易に収量がわかる．

9

化学文献活用の手引き
―何かを参考にみたいときに―

9・1 化学文献と学術書を活用しよう

　文献の活用というと，いかめしく聞えるが，何か参考にみたいとき，ちょっとわからないことを調べたいときなどに，どうすればよいかという簡単で重要なことである．
　有機化学実験の勉強を進めてゆくためには，便覧，辞典類，実験参考書，学術書，そして研究報文などを有効に用いることが必要になってくる．簡単な実験ダイレクション一つですべてをすませることは，実際問題として不可能である．さらに有機化学の研究を行なうには，既知化合物の詳細なデータや従来の研究経過，合成，分析，確認，その他の諸方法を知ると共に，現代の日進月歩の状況までを詳しく知らねばならない．
　有機化合物の数と反応は実に数多く，それらに関する研究もおびただしい数に及んでいる．幸いなことに，先輩のはじめた偉業によって有機化合物はその構造によって体系づけられ，化合物辞典として集成されている．また，前世紀から現在に至る諸研究の原報は各国さまざまな形で集成され，現在の諸理論，諸体系を形づくる無限の宝庫として今もわれわれの座右にある．
　内外の諸文献（書籍を含めて）とその使用法を知り，それらを十分に利用することは，新しく研究を進めるために必要なだけでなく，広く全般の趨勢を概観するために必要である．その研究結果をもたらした経過や，生々しい思索と迷いと努力の息吹に直接触れて

得ることが多く，また次々と国籍を越えた人々によってうけ継がれた一つの研究体系を発展的に把握することができる．実際，自分の実験をよりよく進め，研究に結びつけるためには，ただ眼前に横たわる小さな事象にとらわれて，手仕事に追われることなく，参考文献を利用して，自分の今している実験はどんな立場にあるものかをつかんでゆくように心掛けてほしい．

ところが，現代は出版界の発展目覚しく，おびただしい数の学術文献や出版物が出ており，学問の世界は文献や図書のジャングルをかきわけて進まなければならないような状態になってきた．そこでこの章では，はじめて学術文献の世界へ踏み入ろうとする諸君がどうすればよいか手引きするのが目的である．

初めて文献を調べようとする諸君は"自分の読みたい本や雑誌はどこにあるのか？"，"文献を発見する一般的な方法はないものか？""化学の術語や記号がわからなくて困るが？""とにかく有機に関係ある有名な本を知りたい"，"Beilstein や Chemical Abstracts をみる簡便法を知りたい"……というような考えをもつであろう．そこで入門第一歩の部分に重点をおいて，くどすぎるまでに現実的であることにつとめた．

文献の種類

普通一般に文献といっているものは，図書，書籍といわれるものをはじめ，学術的な論文集や刊行物一切を含めており，それらは各国共通の分類に従ってつぎのようにわけられる．

a. 単行学術書

主として総合的，全体的な概念を得るためのあらゆる内容の書籍である．単行本だけでなく，全書形式で，次々に続刊が出版され，いわゆる学術雑誌的な性格に近いものまで含まれる．

b. 定期刊行学術雑誌

主として研究報文集か，それらをまとめたもので，各国の化学会が出版しているものが多い．つぎの種類にわけられる．

専門研究報文雑誌：各国の化学会誌などがこれであり，内容は化学全般にわたる研究報文である．最近は非常に分科され，せまい専門分野に限られた研究報文だけをのせる雑誌もあって，その種類も多くなりつつある．

抄録雑誌：各国の報文の主要なものを抄録してある．

総説雑誌：世界各国の研究を適当にまとめて，数項目ずつ詳説する．
特許文献：いわゆる学術雑誌ではない．各国特許明細書．
c. 叢書・辞典類（ハンドブックを含む）
一覧を目的とするもので，きわめて詳細なものがある．

以上の諸文献のうち，専門研究報文雑誌と特許文献とは各研究者自身によって書かれたもので，すべての文献のもとになるなまの研究であり，これらを第一次文献（original source）または原報（original）と呼んでいる．そしてこれを集成または抄録したものを第二次文献（secondary source）と呼んでいる．

上に掲げたような区別は必ずしも厳密なものではなく，単行本と総説雑誌の中間のようなものもあり，ハンドブックといっても半世紀以上にもわたって出版のつづいている大部な辞典もある．ここでは勉学の便のために，単行書の中にいわゆる参考書や実験書も全部含めて述べることにした．また外国文献類はごく代表的なものしかあげないから，詳細を専門的に調べたいときは本文中の手引きに従って別に研究されたい．

さて，このような文献がどこにあるかを知るための目録書のようなものを，一般に第三次文献（tertiary source）といっており，便利な案内書である．

(1) 文部省大学学術局編："学術雑誌総合目録，自然科学欧文編"，1966年版，東京電機大学出版局

自然科学各部門の学術雑誌を全世界にわたって集成したもので，誌名，発行所，年号と巻数との関係，誌名の変遷などがわかるように編集してあり，さらにその雑誌が日本国内のどの大学，どの研究所などに，何巻から備えつけてあるかが一覧できるようになっている，非常に便利な書物である．相当する和文編も1959年に刊行されたが，現在では絶版になっている．

(2) 日本理学書総目録，日本理学書総目録刊行会

毎年1回，1月に発行される．日本で発行されている理工系図書のすべてが簡単に紹介されている．

文献利用法の参考書

(1) Chemical Publications: Their Nature and Use, 3rd ed., McGraw-Hill, New York (1958)
(2) G.M. Dyson: A Short Guide to Chemical Literature, London (1951)
(3) Searching the Chemical Literature (American Chemical Society, Advances in Chemistry Series, Vol. 3), 丸善
(4) 中沢浩一: 有機化学文献の調べ方, 広川書店, ￥700
(5) 高橋達郎, 野村悦子, 笹森勝之助: 科学文献＜まとめ方・さがし方・利用の仕方＞, 南江堂 (1967), ￥600

9・2 単行学術書

A. 研究方法一般および実験方法に関するもの

(1) E. Müller 編, Houben-Weyl: Die Methoden der organischen Chemie (Ein Handbuch für das Arbeiten im Laboratorium), 4 Aufl., Bd. I～XVI (1953～)
物質の精製,分析からはじめて,あらゆる有機化学反応の実施法,構造研究法その他あらゆる諸方法を詳細に紹介してあり,権威ある方法書になっている.
(2) W.J. Hickinbottom: Reaction of Organic Compounds, 3 rd ed. (1957)
(3) A. Weissberger: Technique of Organic Chemistry, Vol. 1～14 (1948～1969)
(4) 緒方章: 化学実験操作法, 南江堂, 上巻 ¥ 1600, 下巻 ¥ 1100
緒方章: 化学実験操作法 続編, 南江堂, (I) ¥ 1300, (II) ¥ 1300, (III) ¥ 1300, (IV) ¥ 1600
(5) 畑一夫その他共編: 化学実験法, 東京化学同人, ¥ 1200
(6) 日本化学会編: 実験化学講座 全 26 巻, 丸善 (1956～1959)
日本化学会編: 実験化学講座 (続) 全 14 巻, 丸善 (1965～1967)

B. 合成に関するもの

(1) Organic Syntheses (アメリカ) Vol. 1 (1921)～Vol. 50 (1970)
　　　Collective Volume I (Vol. 1～9) (1941)
　　　Collective Volume II (Vol. 10～19) (1943)
　　　Collective Volume III (Vol. 20～29) (1955)
H. Gilman その他の編集で毎年一回発行される定評ある有機合成化学書.数多い有機化合物の合成操作のうち,比較的新しい模範的合成法を選定して,各操作には原典を引用し,懇切な説明と急所の諸注意を加えている.編集者らの実験室で追試を行なって確実な合成法が採用されているので,間違いがない.
(2) H. Meyer: Synthese der Kohlenstoffverbindungen (ドイツ), 4 Bde. (1938～1940)
ドイツの有機化学者 Hans Meyer の著,有機化学実験法に関する三部作の中の一つである.有機化合物の反応を教科書式に順を追って並べてあり,非常に簡単な合成法抄録と原典を記載してある.
(3) W. Theilheimer: Synthetische Methoden der organischen Chemie (スイス), Bd. 1 (1947)～Bd. 24 (1970)
W. Theilheimer を中心とするスイス化学者によって編集されているもので,有機化学反応 (合成) の年次別集成書.毎年一回発行.各種の有機反応を系統的に分類し,著者独特の考案になる種々の記号を駆使して反応を表現している.適宜に内外文献を選定して編集してある.英訳も同時に発行されている.
(4) R.B. Wagner, H.D. Zook: Synthetic Organic Chemistry (アメリカ) (1953)
この書は主に 1919～1950 年の世界の文献を参考にして,実験室的によく用いられる各種合成法を採録してある.形式は化合物を有機化学の分類に従って官能基の種類ごとに各章にまとめ (官能基の数が 2 以下のもの),それらの合成法と反応の性格を概説しつつその間に多くの文献を網羅している.特長として,各章末に一覧表 (個々の化合物の合成法,収量,沸点,融点など) を入れてあり,それだけみても概略と文献がわかるようになっている.初心者にも研究者にも割合に手軽で便利な単行書である.

(5) R. Adams その他編: Organic Reactions（アメリカ），Vol. 1 (1943)～Vol. 17 (1969)
有機化学反応を総説的にいくつかずつまとめたもので，関係諸文献を新旧ことごとくあげてある．順々に発刊されているが，テーマとしてとりあげる反応の数が限定されるのはやむを得ない．各テーマごとに専門執筆者によって書かれている．

(6) P.H. Groggins: Unit Processes in Organic Synthesis（アメリカ），5 th ed. (1958)
Groggins の編集で，それぞれの専門家が有機化学基礎反応（工業にも応用されている）について詳説したもの．工業的な考慮，プラントなども十分にとりいれてある．項目内容はニトロ化，アミノ化，ハロゲン化，スルホン化，酸化，水素化，オキソ反応，エステル化，加水分解，アルキル化，重合である．アメリカ化学工業叢書中の一冊で定評ある合成参考書である．

以上のほかに，いわゆる**学生実験指導書**として書かれたものが相当にある．これらの実験書はそれぞれの特色があり，求める程度と状況によってかなりの適・不適がある．また簡単な実験書として，研究する場合にもちょっと座右にあると簡便なものもある．以下代表的なものをいくつか紹介する．なお一言つけ加えるならば，最近の情勢はいわゆる研究と，大学教養および専門課程における実験教育とが次第にはっきり区別されるようになってきた．そのため学生実験書は非常に教育的色彩が強くなって，立場を専門的研究とは別にして書かれるものが多くなった．その結果，実験教科書は単に合成のみならず初歩有機実験に関するすべての内容を含み，しかもそれらは実験結果を目的とするのでなく（たとえば合成なら製品を得るのが唯一の目的でない），専ら練習に主眼がおかれている．そのため合成処方箋の羅列的記載から，解説と練習的な記載に変わり，練習問題までつけてあるものもあるようになった．下記の中では L.F. Fieser の本や，セミミクロ式有機実験書はそのよい例である．

(1) W.M. Cumming, I.V. Hopper, T.S. Wheeler: Systematic Organic Chemistry, 4 th ed. (1950)
(2) L. Gattermann-H. Wieland: Die Praxis des organischen Chemikers, 36 Aufl. (1954)
(3) 漆原義之，荒川久雄訳: ガッターマン・ウィーラント有機化学実験書，共立出版，¥ 1600
(4) L.F. Fieser: Organic Experiments, 丸善 (1964), ¥ 600
(5) 平田義正，中西香爾訳: フィーザー有機化学実験, 丸善, ¥ 950
(6) H. Lieb, W. Schöniger: Anleitung zur Darstellung organischer Präparate mit kleinen Substanzmengen (1950)
(7) J.H. Wilkinson: Semi-micro Organic Preparations, 2 nd ed. (1958)

その他合成専門の参考になる和書としては，つぎのようなものがある．

(1) 有機合成化学協会編: 有機化合物合成法，1～5 集，6～10 集，11～15 集，技報堂，各¥ 3000
(2) 有機合成化学協会編: 有機化合物合成法インデックス，技報堂 (1966), ¥ 3500
(3) 梅沢純夫: 実験有機化学, 丸善, ¥ 1200
(4) 宮道悦男，中沢浩一: 反応別有機化合物実験法集成，広川書店, ¥ 2000
(5) 小田良平，村橋俊介，井本 稔編: 有機合成における単位反応操作，上巻，下巻，東京化学同人 (1960), ¥ 2800

C. 分析・確認に関するもの

(1) H. Staudinger: Anleitung zur organischen qualitativen Analyse, 6 Aufl. (1955)
(2) R.L. Shriner, R.C. Fuson, D.Y. Curtin: The Systematic Identification of Organic Compounds, 4 th ed., 丸善 (1956), ¥ 580
(3) H. Meyer: Nachweis und Bestimmung organischer Verbindungen (1933)
(4) N.D. Cheronis, J.B. Entrikin: Semimicro Qualitative Organic Analysis, 2 nd ed. (1957)
(5) 日本化学会編: 実験化学講座, 第16巻, 有機化合物の分析, 丸善
(6) 日本化学会編: 実験化学講座 (続), 第5巻, 有機化合物の定性確認法 (上) (中) (下), 丸善
(7) 百瀬 勉: 有機定性分析 (第3改稿版), 広川書店, ¥ 1100
(8) 船久保英一: 有機化合物確認法 (改著), 全4巻, 養賢堂
(9) 杉山 登: 有機化合物の微量確認法, 培風館, ¥ 1300

以上に挙げたのは有機定性分析に関する実験書である．Shriner の書は官能基別に特性反応と誘導体作成の方法を述べ，各官能基ごとに化合物を沸点あるいは融点の順序に配列し，主要誘導体の融点を記した表がついており，基本的な有機化合物の定性確認をするのにきわめて便利な分析書である．Staudinger の書は有機化合物の定性分析を徹底的に系統化しようとしたもので，ちょうど無機定性分析の手順のように有機定性分析を一定のプロセスに従って順々に探って行こうという方式のものである．日本語の書物で定評のあるのは実験化学講座の有機分析の巻であって，とくに続編の3冊は古来用いられた化学的な分析法のほかに，近来ますます重要度を加えてきた赤外吸収スペクトルおよび核磁気共鳴スペクトルによる定性分析法が書き加えられており，世界にもまれな近代的定性分析書となっている．

(10) F. Pregl, H. Roth: Quantitative organische Mikroanalyse, 7 Aufl. (1958)
(11) I.M. Kolthoff: Organic Analysis, 2 Vol. (1953〜1954)

これらは有機定量分析の書物で，Pregl による元素分析および特定原子団の定量分析法はすべての有機定量分析の基本である．Kolthoff の書は種々の新法を多くとり入れ，ポーラログラフ法，カウンターカレント法，クーロメトリー法，$LiAlH_4$ 法，反応速度法などの定量法が盛られてある．

(12) R. Kempf, F. Kutter: Schmelzpunktstabellen zur organischen Molekular-Analyse (1928)
(13) W. Utermark, W. Schicke: Schmelzpunktstabellen organischer Verbindungen (1963)
(14) H. Stephen, T. Stephen: Solubilities of Inorganic and Organic Compounds (1963)

融点測定は常に有機化合物確認の一手段として用いられるが，その参考のために整備された融点一覧表はきわめて便利である．Kempf-Kutter 融点表は定評ある充実したもので，約7000種の有機化合物をその融点の低いものから高いものの順に並べ，各物質の構造式と主な物理的性質を記載してある．巻末には相当ていねいな誘導体の融点表も加えて

あり，わからない物質を融点から推定するには便利なものである．有機化合物の定性分析には常に化合物の溶解度が問題になるが，上記 Stephen の書やその他ハンドブック類の溶解度表を参考にすると役にたつことがある．

さきにちょっと述べたように，最近有機化合物の定性に機器分析の方法が広くとりいれられるようになり，確認同定の有力な手段として，分析法に革命的な大変化がもたらされた．とくに赤外吸収スペクトルおよび核磁気共鳴スペクトルを利用する方法は，有機定性分析の常習手段として欠くべからざるものとなった．これらの機器分析法については幾多の解説書が出版されているが，ここには日本語で書かれた入門的解説演習書を二三挙げておくにとどめる．

(1) 大木道則，坪井正道，原 昭二編：有機化学における物理的方法，全10巻，共立出版
(2) A.D. Cross 著，名取信策，千原呉郎訳：赤外線吸収スペクトル入門，東京化学同人，￥500
(3) 中西香爾：赤外線吸収スペクトル（定性と演習），南江堂，￥800
(4) L.M. Jackman 著，清水博訳：核磁気共鳴—その有機化学への応用—，東京化学同人，￥680

9・3 定期刊行学術雑誌

雑誌ということばは一般社会の雑誌という意味と少し異なる．学術研究の報告集またはそれに類似したものと思えば間違いない．発行所はほとんどが各国の化学会その他の学会であるが，図書の出版社が出版している学術雑誌もある．一般に発行の週期がきまっていて，つぎのように表現している．

weekly（略してW）	週刊	semimonthy（略してSM）		月に2回刊行
monthly（略してM）	月刊	bimonthly（略してBM）		隔月（一か月おき）
annual（略してA）	年刊	quarterly（略してQ）		季刊（年に4回）
semi-quarterly（略してSQ）	1季に2回刊行（年8回）			

なお週期の一定していないものは1年の発行部数を Nos. として示す．

学術雑誌に収録された報文は，学術論文その他によく引用されるが，雑誌名は一般に長いので，引用するときには略名を用いる．以下に化学の学術雑誌のうち代表的なものをあげ，誌名のつぎに刊行週期（W, M, SM, Q, A など）および略名を記して，簡単な説明をつけておく．

A. 研究報文雑誌
a. 日　本
(1) 日本化学雑誌 (M), 日化誌 (*J. Chem. Soc. Japan, Pure Chem. Sect.*)

日本化学会発行，創刊 1880 年，主として純粋化学の全分野にわたる日本の報文誌．1920 年まで東京化学会誌，1947 年まで日本化学会誌といっていた．一般論文のほかに総合論文が掲載される．

(2) 工業化学雑誌 (M), 工化誌 (*J. Chem. Soc. Japan, Ind. Chem. Sect.*)

日本化学会発行，創刊 1898 年，主に工業化学に関係ある研究の全分野に関する日本の報文誌．一般論文のほか，時々シンポジウムを企画し，総説を発表している．

(3) Bulletin of the Chemical Society of Japan (M), *Bull. Chem. Soc. Japan*

日本化学会発行の欧文誌，創刊 1928 年，化学全分野にわたる．

(4) Proceedings of the Japan Academy (10 Nos.) 日本学士院紀要, *Proc. Japan Acad.*

日本学士院発行，創刊 1925 年，化学の報文だけでなく他の科学部門の報文もある．

(5) 有機合成化学協会誌 (M), *J. Soc. Org. Synth. Chem. Japan*

有機合成化学協会の機関誌，創刊 1943 年，純粋な研究報文誌ではない．

(6) 薬学雑誌 (M), *J. Pharm. Soc. Japan*

日本薬学会の機関誌，有機化学に関する論文が多数掲載される．

(7) Chemical and Pharmaceutical Bulletin (M), *Chem. Pharm. Bull.* (Tokyo)

日本薬学会発行の欧文誌，有機化学の論文が多い．

b. イギリス
(1) Journal of the Chemical Society (London) (M), *J. Chem. Soc.* (さらに略すときは *J.C.S.* または *J.* あるいは *Soc.*)

イギリス化学会発行，1849 年創刊，1863 年までは Proceedings of the Chemical Society of London といった．内容は化学全分野にわたり名実共に権威ある報文誌．報文数が次第に多くなったため，1966 年から A, B, C の三部門に分割して発行されている．

(A) Inorganic, Physical and Theoretical Chemistry (*Inorg. Phys. Theoret.*)
(B) Physical Organic Chemistry (*Phys. Org.*)
(C) Organic Chemistry (*Org.*)

(2) Chemical Communications (SM), *Chem. Commun.*

イギリス化学会発行，1966 年創刊，簡単な速報誌である．

(3) Tetrahedron (M), *Tetrahedron*

有機化学に関する国際誌で，イギリスの R. Robinson によって 1945 年に創刊されたものである．Pergamon Press (Oxford) から出版されている．

(4) Tetrahedron Letters (W), *Tetrahedron Letters*

有機化学に関する速報誌で，Tetrahedron の補助誌の形をとっている．

(5) Nature (W), *Nature*

自然科学全般にわたる簡単な学術研究報文の速報，総説，および学会消息など掲載される．内容の質が高いのでよく引用される．創刊 1869 年．

c. アメリカ
(1) The Journal of the American Chemical Society (SM), *J. Am. Chem. Soc.* (さらに略すときは *J.A.C.S.* あるいは *Am. Soc.*)

アメリカ化学会発行，化学全般の報文誌，創刊 1879 年．

(2) The Journal of Organic Chemistry (M), *J. Org. Chem.* (さらに略すときは *J.O.C.*)

アメリカ化学会発行，創刊 1936 年．有機化学の研究が非常に多いので，分科誌を作ったものである．

(3) Industrial and Engineering Chemistry (M), *Ind. Eng. Chem.*
工業化学全般の諸問題に関する報文誌，毎年9月 Annual Report を編集している．アメリカ化学会発行，創刊 1909 年．
(4) Analytical Chemistry (M), *Anal. Chem.*
アメリカ化学会発行，1929 年創刊，1947 年（Vol. 19）までは Industrial and Engineering Chemistry の中の Analytical Edition となっていたが（略号 *Ind. Eng. Chem., Anal. Ed.*），独立誌になったもの．無機分析が多いが有機分析の報文も収録されている．
(5) Journal of Chemical Education (M), *J. Chem. Educ.*
アメリカ化学会の化学教育部局から発行される化学教育誌．対象は高校,大学ともに通用するので，学生生徒の指導に当っている人にはよい参考になる．時に興味ある研究が掲載される．1924 年創刊．
(6) Science (W), *Science*
イギリスの Nature に似た小冊子，創刊 1896 年．

d. ドイツ

(1) Chemische Berichte (M), *Chem. Ber.*（さらに略すときは *B.*）
ドイツ化学会発行，有機化学の報文が主流を占め，時々総説や一流化学者の伝記を掲載する．79巻（1946）までは Berichte der deutschen chemischen Gesellschaft といわれ（略名 *Ber.*），1868 年の創刊である．
(2) Justus Liebigs Annalen der Chemie (5〜6 Nos.), *Ann.*（さらに略すときは *A.*）
1832 年 Liebig の創刊になる異色ある報文誌で，有機化学を主体としている．

e. フランス

(1) Bulletin de la société chimique de France (SM), *Bull. Soc. Chim. France*
フランス化学会発行．化学全般にわたるフランス報文誌，創刊 1859 年．
(2) Comptes rendus hebdomadaires des séances de l'académié des sciences, Paris (W), *Compt. Rend.*
科学全般にわたる簡潔な報文誌で，フランス的な香りの高い世界的に著名なものである．創刊1835年．

f. スイス

(1) Helvetica Chimica Acta (6〜8 Nos.), *Helv. Chim. Acta*（さらに略すときは *Helv.* または *H.*）
スイス化学会発行，化学全般の報文集であるが，有機化学の論文が多い．内容が高いので注目されている．創刊 1918 年．

g. オランダ

(1) Recueil des Travaux Chimiques des Pays-Bas (M), *Rec. Trav. Chim.*
王立オランダ化学会発行の化学論文誌．英，独，仏語で書かれている．
(2) Journal of Organometallic Chemistry (6 Nos.), *J. Organometal. Chem.*
最近有機金属化合物の研究が盛んになったので，1963 年に創刊された専門誌．Elsevier Pub. Co. (Amsterdam) から出版されている．

h. ソビエト

ソ連の化学雑誌は日本においてあまり一般的に読まれているとはいえなかったが，最近は種々の事情が整って次第に入手が可能になってきた．またアメリカの Consultants Bureau から英訳出版されているので，英文で読むこともできるようになった．
ソ連の科学文献は国家の性格上すべて国から出版されている．その発行所は大部分ソ連科学アカデ

ミー（АНСССР)* である．有機化学関係の文献が掲載されている雑誌のうち，代表的なものを数種選んで述べ，東京における雑誌所在場所を，つぎのような略号で付記しておく．

化学会 ＝ 日本化学会 化学図書館（千代田区神田駿河台 1—5, 日本化学会内）
日 ソ ＝ 日ソ図書館（渋谷区千駄ケ谷 3—11，日ソ会館内）
生 化 ＝ 日本生化学会図書室（文京区本郷 7 丁目，東京大学医学部生化学教室内）
国 会 ＝ 国会図書館（千代田区永田 1—10）
学 術 ＝ 日本学術会議図書室（台東区，上野公園内）

(1) Журнал общей химии. (Journal of General Chemistry)(M), *Zh. Obshch. Khim.*

1869 年創刊．戦前までは Journal of the Russian Physico-Chemical Society といわれていたもので，ソ連の有機化学部門における主要な刊行物である．内容は化学の全部門にわたるが有機部門が 60〜80% に及んでいる．所在：化学会，日ソ，生化，国会，学術．英訳版（*J. Gen. Chem. USSR (English Transl.)*）あり．

(2) Известия Академии Наук СССР, Отделение Химических Наук (ВМ) *Izv. Akad. Nauk. SSSR, Otd. Khim. Nauk.* (Bulletin of the Academy of Science of the U.S.S.R., Chemical Sciences Section)

1937 年創刊．化学全般の雑誌であるが（工業化学は含まない），有機化学は全体の 70〜80% を占めている．重要な文献が多い．所在：化学会，日ソ，国会，学術．英訳版あり．この Bulletin は「化学」のほかに「自然科学」，「工学」，「社会科学」の部門が別にある．

(3) Доклады Академии Наук СССР. (年に 36 冊), *Dokl. Akad. Nauk SSSR.* (Proceedings of the Academy of Sciences of the U.S.S.R.)

1934 年創刊．自然科学，数学，工業の分野における最新の研究と結果を簡単に要約して 述べてあり，化学関係は，化学，物理化学，農芸化学，生化学，地球化学，工業化学に分かれている．有機化学は化学の中に含まれている．所在：日ソ，生化，国会，学術．学術では 1934 年以降がほぼ揃っている．

(4) Реферативный Журнал, Химия *Referat. Zhur., Khim.* (Abstracts Journal)(年 26 冊，うち 2 冊は Index)

1953 年創刊．この Abstracts の Chemistry Series が，化学の抄録誌になっている．膨大なもので自然科学，工学の全部門に及んでいる．所在：化学会．

このほかつぎのようなものがある．

Progress of Chemistry（年数冊）：化学全般にわたる総説誌．Chemical Science and Industry（年 6 冊）：英訳あり．Chemical Industry（年 8 冊）：英訳あり．

i. その他（日本化学会 化学図書館にあり）

(1) Canadian Journal of Chemistry (M), *Can. J. Chem.*

The National Research Council of Canada から発行されているカナダの化学論文誌．英，仏語で書かれている．

(2) Gazzetta chimica italiana (M), *Gazz. Chim. Ital.*

イタリア化学会発行，創刊 1871 年．

(3) Bulletin de la sociétés chimiques Berges（不定期），*Bull. Soc. Chim. Berges*

ベルギーの化学雑誌．英，仏，オランダ語で書かれている．

(4) Acta Chemica Scandinavica（年 10 冊），*Acta Chem. Scand.*

デンマーク，フィンランド，ノルウェー，スエーデン各化学会の共同発行．英，独，仏語で書かれている．

(5) Collection of Czechoslovak Chemical Communications, *Collection Czech. Chem.*

---

* Академия Наук СССР; The Academy of Sciences of the U.S.S.R.

Commun.
チェコスロバキアの化学雑誌.英,独,ロシア語で書かれている.

B. 抄録雑誌

抄録雑誌は集録の仕事が大変な労力と資力とを要するのと,そう幾種類も必要がないのとで,種類が少ない.さきにも述べたように,抄録雑誌は第二次文献であるだけでなく,第三次文献の内容をそなえて,文献発見の手段にも利用できる.しかし,主目的はいわゆる第二次文献として,世界中の種々の新しい文献の要約された内容を簡単に知るためと,既知の化合物辞典に採録されてない最近の研究の検索手段としての利用である.

(1) Chemical Abstracts (W), *Chem. Abstracts* (さらに略すときは *C.A.*)

アメリカ化学会の Chemical Abstracts 編集局で出版.1907 年から集録.化学の全分野にわたって世界中の著名雑誌を抄録しており,毎年末には Index がつけられる.この Index は Author, Subject, Patent, Formula, Ring の5種にわかれており,使用者にとってはきわめて便利にできている.抄録は研究目的,手段,新しい結果,そこから得られる結論などが簡潔に記載されている.とくに新しい化合物,方法,装置,理論などには重点をおいている.なお 1956 年までは 10 年分ずつの Index を整理統合して Decennial Index が発行され,1957 年からは5年ごとに Collective Index が刊行されている.Chemical Abstracts は化学の研究に極めて広く利用されるので,その使用法については 9・5 で別に述べる.

(2) Chemisches Zentralblatt (W), *Chem. Zentr.*

ドイツ化学会発行,創刊は 1830 年,世界中の化学文献の抄録であるが,有機化合物に関してとくに詳しい.最初は Pharmaceutisches Centralblatt として発刊されたが,1856 年に Chemisches Centralblatt に,1907 年に Chemisches Zentralblatt と改名された.各種の索引があり,有機化学文献の検索上重要な役を果している.

(3) 日本化学総覧 (M) (Complete Chemical Abstracts of Japan)

日本化学研究会から発行された日本の化学報文の抄録誌,創刊は 1927 年.第1集(第 1～7 巻)は 1877～1926 年の報文を集め,第2集(第 1～37 巻)は 1927～1953 年となっている.第 38 巻から日本科学技術情報センターでひきついで編集発行されている.別に総索引(全4巻)が発行されている.

(4) 科学技術文献速報,化学・化学工業編(旬刊)

日本科学技術情報センターで編集発行されている.創刊は 1958 年.全世界の主要な研究報文誌の論文題目,雑誌名と簡単な抄録を速報している.

C. 総説雑誌

総説雑誌は化学の各分野の,その時代の進歩を概観総括できるように編集されている.しかも,内容は常に古いところから歴史的に述べられ,最近のことまで専門的に深く追求されているので,まとまった勉強には非常に有益なものである.関係文献はほとんど列挙されている.項目数に制限があるのはやむを得ない.

(1) Chemical Reviews (BM), *Chem. Rev.*
    アメリカ化学会発行，創刊 1924 年．
(2) Quartery Reviews (London), *Quart. Rev.*
    イギリス化学会発行，創刊 1947 年．
(3) Angewandte Chemie (SM), *Angew. Chem.*
    1888 年創刊．1931 年 (Bd. 44) までは Zeitschrift für angewandte Chemie (*Z. angew. Chem.*) と称していた．
(4) Angewandte Chemie, International Edition in English (SM), *Angew. Chem., Intern. Ed. Engl.*
    1962 年創刊．前記ドイツ語雑誌の英訳版である．ドイツ語版より発行が遅れるが，全部英語で読めるので歓迎されている．
(5) Russian Chemical Reviews (English Translation of Uspekhi Khimii), *Russ. Chem. Rev.*
    1960 年から London のイギリス化学会で翻訳刊行されている．
(6) Annual Reports on the Progress of Chemistry (A), *Ann. Rept. Progr. Chem.*
    イギリス化学会発行，創刊 1904 年．

D. 特許文献 (Patent Literature)

いわゆる化学報文雑誌ではないが，各国から刊行されている特許明細書は化学研究の上に大きな価値をもっている．特許の資格をもつものは新規な工業的発明が多いので，特許文献はその性質上応用化学的な傾向になり，理論や実験操作の詳細は得られないが，新しい有用な知見を得ることができる．日本には 25ヵ国ぐらいのものが来ており，東京の特許庁（千代田区霞が関）や大阪府立図書館にある．写真の複写を依頼することもできる．またこれらの特許は文献にも引用されていることがしばしばある．Chemical Abstracts をはじめ抄録誌には，ほとんどの特許が収録されている．

つぎに各国特許の略記号を示す．

アメリカ	U.S. Pat.	フランス	French Pat.	カナダ	Can. Pat.
イギリス	Brit. Pat.	イタリア	Ital. Pat.	スイス	Schwz. Pat.
ドイツ	D.R.P.; Ger. Pat.				

9・4 辞典とハンドブック

A. 一般の化学辞典とハンドブック

(1) Heilbron: Dictionary of Organic Compounds, revised and enlarged edition, Vol. 1~5 (1965).
　簡便で信頼性ある有機化合物辞典．化合物名のアルファベット順に並べてあり，その物理的および化学的諸性質，誘導体，関連ある文献が記載されている．年々新しい化合物や文献が増加するのに対

応して毎年 Supplement が発行される．
(2) Elsevier's Encyclopedia of Organic Chemistry, Vol. 1～20 (4 series)
大部な化合物辞典で，全部文献があげられている．Subject および Formula Index でひけるようになっている．1946 年から発行され，12, 13, 14 巻および 14 巻増補が出版されたが，そこで打ち切られたとのことである．
(3) Ullman: Enzyklopädie der technischen Chemie, 3 Aufl., Bd. 1～17.
工業化学向きの編集で化合物の項目を精選し，主として工業的製造方面に力を注いでいる．物理的および化学的性質や誘導体の記述もあり，関連する文献を記載している．
(4) The Merck Index of Chemicals and Drugs, 7 th ed. (1960)
アメリカの Merck 薬品会社から発行されている有機および無機化合物の辞典で，手頃な編集で便利な本である．巻末に掲げられている 300 余種の人名反応集は，つけ加えてある文献と共に，有機化学を学ぶものには役に立つものである．価格も比較的安い．
(5) N.A. Lange: Handbook of Chemistry
無機および有機化合物の物理定数を集大成したハンドブックで，利用価値が高い．
(6) 日本で刊行されている辞典類・便覧類としてはつぎのものがある．
　　日本化学会編：化学便覧（基礎編，応用編），丸善
　　化学大辞典，全 10 巻，共立出版
　　有機合成化学協会編：有機化学ハンドブック，技報堂

B. 既知化合物検索辞典

数多い有機化合物を，知られているすべてについて網羅した辞典は，化合物についての知見を得るだけでなく，ある化合物が既知物質であるか未知のものであるかを知るためにも利用される．このような辞典の作成は困難な大事業であって，現在までに数種類のものが出ているに過ぎない．われわれはこの辞典によって受ける大きな恩恵に感謝すると共に，この道をひらいた先輩，Beilstein と Richter の功績と努力に驚嘆せざるを得ない．

これらの化合物辞典は大きくわけて，分子式によって分類されているものと，化学構造によって分類されているものの二つがある．前者は Richter によってはじめられ，後者は Beilstein によってはじめられた．そしてこの大事業はその後半世紀以上，絶え間なく続けられ継承されて現在に至り，今や有機化学の研究には不可欠のものとなっている．中でも Beilstein 辞典は，現在唯一の有機化合物の完全な辞典である．いずれも普通の辞典と異なり，その使い方を知るためにちょっとした手引きが必要で，はじめての人はまごつくので，ごく簡単に説明を加える．

a. 分子式によるもの
(1) M.M. Richter: Lexikon der organischen Verbindungen, 3 Aufl., 4 Bde. (1912)
1884 年に初版が出されたが（Tabellen der Kohlenstoff-Verbindungen），逐次増補され，1912 年発行のものは 1909 年末までに発表された有機化合物に関する事項を収録してある．化合物をその構造が未知であっても既知であってもすべて分子式に書き改めて，C, H, O, N, ……などの順に簡単

なものから複雑なものへと並べてある．そしてそれぞれの物質について化合物の名称，物理化学的定数，Beilstein への参照や原典が記されている．

(2) R. Stelzner: Literatur-Register der organischen Chemie, 5 Bde.

Richter の事業は 1909 年までの既知化合物について行なわれたのであるが，その仕事は Stelzner によって継承され，1910～1921 年の 12 年間の研究をまとめて 5 巻の索引辞典が編集された．したがってこの書は Richter 辞典に接続して使用すべきものであり，内容と形式は同じである．

Richter, Stelzner につづいて 1922 年以降の既知化合物の分子式による検索は，つぎに述べる Beilsteins Handbuch の General-Formelregister（分子式総索引）を利用する．さらに新しいところは Chemical Abstracts の Formula Index, あるいは Chemisches Zentralblatt の Formelregister によらねばならない．いずれも数年分をまとめた総索引が刊行されているので，これを利用すると便利である．

b. 化学構造によるもの

Beilstein-Prager-Jacobson: Beilsteins Handbuch der organischen Chemie.
Hauptwerk（本編），4 Aufl., 31 Bde., 1910 年 1 月 1 日までの文献
Erstes Ergänzungswerk（第一増補版），27 Bde., 1919 年までの文献
Zweites Ergänzungswerk（第二増補版），28 Bde., 1929 年までの文献
Drittes Ergänzungswerk（第三増補版），未完，1949 年までの文献

Beilstein の有機化合物辞典は有機化学を学ぶ者は必ず手にする重要な世界的辞典である．有機化合物のもっとも広般な総括であり，最大の書である．今もなお本編を中心とし，次々に増補版が刊行されている．

St. Petersburg 大学の化学教授であった F.K. Beilstein (1838～1906) は，当時自分の研究を進めるうちに，集めていた文献が次第に多数になってきて取扱いに不便を感じ，それらを自分なりに編集したのがこの辞典のはじまりである．そして 1881～1883 年に 2 巻の書物として発行するまでになった．その後改訂増補を行ない，第 3 版（9 冊，1893～1906 年発行）までは彼個人の仕事としてつづけられた．しかしこの事業の重大性と個人の事業としては困難な点から，1896 年ドイツ化学会がその編集と版権を譲りうけることになり，Beilstein の死後 1907 年に B. Prager および P. Jacobson が中心になり，新しい計画の下に 29 巻からなる充実した辞典を発行することにした．このうち 28, 29 巻は索引である．そして 1919 年にはじめて新しい第 4 版の第 1 巻が刊行され，ひきつづき逐次出版されて 1938 年に完成したものである．これが Hauptwerk（本編）で，このときはさらに天然物編が 2 巻加えられ全 31 巻となった．この内容は 1909 年末までの文献に記載のあるものはことごとく収録してある．さらに本編の追加事項および 1910～1919 年の間に新しく発見された化合物に関する知見を集めて Erstes Ergänzungswerk を出版し，これも 1938 年までに完成した．この第一増補版は 14 冊からできているが，本編 27 巻全部に対する増補である．つづいて 1941 年から Zweites Ergänzungswerk が逐次刊行され，これは 1920～1929 年の内容を盛ったもので，1955 年までに Bd. 27 まで全巻が完成され，新しい総索引 Bd. 28 が刊行された．さらに 1958 年から新しい内容を盛った Drittes Ergänzungswerk が刊行されはじめている．これは 1949 年までの文献を収録することになっているが，刊行に年月を要するため，適宜より新しい文献も取り入れてあるようである．1968 年現在まだ完成されていない．

Beilstein 辞典は化学構造によって分類された辞典であるため，体系的に整然と編集されていて，構造のわかった化合物について調べるのにはたいへん便利である．その半面，構造のわかっていない物質についての集録が不十分であることはやむを得ない．興味の対象となるような天然物で，その存在や性質はある程度わかってはいるが，構造は完全にわ

かっていないものが多い.このような天然物については別巻として集録される計画になっているが,現在までに天然産の炭化水素,カロチノイド,炭水化物の一部が刊行されているだけで,たとえばステロイド,アルカロイドなどについての研究結果の集録がまだ刊行されていないのは残念なことである.

個々の化合物についての記載は,まず名称を列記し(慣用名,構造をあらわすような万国名,俗称など),分子式,構造式を示した後,所在,製法,性質など,既知の文献に出ていることは細大もらさずすべて集録されており,それにことごとく原典が付記されている.

Beilsteins Handbuch は有機化学の研究にとって大切なものであるから,この辞典の使い方についてはつぎの節に具体的に説明する.

9・5 Beilsteins Handbuch および Chemical Abstracts の使い方

A. Beilsteins Handbuch

Beilsteins Handbuch は一冊の簡単な辞典と違って,数十冊からなる組織だった大部な編集であるから,その使い方を一応心得ていないと利用することができない.以下きわめて簡単にその概略を説明する.

この辞典は常に Hauptwerk(本編)31 巻を中心として用いられる.Hauptwerk はそ

図 9・1 Beilsteins Handbuch der organischen Chemie

の第 28 巻が General-Sachregister (事物総索引), 第 29 巻が General-Formelregister (分子式総索引) になっている. Erstes Ergänzungswerk (第一増補版), Zweites Ergänzungswerk (第二増補版) および Drittes Ergänzungswerk (第三増補版) はそれぞれ本編の巻数と対応しており, 増補版の各ページの最上部に本編の対応するページ数が大きく書かれてある. Zweites Ergänzungswerk ではさらに第 28 巻, 第 29 巻として新しい General-Sachregister および General-Formelregister が刊行され, Hauptwerk 以下全巻の総索引となっている.

a. 化合物の分類と配列の順序

すべての化合物はその構造によって整然と体系づけて編集されている. まず炭素骨格の形に基づいてつぎの 4 段階に大きくわけられている.

I Acyclische Verbindungen　　　（非環式化合物）　Bd. 1 ～ Bd. 4
II Isocyclische Verbindungen　　　（単素環式化合物）Bd. 5 ～ Bd. 16
III Heterocyclische Verbindungen（複素環式化合物）Bd. 17 ～ Bd. 27
IV Naturstoffe　　　　　　　　　　（天然物）　　　　Bd. 30 ～ Bd. 31

複素環式化合物はさらに環内の異種原子の種類と数によってつぎのような順序に配列されている.

1. 環内O原子（またはS, Se, Te 原子）が 1 個, 2 個, 3 個, ……のもの　Bd. 17～19
2. 環内N原子が 1 個, 2 個, 3 個, ……のもの　　　　　　　　　　　　　Bd. 20～26
3. 環内O原子が 1 個, 2 個, 3 個, ……, 環内N原子が 1 個のもの
4. 環内O原子が 1 個, 2 個, 3 個, ……, 環内N原子が 2 個のもの
5. 同様にして, 環内N原子の数の多いもの　　　　　　　　　　　　　　Bd. 27
6. 環内の異種原子として O, S, Se, Te, N 以外の元素を含むもの

なお, ここで注意すべきことは Beilsteins Handbuch では, 炭素以外の元素を含む環をもつ化合物はすべて複素環式化合物として集録してあることであって, たとえば下に記すような化合物は普通の教科書では脂肪族化合物あるいは芳香族化合物の誘導体として記載されているが, Beilsteins Handbuch では複素環式化合物として記載されている.

エチレンオキシド (Bd. 17)　　酸無水物 (Bd. 17)　　ラクトン (Bd. 17)　　ラクタム (Bd. 21)　　イミド (Bd. 21)

9・5 Beilsteins Handbuch および Chemical Abstracts の使い方　217

また，普通の教科書では脂環式化合物と芳香族化合物が区別して記載されているが，Beilsteins Handbuch ではこの区別はなく，一律に Isocyclische Verbindungen として集録されている．

（i） **置換基の種類による分類配列**　非環式化合物および単素環式化合物は，さらに官能基（funktionelle Gruppen）の種類によって 28 種の群に分類され，つぎの順序にならべられている（以下の番号は単に官能基の配列の順序を示すもので，書物の巻数とは関係ない）．複素環式化合物の配列もそれぞれの環系についてこの順序にならべてある．

1. Kohlenwasserstoffe　　　　　　炭化水素
2. Oxy-Verbindungen　　　　　　$-OH$
3. Oxo-Verbindungen　　　　　　$>CO$
   Oxy-Oxo-Verbindungen　　　　$-OH, >CO$
4. Carbonsäuren　　　　　　　　$-COOH$
   Oxy-Carbonsäuren　　　　　　$-OH, -COOH$
   Oxo-Carbonsäuren　　　　　　$>CO, -COOH$
   Oxy-Oxo-Carbonsäuren　　　　$-OH, >CO, -COOH$
5. Sulfinsäuren　　　　　　　　　$-SO_2H$
6. Sulfonsäuren　　　　　　　　　$-SO_3H$
7. Selenin- und Selenonsäuren　　$-SeO_2H; -SeO_3H$
8. Amine　　　　　　　　　　　　$-NH_2$
   Oxy-Amine　　　　　　　　　　$-OH, -NH_2$
   Oxo-Amine　　　　　　　　　　$>CO, -NH_2$
   Amino-Carbonsäuren　　　　　$-COOH, -NH_2$
   Amino-Sulfonsäuren　　　　　$-SO_3H, -NH_2$
9. Hydroxylamine　　　　　　　　$-NHOH$
10. Hydrazine　　　　　　　　　　$-NHNH_2; -NHNH-$
11. Azo-Verbindungen　　　　　　$-N=N-$
12. N-Oxy-Hydrazine　　　　　　$-N(OH)-NH_2$ または $-NH-NHOH$
13. Diazo- und Diazonium-Verbindungen　$-N_2X$
14. Azoxy-Verbindungen　　　　　$-N=N-$
　　　　　　　　　　　　　　　　　　　$\downarrow$
　　　　　　　　　　　　　　　　　　　O

15. Nitramine, Isonitramine, usw. $-NHNO_2$ または $-N=NOH$
$$\qquad\qquad\qquad\qquad\qquad\qquad\qquad\qquad\quad \downarrow\atop O$$

16〜22. Andere N-Verbindungen (Triazane, Triazene, Tetrazane, Tetrazene, usw.)

23〜28. 他の元素（P, As, Sb, Bi, 金属元素）が炭素原子に結合している化合物

Beilsteins Handbuch を利用するに際して注意しなければならないのは，水酸基をもつ化合物が Oxy-Verbindungen と記されていることである．現代の命名法によれば OH はドイツ語でも英語と同様に Hydroxy であるが，Beilstein では編集当時の命名法により Oxy となっているから，まごつかないようにしなければならない．ただし Drittes Ergänzungswerk では新しい命名法によって Hydroxy-Verbindungen と改められている．

上に列記した 2〜28 の官能基とは別に，つぎの 7 種のものは**非官能置換基**（nichtfunktionelle Substituenten）として取扱い，これら 7 種の置換基をもつ化合物はこれらの置換基のない化合物の後に，その誘導体として記載されている．

$$\text{F, Cl, Br, J, NO, NO}_2, \text{N}_3 \text{ (Azido)}$$

たとえば

    クロルアセトン——アセトンの誘導体として Oxo-Verbindungen の部に（Bd. 1）

    ニトロベンゼン——ベンゼンの誘導体として Kohlenwasserstoffe の部に（Bd. 5）

数種の官能基をもつ化合物は，それらの官能基のうち上記 28 種の順番で最後に出てくる官能基のところに集録される．この場合も 7 種の非官能置換基は別扱いになる．たとえば

    アミノフェノール——Amine の部, Oxy-Amine（Bd. 12）

    アミノアゾベンゼン—— Azo-Verbindungen の部（Bd. 16）

    ニトロサリチル酸——Carbonsäuren の部, Oxy-Carbonsäuren（Bd. 10）

    スルホサリチル酸——Sulfonsäuren の部（Bd. 11）

（ii）**官能基誘導体**（funktionelle Derivate）   官能基の活性水素を他の原子団で置換してできる誘導体はもとの化合物の後につづけて集録される．この場合 2 種の化合物の組合わせでできる官能基誘導体については，成分化合物のうち上記の順序で後になる化合物のところに集録されている．つぎに重要な二三の例をあげる．

    エーテルはアルコールの官能基誘導体として Oxy-Verbindungen の部に記載される．

    フェノールエーテルはフェノールの官能基誘導体として Isocyclische Oxy-Verbin-

9・5 Beilsteins Handbuch および Chemical Abstracts の使い方

dungen の部に記載される（アルコールよりフェノールの方が後）．

カルボン酸エステルはカルボン酸の官能基誘導体として Carbonsäuren の部に記載される（アルコールよりカルボン酸の方が後）．

脂肪酸フェニルエステルはフェノールの官能基誘導体として Isocyclische Oxy-Verbindungen の部に記載される（非環式カルボン酸より環式オキシ化合物の方が後）．ただし安息香酸フェニルなどは Isocyclische Carbonsäuren の部になる（フェノールよりカルボン酸の方が後）．

酸アミドはカルボン酸の官能基誘導体として Carbonsäuren の部に記載される（アンモニアは無機化合物として別格）．

カルボン酸アニリドはアニリンの官能基誘導体として Isocyclische Amine の部に記載される．脂肪酸アニリドも同様に脂肪酸のところには書いてない（カルボン酸よりアミンの方が後）．

つぎにやや複雑な例をあげると

ベンゾインメチルエーテル　　C₆H₅-CH(OCH₃)-CO-C₆H₅

　　　　　Isocyclische Oxy-Oxo-Verbindungen (Bd. 8)

マンデル酸フェナシルエステル　C₆H₅-CH(OH)-COOCH₂-CO-C₆H₅

　　　　　Isocyclische Oxy-Carbonsäuren (Bd. 10)

b. 目的の化合物の選び出し方

すべての化合物は大体上に述べたように体系的に順序よく整然と配列されているので，ある化合物について調べたいときは，まずその化合物の構造によって，それがどの巻に集録されているかを検討する．少し馴れてくれば，あまり複雑な化合物でない限り，それが何巻に書いてあるかはすぐにわかるようになる．

そこで目的の巻を手にしたら，その中から目的の化合物を探し出すわけである．各巻の中に記載されている化合物の配列の順序については細かな規則があるが，この規則を知っていなくても実際問題としてほとんど不便を感じない．それは各巻の巻末にある事物索引を利用すればよいからである．この事物索引は化合物名のアルファベット順に並べられており，一つの化合物についていくつかの名称がある場合にはどの名称からでも引けるようになっていて非常に便利である．

事物索引のなかで位置異性体は一括してページ数が示してあるだけで，置換位置の記号は書いてない．鎖式化合物の場合は置換基が主要官能基に近いものから順に記載されている．たとえば Bd. 2 の Chlorbuttersäure の項には 276, 277, 278 と記されているが，これは始めから順に，α-，β-，および γ-クロル酪酸の記載のあるページ数である．

芳香族化合物の場合，数字が三つ並べてあれば始めから順に o-, m-, および p-化合物のページ数であり，四つ並べてあれば最後のものは側鎖に置換基のある化合物のページ数である．たとえば Bd. 6 の Oxymethyl-benzol の項には 349, 373, 389, 428 と記されているが，初めの三つはそれぞれ o-, m- および p-クレゾールのページ数であり，428 ページにはベンジルアルコールの記載がある．これらの化合物はもちろん Kresol あるいは Benzylalkohol として索引から求めることもできる．

c. 総索引の利用

Beilsteins Handbuch では，第 28 巻が General-Sachregister（事物総索引）となっていて，A—G, H—Z の 2 分冊になって，全巻に収録されたすべての化合物をアルファベット順にならべてある．この総索引を見れば，求める化合物の記載が何巻の何ページにあるかが一度にわかる．そこで最初に述べたように目的の化合物がどの巻に書いてあるかを知るのに苦労する必要はないのであって，はじめから総索引をひいてみればそれで目的の化合物の所在はすっかりわかってしまうわけである．しかし実際問題として総索引は別巻になった大部のものであるから，いちいち総索引を見て改めて目的の巻を探すのでは時間がかかってしようがない．また Beilsteins Handbuch は多くの人が頻繁に使うものであるから，みんなが総索引の奪い合いをしたのではますます能率があがらない．そこでやはり普通の化合物であれば総索引にたよらなくても，すぐに目的の巻が引き出せるように訓練しなければ Beilstein の能率的な利用はできない．総索引は，複雑な化合物で構造をみただけでちょっとどの巻に書いてあるかわからないという場合にはじめて利用すべきものである．

Beilsteins Handbuch にはさらに第 29 巻として General-Formelregister（分子式総索引）がある．これはすべての化合物を分子式の順に並べたものであって，構成元素の配列順はつぎのようにきめてある．

$$\text{C, H, O, N, Cl, Br, J, F, S, P}$$

その他の元素は元素名のアルファベット順である．炭素原子 1 個を含む化合物から順次炭素原子数の多いものに及び，同数の炭素原子をもつ化合物では他の元素の種類の数の少

ない簡単なものからだんだん複雑なものへと記載されている．C_1—C_{13}, C_{14}—C_{195} の2分冊になっていて，それぞれの分子式のところに化合物名と巻，ページが列記されている．

Hauptwerk の General-Sachregister, General-Formelregister はどちらも化合物名のつぎに太字で巻数が記され，つぎに Hauptwerk のページ数が示されている．ページ数を示す数字がいくつかあるものは位置異性体を示している（各巻ごとの索引と同様）．さらに最後に括弧をつけた数字で Erstes Ergänzungswerk のページ数が示してある．

Zweites Ergänzungswerk の General-Sachregister, General-Formelregister では **12**, 880, I 410, II 482 のようにして本編および増補版のページ数が示されている．

d. 各化合物についての記載の順序

各個の化合物についての記載の内容は下に示すような順序で記されている．

（1） 名称——もっとも普通の名称を見出しとし，つぎに別名（慣用名，万国名，俗称など）が列記してある．この書物が編集された頃はまだ IUPAC (International Union of Pure and Applied Chemistry) 命名法は完成されていなかったので，その前身であった万国名が使われている．現在の IUPAC 名とは幾らか違うものがある．

（2） 分子式

（3） 構造式，立体構造 (Struktur und Konfiguration)

（4） 歴史的沿革 (Geschichtliches)——とくに重要な化合物について

（5） 所在 (Vorkommen)

（6） 生成 (Bildung)

（7） 製法 (Darstellung)

（8） 物理的性質 (Physikalische Eigenschaften)

（9） 化学的性質 (Chemische Eigenschaften)——物理的方法で起こる化学反応，無機試薬によって起こる化学反応，有機試薬によって起こる化学反応

（10） 生理作用 (Biochemisches Verhalten)

（11） 用途 (Verwendung)

（12） 分析法 (Analytisches)——検出，試験，定量

（13） 付加化合物および塩 (Additionelle Verbindungen und Salze)

（14） その他——化学反応の結果得られる構造不明の化合物など

重要な化合物については以上の事項が，上に掲げた見出しをつけてこの順序に書いてあるが，もちろんすべての化合物についてこれらの事項がすべて書いてあるわけではなく，

多くの化合物については上記の項目のうち知られている事項だけが並べて記してある．

e. 利用についての注意

　Beilsteins Handbuch を使うときには，まず上に述べたような方法で Hauptwerk（本編）に記載されている場所を探して読むわけであるが，Hauptwerk を調べたら必ずつづいて Erstes Ergänzungswerk（第一増補版）を開いて新しい記載を調べ，さらにつづいて Zweites Ergänzungswerk（第二増補版）についてその後の文献を調べなければならない．Drittes Ergänzungswerk（第三増補版）のある場合には，これも探さなければならない．これはどんな場合でもつねに忘れてはならない重要なことである．Ergänzungswerk で目的の化合物を探し出すのは容易であって，巻の番号はすべて Hauptwerk と同じになっているから，たとえば Hauptwerk の Bd. 10 に記載されている化合物であれば，各 Ergänzungswerk について同じ Bd. 10 の索引を見て探せばよい．また Ergänzungswerk は各ページの上部に対応する Hauptwerk のページ数が明示してあるから，これに頼って探しても目的の化合物は容易にみつかる．Hauptwerk に記載があっても Ergänzungswerk には追加事項がなく載っていない化合物もあり，逆に新しい化合物は Hauptwerk にはないが，Ergänzungswerk には出ているというものがたくさんある．

　記載文中にはさまざまの略記号を使ってできるだけ簡潔に表現してあるが，各巻ともにその巻頭に文献として引用される原典雑誌の略記号と化学略号の説明がついているから，わからない場合は巻頭の略号表を見ればよい．なお，本文中に記載されている原典の著者名は，同じ項目の中で一度出てきたら，あとは略記されているから，そのつもりで見なければならない．たとえば最初の文献で（A.W. Hofmann, *A.* **53**, 221）と書いてあれば，A.W. Hofmann, *Ann.*, **53**, 221（1845）のことであり，同じ項目の後の方に（Ho.）とだけ書いてあれば前の Hofmann の文献の同一個所に出ていることを示し，また（Ho., *B.* **5**, 707）と書いてあれば A.W. Hofmann, *Ber.*, **5**, 707（1872）の意味である．

　最後に，Beilsteins Handbuch の記載は原論文の要点だけを手短かに抄録したものであるから，実際に研究実験に利用するときは，示された文献をできるだけ調べて，原典によって仕事を進めることが望ましい．もう一つ重要なことは現在刊行されている Drittes Ergänzungswerk までを全部調べても，1949 年までの文献に出ていることしかわからないのであって，それ以後の新しいことは Beilsteins Handbuch には書いてないということをよく心得ておかねばならない．実際の研究を行なうにはこれ以後の新しい文献も非常に必要なわけであるが，これを調べるにはたとえばつぎに述べる Chemical Abstracts な

9・5 Beilsteins Handbuch および Chemical Abstracts の使い方　223

どに頼らなければならない．

Beilsteins Handbuch のさらに詳細な手引きについてはつぎのものを参照されたい．

(1) Beilsteins Handbuch, 4 Aufl., Hauptwerk, Bd. 1, S. 1~46; Leitsätze für die systematische Anordnung.
(2) B. Prager, D. Stern, K. Ilberg: System der organischen Verbindungen. Ein Leitfaden für die Benutzung von Beilsteins Handbuch der organischen Chemie (1929), 246 S.
(3) E.H. Huntress: A Brief Introduction to the Use of Beilsteins Handbuch der organischen Chemie (1938), 44 p.
(4) 中沢浩一: 有機化学文献の調べ方, 広川書店

B. Chemical Abstracts

Beilsteins Handbuch に載ってないような新しい化合物について，また既知の化合物についても新しい文献を調べようと思えば，Chemical Abstracts によるのがもっとも便利である．Chemical Abstracts の使用法は，Beilsteins Handbuch にくらべるとそれほどむずかしくない．ただし一つの化合物について調べようと思っても，各巻（各年度）ごとに一つ一つ探して行かなければならないので，なかなか面倒である．そこで検索の便をはかるために，10年分ずつの Chemical Abstracts をまとめた Decennial Index が刊行されている．最近は化学文献の量が急速にふえて10年分では処理しきれなくなったため，1957年以降は5年分ずつをまとめて Collective Index が発行されるようになった．

Chemical Abstracts を使ってある文献を見つけ出そうとする場合，中心になるのは索引の使い方であって，巻末にある Author, Subject, Patent, Formula, Ring の5種の Index を上手にこなすには，やはりある程度その規則を知って馴れないといけない．

まず注意すべきことは，Chemical Abstracts はいわゆる有機化合物辞典ではなくて，化学全分野にわたる抄録雑誌であるということで，個々の化合物についての詳細な記載ではなく，まとまった一つの文献の簡単な紹介が目的である．しかしながら，この抄録雑誌は化合物を調べるためにも使うことができるので，そのためには索引の使用が大切になってくる．

一つの文献と著者がわかっていて，その内容がわからない場合に，その論文の要点を知りたいときは，その文献の発行年度あるいはその翌年の Chemical Abstracts について，年間総索引で Author Index を開いてみるとたいてい出ている．この場合は personal name のイニシャルがわかっていないといけない．同じ surname が非常に多いからである．たとえば Adams の項を見ると Adams C.I., Adams R., Adams W.J. など数十人

の Adams がならんでいる．

化合物について知りたいときは Subject Index をひく．Subject Index は事物についてあげられており word（用語）についてではない．もちろんその化合物についての知見を得るのが目的であるから，化合物名が論文の標題になっていなくてもその化合物のことが書いてある論文はすべて Subject Index からわかるようにできている．一般に化合物名は一定の命名法に従って記載されているが，その詳細は *Chem. Abstracts*, Vol. 47, No. 25 (December, 1953) の Subject Index Issue に規定されている．

図 9・2 Chemical Abstracts

Chemical Abstracts の Subject Index ではすべての化合物を化合物名そのままのアルファベット順に配列することをしないで，主要化合物を親化合物としてアルファベット順にならべ，その後にその置換体を列記するようにしてある．たとえば

    Benzoic acid（親化合物）

        ——, *p*-amino-

        ——, 2-chloro-5-nitro-　　など

置換基の配列順序は同一化合物内でも，別の化合物を並べる場合にもすべてアルファベット順にしてある．なお，置換化合物であっても広く使われる慣用名のある場合は別の親

9・5 Beilsteins Handbuch および Chemical Abstracts の使い方

化合物として cross reference がつけられている．たとえば

Benzoic acid

——, o-amino-, See Anthranilic acid

なお，Subject Index にはその内容をある程度はっきりと示すために modifying phrase がつけてある，たとえば見出しの化合物名の後に，detection of—— とか polymerization of—— というふうに簡単な説明句をつけた後，ページ数を示してある．また，間違いを防ぎ利用者の便を計る目的でよく cross reference がつけられ，一つの文献を両方の角度から指示するように，"see also ——" の形になっている．

化合物を分子式から検索するためには Formula Index がある．新化合物でまだ名称や構造式のわかっていない場合には，他の索引には入れられないので，この分子式索引の中にだけはいるから，そのような場合にはとくに重要な意味をもっている．

一般に分子式索引は元素記号をアルファベット順に並べて記載される．しかし，有機化合物の場合には C, H が先になっており，それ以外の元素はアルファベットの順になる．しかも C の数の順に配列されるのは Beilsteins Handbuch の General-Formelregister と同様である．

Ring Index は一種の構造式から索引する Index で，各年度ごとの Subject Index の Introduction のつぎにつけられ，また 1927～36 年，1937～46 年の各 Decennial Suject Index のつぎにも掲げられているもので，構造式から索引する便宜を計っている．

各 Index は相当するページ数を示した後に 1, 2, ……, 9（1946 年 Vol. 40 まで）あるいは a, b, ……, i（1947 年，Vol. 41 から）の添字がつけてある．これは各ページの上から下までを十等分して，記載事項がそのページのどの辺にあるかを指示するものである．1967 年，Vol. 66 からは各文献に順々に番号をつけ，Index にはページ数を示さないで文献番号を示すようになった．

10 化学の術語と略記号

化学には化学の表現上の諸規約がある．論文には長い表現を簡便に示すための略語がある．同時に化学の表現のための略語，略記号がある．一般に学術用語といわれるものはその分野に特有な用語であって，これを常識的に解釈しようとしても無理である．術語，略語，略記号などは，規約にもとづいて使われるときはまことに便利なものであるが，はじめてこれに接するときはしばしば困惑する．なぜならば，このようなことは普通の辞書にはでていないことが多く，化学書をみてもまとめてとりあげて説明してあることはほとんどないからである．

ここでは，このような困惑をできるだけ解決するため，一般によく用いられる化学の表現を整理して初心者の便に供した．

10・1 化学の術語を知るには

一般の化学用語，術語やその意義，あるいは化合物の命名法などは，つぎのような出版物を手引きとすると便利である．略語や記号に関するものもあげておく．現在，日本語の術語の標準となっているのは，はじめにあげてある学術用語集に集録されている文部省学術審議会学術用語分科会がきめたものである．

(1) 文部省編：学術用語集，化学編，南江堂，¥ 430

10・1 化学の術語を知るには　227

(2) 化学大辞典編集委員会編: 化学大辞典, 全10巻, 共立出版
(3) 橋本吉郎: 英日, 日英最新化学語辞典, 三共出版, ￥2800
(4) 橋本吉郎: 英独羅日, 化学略語記号辞典, 三共出版, ￥450
(5) A. Rose, E. Rose: The Condensed Chemical Dictionary, 5 th ed., 丸善, ￥1800

表 10・1　学術文書の一般略語（Academic Abbreviations）
　　　　　E: 英語, D: ドイツ語, L: ラテン語

記号		原語		意味	記号		原語		意味
Abb.	(D)	Abbildung		図, 挿画	no.	(E)	numero	(L)	︱番号, 第〜
Anm.	(D)	Anmerkung		註, 注意, 標識	Nr.	(D)	Nummer		︱
a priori			(L)	先験的, 先天的	od.	(D)	oder		あるいは
Aufl.	(D)	Auflage		版, 第〜版	op. cit.		opus citato	(L)	著作を参照せよ
Bd.	(D)	Band		巻, 第〜巻	p.	(E)	page		ページ
bes.	(D)	besonders		ことに, とくに	pp.	(E)	pages		ページ（複数）
bezw. bzw.	(D)	beziehungsweise		それぞれ, あるいは	resp.	(E)	respectively		それぞれ, おのおの
bezgl.	(D)	bezüglich		〜に関して	s.	(D)	siehe		〜を見よ
ca.		circa, zirca	(L)	約, おおよそ	S.	(D)	Seite		ページ
cf.	(E)	confer		参照, 〜を参照せよ	s.d.	(D)	siehe dies		参照せよ, これをみよ
dgl.	(D)	dergleichen		同様な	s.o.	(D)	siehe oben		上を見よ, 前述
d.h.	(D)	das heisst		すなわち	sog.	(D)	sogenannt		いわゆる
do.		ditto	(L)	同上	s.S.	(D)	siehe Seite		〜ページを見よ
ebenda	(D)			同じ場所に（文献・雑誌など）	s.u.	(D)	siehe unter		下を見よ, 後述
					Tl.	(D)	Teil		
ed.	(E)	edition		版, 第〜版	Tle.	(D)	Teile		︱部分
e.g.		exempli gratia	(L)	たとえば	Tln.	(D)	Teilen		
Einw.	(D)	Einwirkung		作用	u.a.	(D)	und anderes		および, その他
et al.		et alii	(L)	その他	u.a.	(D)	unter anderen		とりわけ
etc.		et cetera	(L)	等々, 〜など	u.a.m.	(D)	und andere mehr		その他たくさん
et seq.		et sequentia	(L)	以下参照	u. dgl.	(D)	und dergleichen		〜等々, およびこのようなもの
etw.	(D)	etwas		あるもの, いくらか	u.s.f.	(D)	und so fort		︱〜等々, 〜以下, これにならえ
f.	(D)	folgende Seiten		次ページ以下の	u.s.w.	(D)			︱
ff.	(E)	and the following		以下につづく	usw.	(D)	und so weiter		
fig.	(E)	figure		図, 挿画	vgl.	(D)	vergleiche		〜を参照せよ
ibid.		ibidem	(L)	同じ場所に（文献など, 同じ書物・雑誌に出ているという意味）	via			(L)	〜を経て
					vid.		vide	(L)	︱を見よ
					vide				
idem			(L)	同じ著者	viz.		videlicet	(L)	すなわち
i.e.		id est	(L)	すなわち, 換言すれば	vol.	(E)	volume		巻, 第〜巻
					vs.		versus	(L)	〜対〜
in situ			(L)	自然のままで	v.v.		vice versa	(L)	反対に
l.c. loc. cit.		loco citato	(L)	既出の, 前にのべた〜	z.B.	(D)	zum Beispiel		たとえば

(6) A.M. Patterson: A German-English Dictionary for Chemist
(7) A.M. Patterson: A French-English Dictionary for Chemist
(8) M. Hoseh: Russian-English Dictionary of Chemistry and Chemical Technology (1964)
(9) 斉藤秀夫: 理化学ロシア語辞典, 三共出版, ￥1500
(10) 漆原義之訳著: 国際純正および応用化学連合・有機化学命名法, 南江堂, ￥350
(11) 漆原義之: 有機化学命名法, 朝倉書店, ￥780

表 10・2 化学略語および記号一覧表

記　号	原　語	意　味	備考・用例
abs.	absolute	無水の, 絶対の	abs. alcohol, abs. configuration
Ac	acetyl	アセチル基	AcOH 酢酸, Ac_2O 無水酢酸
ac.	alicyclic	脂環式の	
act. (E)	active	} 活性の	
akt. (D)	aktiv		
al., aliph.	aliphatic	脂肪族の	
alc. (E)	alcoholic	} アルコール性の, アルコール溶液の	
alkoh. (D)	alkoholisch		
alk. (E)	alkaline	} アルカリ性の	
alkal. (D)	alkalisch		
ang.	angular	縮合環の接合位置についた置換基を示す.	ステロイドの 10, 13 位置のメチル基など
	angular alignment	数個の芳香環が一直線に並ばずに, 縮合していることを示す.	フェナントレンなど
anhyd.	anhydrous	無水の	
anti	(ギリシャ語)	反対側の (trans に相当する)	syn に相対する記号
aq.	aqueous	水性の (水溶液の)	
Ar	aromatic	芳香核を表わす記号	ArOH フェノール類
ar.	aromatic	芳香族の	
as-	asymmetrical	非対称の (置換位置)	正しくは unsymmetrical である
Bild. (D)	Bildung	生成	
bp	boiling point	沸点	bp 120°C bp 80°C/15 mm または bp 80°C (15 mm)
Bu	butyl	ブチル基	n-BuOH n-ブチルアルコール
Bz	benzoyl	ベンゾイル基	BzCl 塩化ベンゾイル
Bzl. (D)	Benzol	ベンゼン	
C*		放射性炭素あるいは不斉炭素	
cis		幾何異性体で同じ基が同じ側にあるもの	
calc.	calculated (value)	計算 (値)	
compd.	compound	化合物	
conc.	concentrated	濃〜	conc. HCl 濃塩酸
cor., corr.	corrected	補正された〜	mp 120°C (corr.)

記号	原語	意味	備考・用例
d, D	density, Dichte	比重	d_4^{20}, 20°Cにおける比重(4°Cの水の比重を1として)
D-		糖類，アミノ酸および関連化合物の相対配置の系統を示す記号	右旋性グリセリンアルデヒドと同じ相対配置．実際の旋光方向とは無関係
d-	dextro (rotatory)	右の，右旋性の	1949年頃までは相対配置の記号としても使われた
Darst. (D)	Darstellung	製造法	
de, des		ある原子あるいは原子団が除去されたことを意味する	deoxy, demethyl
dec. decomp.	} decompose	分解する	
dil.	dilute	希〜，薄い〜	dil. HCl 希塩酸
dl-, DL-	dextro-levo	ラセミ形	
endo	（ギリシャ語）	(1) 立体化学的に環の内部へ向いている置換基を示す．exoの対語	$endo$-borneol
		(2) 環の内部に橋をかけている置換基	endomethylene ⟨CH₂⟩
ESR	electron spin resonance spectrum	電子スピン共鳴スペクトル	
eq., equiv.	equivalent	当量	
Et	ethyl	エチル基	CH₃COOEt 酢酸エチル
exo	（ギリシャ語）	立体化学的に環の外側へ向いている置換基を示す．endoの対語	exo-borneol
F, Fp (D)	Gefrierpunkt	融点	F 150°C
Fl. (D)	Flüssigkeit	液体	
fl. (D)	flüssig	液体の	
found		実験値，測定値	
fp	freezing point	氷点，引火点（flashing point）の意味に使われることもある	
gef. (D)	gefunden	実験値，測定値	
gem.	geminate	双生の意，同じ原子に2個の原子団が結合していることを表わす	gem-diol CH₂(OH)₂ など
homo	（ギリシャ語）	ある化合物にCH₃あるいはCH₂基が1個加わった化合物を意味する	homophthalic acid $C_6H_4{<}^{COOH}_{CH_2COOH}$
i-		(1) 異性体を示す記号．iso-. i-の記号はまぎらわしいので現在あまり使われていない．	構造式を略記する場合には現在でもよく使われる．たとえば i-Pr，イソプロピル
		(2) 光学的不活性を示す記号 dl-と同義に使われることが多かった	
in vacuo (L)		真空中で，減圧下に	
in vitro (L)		試験管内で（生体外で）	
in vivo (L)		生体内で	

230   10. 化学の術語と略記号

記号	原語	意味	備考・用例
IR	infra red spectrum	赤外吸収スペクトル	
iso		異性体を表わす．とくに炭素鎖に枝別れのある異性体を示す符号として使われる	ギリシャ語で同じという意
K		平衡定数 (equilibrium constant)	
k		速度定数 (rate constant)	
konz. (D)	konzentriert	濃～	konz. H_2SO_4 濃硫酸
korr. (D)	korrigiert	補正された	Smp. 150°C (korr.)
Kp (D)	Kochpunkt	沸点	Kp_{15} 圧力 15 mmHg のときの沸点
L-		糖類，アミノ酸および関連化合物の相対配置の系統を示す符号	左旋性グリセリンアルデヒドと同じ相対配置．実際の旋光方向とは無関係
l-	levo (rotatory)	左の，左旋性の	1949 年頃までは相対配置の記号としても使われた
lin.	linear (alignment)	数個の芳香環が一直線に並んで縮合していることを示す	アントラセンなど
liq.	liquor, liquid	液体	
Me	methyl	メチル基	MeOH メタノール
meso		(1) 分子内償却による光学不活性体	ギリシャ語で中間，中央の意
		(2) メソ位置，たとえばアントラセンの 9,10-位置	
mp	melting point	融点	mp 100°C
			mp 100°C (corr.) 補正した融点
ms-		メソ位置の記号	meso 参照
MW	molecular weight	分子量	
n		屈折率	n_D^{15} D線で 15°C で測った屈折率
n-	normal	正～．炭素直鎖を示す	n-ブタン
Ndg. (D)	Niederschlag	沈殿	
neo		異性体または関連物質を表わすのに使う符号．とくに第四級炭素をもつ異性体を示すのに使われる	
NMR (nmr)	nuclear magnetic resonance spectrum	核磁気共鳴スペクトル	
nor		ある化合物から CH_3 または CH_2 基が1個除かれた化合物を意味する	norborneol
obs.	observed (value)	測定（値）	
ORD	optical rotatory dispersion	旋光分散	
Ph	phenyl	フェニル基	$PhNH_2$ アニリン
pH		水素イオン濃度	
pK_a		酸解離定数の対数の逆数	
pK_b		塩基の解離定数の対数の逆数	

記号	原語	意味	備考・用例
PMR	proton nuclear magnetic resonance spectrum	プロトン核磁気共鳴スペクトル	
ppt.	precipitation, precipitate	沈殿，沈殿物	
Pr	propyl	プロピル基	i-PrOH イソプロピルアルコール
prim.	primary	第一〜，第一級〜	prim. alcohol
Prod. (D)	Produkt	製品	
Py	pyridine	ピリジン	
quat.	quaternary	第四〜，第四級〜	quat. ammonium salt
R	residue	(1) 残基．アルキル基を示すことが多いが，一般に炭化水素などの母体化合物から水素原子1個または数個を除いた残基を示す	
	rectus (L)	(2) 絶対配置の記号．Sと対になる	
rac.	racemic	ラセミ体（の）	
S	sinister (L)	絶対配置の記号．Rと対になる	
sat.	saturated	飽和した〜	
s-, sec- (E)	secondary	} 第二〜，第二級〜	sec-butyl
sek- (D)	sekundär		
Sdp (D)	Siedepunkt	沸点	Sdp$_{20}$ 圧力 20 mmHg のときの沸点
Smp (D)	Schmelzpunkt	融点	
sp. gr.	specific gravity	比重	
spiro		2個の環が1個の原子を共有してつながっていることを示す	
sym-	symmetrical	対称の（置換位置）	sym-trinitrobenzene
syn	（ギリシャ語）	同じ側の（cis に相当する）	anti に相対する記号
t-, tert-	tertiary	第三〜，第三級〜	t-butyl, tert-butyl
trans		幾何異性体で同じ基が反対側にあるもの	
unsym-	unsymmetrical	非対称の（置換位置）	unsym-diphenylurea
v., vic.	vicinal	隣接位置（芳香核の 1,2,3-など）	
verd. (D)	verdünnt	希〜，薄い〜	verd. HNO$_3$ 希硝酸
Verb. (D)	Verbindung	化合物	
Vork. (D)	Vorkommen	所在	
wässr. (D)	wässerig	水性の，水溶液の	
X		ハロゲンを示すことが多いが，そのほか一般に置換基を表わす意味に使われることもある	
Zers. (D)	Zersetzung	分解	

表 10・3 有機化学の記号（ギリシャ文字その他）

記号	意味	用例
$[\alpha]$	比旋光度	$[\alpha]_D^{20}$　D線（ナトリウムランプの光）で 20°C で測った比旋光度
$\alpha, \beta, \gamma, \cdots\cdots$	（1）置換基の位置を示す記号	
	a）官能基から数えた炭素鎖の位置番号	$\cdots \overset{\gamma}{C}-\overset{\beta}{C}-\overset{\alpha}{C}-COOH$
	b）炭素鎖の官能基同士の相対位置	α-グリコール，β-ケトエステル
	c）環に接続する側鎖の位置番号	(ベンゼン環)$-\overset{\alpha}{C}-\overset{\beta}{C}-\overset{\gamma}{C}\cdots$
	d）ナフタリン，アントラセンなど縮合環の位置番号	(ナフタレン環 α, β)
	e）複素環の位置番号	(ピリジン環 α, β, γ)
	（2）異性体を区別するための記号	α-ピネン，β-ピネン
	（3）単糖類，配糖体のアノマーの記号	α-D-グルコース
	（4）縮合環系の立体配置の記号	ステロイドなどの立体異性体を区別するのに使う
Δ	二重結合	Δ^{3-} 位置番号3の炭素から二重結合が始まる
δ	化学シフトの記号（核磁気共鳴）	
$\delta+, \delta-$	分子内における電子密度の偏りを示す	
λ_{max}	電子スペクトルの吸収極大（波長）	
ν	波数	
μ	双極子モーメントをあらわす	
ξ	立体配置不明を示す	ステロイドの置換基などに使う
τ	化学シフトの記号（核磁気共鳴）	
ϕ	芳香核	ϕ-NO$_2$ ニトロベンゼン
ω	置換基が側鎖の末端にあることを示す（または長い鎖で主要置換基と反対側の鎖端に別の置換基があることを示す）	(ベンゼン環)-CH=CHNO$_2$　ω-ニトロスチレン BrCH$_2$(CH$_2$)$_{16}$COOH　ω-ブロムステアリン酸
⇃⇂	二重結合	
⫤	三重結合	
∞	infinite dilution（任意の割合に可溶）	
⟶	反応，不可逆反応	
⇌	可逆反応，平衡	
⇌	平衡が著しく一方に偏っている場合	
↔	共鳴	
⤺	Walden inversion	

表 10・4 単　位

記号	原語	意味
Å	ångström	10^{-8} cm
atm	atmosphere	気圧（1.013×10^6 dyn/cm^2）
lb	libva (L)	ポンド (pounds), 16 オンス (453.6 g)
cm^{-1}		波数の単位
cps	cycle per second	周波数, 振動数
D	Debye unit	双極子モーメントの単位, 10^{-18} cgs 静電単位
ft	foot	フート, 12 インチ (30.48 cm), 複数 feet
gal	gallon	ガロン (米ガロン 3.7852 l, 英ガロン 4.5465 l)
Hz	hertz	周波数の単位, cps に同じ
in	inch	インチ, 1/12 フート (2.54 cm)
K	kayser	波数の単位, cm^{-1}
°K	Kelvin	絶対温度
Mc	megacycle	10^6 サイクル
MHz	megahertz	10^6 ヘルツ, Mc に同じ
mμ	millimicron	ミリミクロン, 10^{-7} cm
mmHg		圧力の単位, 水銀柱ミリメートル
oz	ounce	オンス, 1/16 ポンド (28.349 g)
ppm	parts per million	100万分の1……非常に低い濃度を表現するのに使う (1) 核磁気共鳴における化学シフトの単位 (2) 重量および容積の単位
Torr (D)	(Torricelli)	mmHg, 1/760 atm
γ		10^{-6} g
μ	micron	ミクロン, 10^{-4} cm
μg	microgram	10^{-6} g

表 10・5 ギリシャ文字

符号		ギリシャ文字	英字	符号		ギリシャ文字	英字
A	α	alpha	a	N	ν	nu	n
B	β	beta	b	Ξ	ξ	xi	x
Γ	γ	gamma	g	O	o	omicron	ŏ
Δ	δ	delta	d	Π	π	pi	p
E	ε	epsilon	e	P	ρ	rho	r
Z	ζ	zeta	z	Σ	σ	sigma	s
H	η	eta	e	T	τ	tau	t
Θ	θ	theta	th	Υ	υ	upsilon	u
I	ι	iota	i	Φ	φ	phi	ph
K	κ	kappa	k	X	χ	chi	ch
Λ	λ	lambda	l	Ψ	ψ	psi	ps
M	μ	mu	m	Ω	ω	omega	ō

表 10·6 序　数

数	ローマ数字	数詞接頭語（ギリシャ語*）	数	ローマ数字	数詞接頭語（ギリシャ語*）
1/2		hemi- (semi-)	21	XXI	heneicosa-
1	I	mono-, mon- (uni-)	22	XXII	docosa-
1.5		(sesqui-)	23	XXIII	tricosa-
2	II	di- (bi-, bis-)	⋮		
3	III	tri- (ter-, tris-)	30	XXX	triaconta-
4	IV	tetra-, tetr- (quadri-, quadr-)	40	XL	tetraconta-
5	V	penta-, pent- (quinque-, quinqu-)	50	L	pentaconta-
6	VI	hexa-, hex- (sexi-, sex-)	60	LX	hexaconta-
7	VII	hepta-, hept- (septi-, sept-)	⋮		
8	VIII	octa-, oct-, octo-	100	C	hecta-, hecto-
9	IX	ennea-, enne- (nona-, non-)			
10	X	deca-, dec-	10^{-6}		micro (μ)
11	XI	hendeca- (undeca-, undec-)	10^{-3}		milli (m)
12	XII	dodeca-	10^{-2}		centi (c)
13	XIII	trideca-	10^{-1}		deci (d)
14	XIV	tetradeca-	10^{2}		hecto (h)
15	XV	pentadeca-	10^{3}		kilo (k)
⋮			10^{6}		mega (M)
20	XX	eicosa-, eicos-			

＊ カッコ内はラテン語

10・2　化学文献・図書の略記法

　われわれがレポート，論文，その他公式に発表する書類などを書くとき，必要に応じて参考に引用した図書や学術論文雑誌などを記載する．このような場合には学術雑誌の誌名の略号や巻数，ページ数などを書くのに一定のきまりがあって，簡単にわかりやすく書く必要がある．この略記法は各国によって多少の違いがあり，大体各国の化学会などが論文の投稿規則として定めている．学術雑誌に論文を投稿するときは，投稿規則をよく読んでそれに忠実に書くように心がけるべきものであるが，大学で簡単なレポートなどを提出するときにも，自分の実験結果や考察意見と参考にした図書や論文の記載とをはっきり区別して，引用文献を明記し，学術論文を投稿するときの形式に準じてきちんと書く練習をするとよい．

　学術雑誌の誌名略号はわが国では大体アメリカの Chemical Abstracts で採用されてい

るものが使われている．有機化学に関係あるおもな雑誌の略号は 9・3 (p. 208 以下）に示しておいたが，さらに多くの略号はつぎの書物に記載してある．

　　日本化学会編：化学便覧・基礎編，p. 1621 化学文献の略記法

学術雑誌に掲載されている論文を文献として引用するときの書き方は，日本化学会の論文投稿規則ではつぎのように定められている．これはアメリカ化学会の方式に準じたもので，日本で文献を記すときの標準とされている．

　　著者名，学術雑誌名略号，巻数，ページ数，発行年号
たとえば

　　D.J. Cram, R.C. Helgeson, *J. Am. Chem. Soc.*, **88**, 3515 (1966).

年号を巻数のかわりに用いている雑誌は，年号，ページ数の順に記載する．たとえば

　　P.L. Pauson, M.A. Sandhu, W.E. Watts, *J. Chem. Soc.* (C), **1966**, 251.

図書を文献として引用する場合の書き方も大体きまっている．

　　編著者名，"書名"，発行所（発行書店名，発行地名），発行年号，ページ数
たとえば

　　E.L. Eliel, "Stereochemistry of Carbon Compounds," McGraw-Hill, New York (1962), p. 261.

　　G. Jones, "Organic Reactions," Vol. 15, John Wiley, New York (1967), p. 204.

　　日本化学会編，"実験化学講座，続 **12** 核磁気共鳴吸収"，丸善 (1967), p. 247.

著者名の書き方としては initial (personal name の頭文字）を surname（姓）の後に書くあらわし方もあるが（たとえば Fieser, L.F.），文献に書く場合は一般に initial を先につける．

11 実験の記録と報告

11・1 見過されている Writing の問題

　一般に理工科系の人々は，文章や話があまり上手でないといわれる．簡明に要点を訴える文章で，よいレポートを書くことを難儀がる傾向がある．理工系の学生も，概して書くことをいやがり，表現力が乏しい．立派な科学者といわれるような人は，人格業績の優れているのはもちろんであるが，よい文章を容易に書く力のある人である場合が多い．
　どのような実験も研究も，何らかの形で発表されてはじめてその価値が認められるものであって，もしそれが永久に個人の胸の奥に閉されるなら，それは無意味であるといってもさしつかえない．実験はやがてレポートになり，研究は論文として公表されてはじめて生きてくる．それらは，筆を通して行なわれる文化活動である．
　化学者や化学技術者が，社会の一員として仕事をする場合に，諸種の書類（document）を作製する必要にせまられるのは常識である．それらはノートであり，記録であり，各種の報告と論文であり，場合によっては書簡である．現代の職業的見地からすれば，化学者は講演あるいは論文によって自分の研究を公表し，学界や社会に貢献するという大切な一面をもっている．そこで，筆をとって書くことが苦手であるならば，自分のアイデアと研究が社会に評価される機会の少ないこともやむを得ない．
　実験の学習をする場合にも，このことを肝に銘じて，実験に精出すと同じように，よい

記録と報告を書く練習をするのがよい．現在までの理工系の教育では，意識的な〈writing〉の訓練はあまり行なわれていないようである．化学では，学問上世界的に通用する専門の表現手段があり，これらを適当につなぎ合わせれば，ある程度の意味が通用する．それは，化学専門用語，化学式，化学記号，数式，図，表などである．そこで，正確には文章になっていないような記録や報文でも，大体のことはわかる．不幸なことに，このことが逆に文章に対する安易感を与えてしまう．下手であることが習慣になると，苦手になり，やがて筆をとることがおっくうになる．とにかく，書くことに馴れることである．そして，書くときに，文章の構成や表現を意識して工夫することである．一般に，書くことは自己の内容をまとめて検討することになり，反省と前進の基盤になるものである．

11・2　記録と報告の意味

a. 実験の記録

　実験の記録は，実験を全面的につかんで検討する唯一の貴重な材料であり，やがては実験報告の基礎となるものである．実験の計画，自分のアイデアの試みなどが，実際に実験してみた結果どうなったかが検討される．信頼される記録から，新しい事実，奇妙な現象，意外な間違いなども発見される．実験の記録は，一般に他人の目にふれるものではない．現場で記入するから，いつもきれいに書かれるとは限らない．だからといって，汚く無方策に書いては，いつどんな間違いを起こすかわからない性格をもっている．常にその日の天候を書く人と書かない人があったとする．実験がどうもうまくゆかず，それが天候の悪い日のときが多いとわかった場合，そこに湿度（水分）が反応に悪影響をもつという関係が浮び上ってくる．そこで記録は，できるだけ何でも書くことが望ましいことになる．われわれが行なう実験は，世界中で自分ただ一人，その時ただ一度だけ行なわれている，きわめて貴重な事実である．今まで他人によって，何回となく繰り返された反応であっても，何かちょっとした条件で新しいことが起こらないとも限らない．そして，その唯一の証拠が記録である．

　記録は，このような重要な意味をもっているから，作った記録は大切に扱わなくてはならない．しっかりした実験ノートに書き，紛失しないように注意する．たびたび起こることではないが，万一報告書など紛失したり焼いたりしてしまっても，記録が残っていれば，再び作りなおすことができる．実社会で会社関係の仕事をするときなどは，問題はさ

238　11. 実験の記録と報告

らに別の意味を含んでくるので重大である．用意のよい人は，実験ノートの要点を整理して別に保存しておく．

b. 報　　告

報告は＜他人に読ませる＞ものであって，読者を予想し，時には読者の要望に応えているものでなくてはならない．それは単なる＜実験記録＞ではなく，＜備忘録＞でもない．文章の目的は，一般に，事実，要件と，自分の内にある思想，感情などを整理して発表し，多くの人に訴えることにある．報告とは，感情だけを完全にとり去った文章である．化学の報告でいえば，自分の行なった実験を中心にして，その目的，実験方法，結果，所見，考察などを公表する．また，自分の新しい見解や思想を訴える手段でもある．そのためには，できるだけ多くの人々によくわかる，普遍性のあるものでなければならない．報告は，その人の実験，研究，学識，思想，人格のすべてを代表するものであり，いわばその人の顔のようなものである．

練習実験の場合も，報告作成の態度と方法は，なるべく一般の研究報告に準ずるのが望ましい．さきにも述べたように，実験結果を整理して検討し，考察を加えて報告を作成して，はじめて実験は完了したと考える．実験と手仕事とはまったく違うものである．

一方，練習実験の報告は，それによって自分の誤りを正し，不十分な点を補ない，実験のポイントのつかみ方を会得する手段になる．いい加減なデータや，手をぬいた実験，あるいはダイレクションのひきうつしのようなものに，借りものの意見などで表面だけつくろった報告では意味がない．

報告は，だれでもはじめから立派なものが書けるわけではない．そのために練習と経験が必要である．

11・3　実験ノートの書き方

実験の記録は，実験ノートを用いるのがよい．ノートは，なるべく厚い表紙の中型のもので，ルーズリーフやスパイラル式でないものが好ましい．記入は，インキを用いるのが好ましい．書き違いがあったり，あとで訂正したりするにしても，字に棒をひいて別に書き加える．一度書いたものは消し去らない．一度書いたページは破りとらない．この方法が，マイナスよりプラスになることは，研究者の経験に支えられている．実験ノートは必ず実験中にその場で書くものであって，後から清書したり思い出して書いたりするのはよ

11・3 実験ノートの書き方

くない．字がきたなくても，ノートが汚れても，やむを得ない．つぎに，有機化学の研究実験またはそれに準ずる実験を行なう場合の，実験ノートの書き方を説明する．練習実験の場合は，練習のつもりでこれに準ずるとよい．

（1） 実験の標題は，新しいページの上部に，はっきり大きく書く．

（2） ノートを見開きにして，左ページには実験の目的，原理，方針，用いる試薬・製品などの物理的性質，化学的性質，実験の装置図，参考事項，引用，図表，計算，などを記入する．これは，実験を実際に行なってゆく場合に参考になるものである．そして，実験にとりかかる前に準備しておくものが多い．

（3） ノートの右ページには，行なった実験の記録を，実験中に逐次その場で記入してゆく．その内容事項には，つぎのようなことがある．

　　　　日付，曜日
　　　　天候，室温など，要すれば湿度
　　　　実験条件：装置，試料，反応条件
　　　　実験方法
　　　　実験経過，操作
　　　　観察事項
　　　　各種物理定数の測定法および測定値
　　　　所見，その他

観察の記録はことこまかに詳しいほどよい．たとえ原因が説明できないような現象が多くあっても，みたままに記録しておく．

（4） 実験中の直接記録は，実験が終ったあとで整理し，実験結果や，つぎの実験に対するメモおよび内容についての小見出しなどを加えておく．整理された記録，データなどにもとづいて，計算や実験結果の考察が行なわれる．

一連の実験が終ったら，全体をまとめて表にしたり，結論的考察を加えたりする．

（5） ノートに書ききれないことがあったら，類似の紙片に書いて，ノートのページにのりで貼りつけておく．ただはさんでおくだけでは紛失しやすい．

研究実験を始めるようになると，いくつかの実験を組み合わせて行なうことが多くなる．このようなときは，記録のとり方を工夫して，各種の実験が混乱しないように注意を払わねばならない．そのためには，大型の紙に実験の進行状況が一目でわかるような一覧表をつくって，こまかい実験記録と並用すると便利である．全体的な方向と進度は，こう

した実験記録を整理検討することによって調整される.

　研究経験の浅いうちは，とかく細部のみにとらわれすぎて，本筋を忘れてしまう傾向があるから，なおさら実験全体の進行に気を配る必要がある．研究のためのノートは，上に述べた実験ノートのほかに，研究計画，結果と考察，実験のまとめなど，本質的な問題を十分に書くためもう一冊の別のノートを用意しておくとよい．

11・4　実験報告の書き方

　よい実験報告を書くには，実験の記録と報告の意味をよく理解したうえで，つぎのような実際方針に従って，はっきりした主張をするとよい．

a. 実験報告の目標
（1）一見してわかりやすく，正確な内容と間違いのない文章で，簡潔に書くこと．
（2）筋が首尾一貫しており，読んだ後に疑点を残さないものであること．
（3）自分自身の実験である立場をはっきりさせ，主体性のある報告であること．他人の文献の引用や参考は，それをはっきりさせること．
（4）感情的，独断的，そして誇大にならないこと．
（5）練習実験であっても，なるべく学術論文に準ずる心構えで書くこと．

b. 実験内容の取扱い原則
（1）とりあげる実験内容を選択して，ぜひ必要なものだけで構成する．
（2）実験成績は，失敗や誤りの点も明らかにする．よいデータだけが意味があるとは限らない．
（3）反応式，計算式，表，図（装置，グラフ，説明図），写真などをはっきり掲げて，十分な説明をつけること．
（4）自分に都合のよい仮定をたてて，都合よく内容を組立て，それだけで議論しないこと．

c. 報告の形式
　報告の精神や原則を心得ているだけでなく，従来一般に行なわれている報告の形式も参考に知っておく必要がある．この形式は一定しているものでなく，実験の種類や性格によって自由に変えられるものである．有機化学実験の報告は物理化学や分析化学の実験報告とは形式を異にするのは当然である．自分の行なった実験に対して都合のよい書き方があ

れば，思った通りに書くのがよい．ただし必須要項をぬかしたり，報告の原則を逸脱したようなものはいけない．下に有機化学実験報告のいくつかの例を示す．

〔A〕（1）題目　　　　　　　　　（6）実験方法
　　（2）年月日　　　　　　　　（7）実験結果
　　（3）実験者・協力者名　　　（8）考察
　　（4）実験の目的　　　　　　（9）結論（または総括）
　　（5）実験装置と材料　　　（10）参考文献

〔B〕（1）題目　　　　　　　　　（6）収量，収率，定数
　　（2）氏名　　　　　　　　　（7）重要な観察と所見
　　（3）実験期間　　　　　　　（8）全般の批判
　　（4）実験の要点　　　　　　（9）参考文献
　　（5）操作と状況（図，表などを　（10）その他
　　　　入れる）

〔C〕（1）研究題目　　　　　　　（8）実験方法，実験条件
　　（2）実験者・指導者名　　　（9）実験状況と結果（図，表などを入れる）
　　（3）報告提出年月日　　　（10）計算
　　（4）摘要（synopsis）　　　（11）考察
　　（5）目次（ページ数付記）　（12）将来に対する意見
　　（6）緒論（研究目的など）　（13）謝辞
　　（7）装置・試料・試薬　　　（14）参考文献

これらの報告の中に引用する参考文献類は，後にまとめて列記してもよいが，文中に番号をつけて，そのページの下に脚注として並べるともっとも見やすい．練習実験のレポートの場合も同様で，レポートのどの部分に引用した文献かを明示しておくのがよい．なお，練習実験の場合は，指導者からダイレクションや諸条件を与えられるので，いわゆる研究報告と内容や形式も少し変わってくる．そこで実験経過や結果についての報告のほかに，ダイレクションに対する所見，実験を実施する上に感じた諸点なども当然書かれてよいと思う．そのかわりダイレクションに書かれたとおりの記載はなるべく簡略化すべきであろう．

11・5 犯しやすいあやまち

　以上で，一応の要をつくしてあるが，初心者がレポートを書く場合に犯しやすい共通のあやまちがあるので，これを参考に示しておく．学生が無意識に書いた場合にあらわれる＜学生実験レポートの弱点＞とでもいうものである．

　（1）一般に，レポートに対する認識が不十分で，そのため，いきなり不注意に書いてしまう．また，書くことに不馴れで，正しい日本語が書けていない．

　実例として，誤字が多く，やたらに長くつづく句読点のでたらめな文，不用意に外国語をまぜる文，構造式を字のかわりに使う文などがあげられる．また，あわてて書いて検討しなかったための間違い，一人合点で内容のわからない文などがある．

　（2）実験レポートに不馴れのためと思われる構成と表現の不適当さが目立つ．

　実例として，実験メモそのままのようなもの，日記調でくだけすぎたもの，くどくど細かく無駄の多いものなどがある．そのようなものにはポイントが抜けている報告が多い．また女性の報告には感情のはいった報告がしばしば見受けられる．

　（3）自分の実験として報告する意識が不足していることがある．自分の実験を，どんなつもりで，どうしたかがはっきり打出されていない．また文献からひいてきたことと，自分が実際やったこととの区別がはっきりしないようなレポートが多い．

　（4）実験上の誤り，解釈と理解の不足があらわれる．これらは多くは経験不足のためと思われる．

好ましくない実例

　学生実験にあらわれたまずいレポートの実例をあげる．とくにまずい個所にはアンダーラインを付し，後に注釈を加えておく．

　　　Benzoin の酸化による Benzil の合成
　　（Organic Synthe<u>sis</u> Vol. 1, p. 87 の方法）

　4 g の <u>benzoin</u> に酸化剤として $CuSO_4$ と <u>Pyridine</u> を加え空気が通る様にして三口コルベンと自動攪拌機を使用して2時間反応させ<u>る</u>，反応後はコ

ルベン中に生じた benzoine を含む上澄と多分末反応の CuSO₄ 等と考えられる沈澱物を生じ，この時沈澱物の方が生成物と見誤った為 Benzil の分離に非常な不手際を生じた crude な gree の benzil を殆んど CuSO₄ の青色が消えるまで水で洗いこれを HCl に溶かして加熱冷却濾下した所黄色結晶を得たこれを CCl₄ で再結したが mp は 89° なので更に CCl₄ (7 cc) で再結晶した（ここで約半量減量した）　　　　　　　　　　　　（以上）

1. 実験メモであってレポートになっていない．
2. 全般的に内容が十分にわからない．
3. 全文に句読点はコンマが 2 個所あるだけで，だらだらつづいている．
4. 引用文献は正確に．Organic Syntheses, Coll. Vol. 1 と書かないと誤りになる．
5. 化合物名などの頭文字が大文字になったり小文字になったり統一されていない．英語とドイツ語の混用もよくない．
6. Py のような略号はレポートや論文の中では使わないほうがよい．
7. 誤字や間違いが多い（benzoine, 末反応, gree, 濾下など）．化合物名の語尾に e があるかないかはよく気をつけねばならない．このレポートで benzoine とあるところは，実は benzil である．
8. 不注意な表現が多い．crude な，沈澱，再結などの表現は文章に書くときは感心しない．正しい日本語，正しい術語を使うよう心掛けねばならない．

論文の書き方の手引き書
（1）田中義麿，田中　潔：科学論文の書き方，裳華房，¥ 780. 医学的色彩が強い
（2）富田軍二：科学論文のまとめ方と書き方，朝倉書店，¥ 680. 動物学的色彩が強い
（3）溝口歌子：英語の化学論文，南江堂，¥ 800
（4）千原秀昭：化学と英語，南江堂，¥ 650
（5）竹西忠男：化学と整理，南江堂，¥ 850
（6）中沢浩一：化学論文の書き方，広川書店，¥ 500
（7）L.F. Fieser: Style Guide for Chemists, 丸善，¥ 350
（8）後藤俊夫，山田静之訳：化学英語の 13 章，広川書店，¥ 650. 前記 Fieser の書物の訳書

12 実験の事故と対策

　実験の事故を防ぐ具体的な方法と，不幸にして事故が起こったらどう処置をすればよいかという問題は，こと人体と人命に関係ある以上，たいへん重要なことである．しかも防災，救急は，いざその場になって思案したのでは間に合わないことが多い．そこで，事故の種類，対策を平常から心掛けておく必要が生ずる．以下，簡単に要点をまとめて述べる*．

12・1　火　　　災

　実験室の火による災害は，注意していればほとんど起こるものではない．いわゆる火の元，バーナー，電熱器などは，完全な器具をととのえ，正常な使い方をして，あと始末さえ注意していれば，それだけで火災になることはまずありえない．実験室の火災のほとんどは，試薬類の引火か発火によるものである．さらに，爆発，突沸，実験装置の不備によって二次的にひき起こされる火災である．もし火が拡がれば，近くにある可燃性溶媒，可燃性物質への引火が起こる．従って，3章に述べた基本的注意に従って引火性物質，発火性物質，爆発性物質を扱っていれば，大きな失敗は起こらない．これらの危険物質の種類や危険の程度は p. 155, 表 6・1 に示してある．

　＊　放射能の害と対策については，専門書を参照されたい．

12・1 火　　災

a. 防火対策

（1）　低沸点の可燃性液体の取扱いは，常に注意を要する．とくに大量で実験するときは危険である．

エーテル，アセトン，アルコール類；石油エーテル，ベンジン，リグロインなど；ベンゼン，トルエン，キシレンなど；二硫化炭素，クロロホルム，酢酸エチル　その他

このうちエーテルは，有機化学実験ではもっともよく使われる溶媒であるが，沸点35°Cでマッチのもえさしや煙草の灰でも容易に引火するから，特別の注意が必要である．

これらの可燃性液体をやや多量に用いる実験は，実験室の出入口付近で行なってはならない．万一の場合，室内の人が出られなくなる．

（2）　一般に引火性の溶媒は，500 mℓ びん以上の大量を実験台上に置かないこと．できれば，溶媒のびんは実験台上に置かないのが一番よい．なお，溶媒は作りのしっかりしたびんに入れ，びんの口にぴったり合うコルク栓をあまりかたくなくしておく．壁の薄いびん，三角フラスコ，平底フラスコなどに入れて密栓すると，気温が上った場合，溶媒が蒸発して圧力がかかり，びんが割れる恐れがある．一般に溶媒のびんに，力いっぱい栓を押しこんで保存するのはよくない．

（3）　引火性溶媒を用いて，加熱あるいは反応を行なう場合は，平底フラスコ，三角フラスコを用いてはいけない．必ず完全な丸底フラスコを用いること．容器の加熱は直接にガス火，電熱で行なってはならない．たいていの場合は，湯浴そのほかの浴の中に入れて静かに加熱する．

（4）　引火性溶媒を扱っているときは，近くでバーナーを使わないこと．とくにエーテル，アセトンなどを用いているときは，2 m ぐらい離れたバーナーからでも引火することがある．万一誤って溶媒のびんやフラスコを割ったり倒したりしたら，直ちに付近にある火の元（バーナー，電熱器など）を一切とめる．溶媒を容器から容器へ移しかえるときも，同様の注意を要する．大量の場合は室外で注意して行なう．

（5）　液体の蒸留，濃縮，加熱などをしている場合，途中から沸騰石（p. 56 参照）を入れることは危険である．熱しながら入れると突沸（bumping）が起こり，火事の原因になる．このような場合は，必ず液を一度冷やしてから入れる．活性炭その他多孔質なものを加える場合も，同様の注意を要する．

（6）　エーテル，アセトンのような低沸点溶媒を蒸留する場合は，蛇管冷却器を用いる（p. 104，図 5・35）．蒸留の場合に冷却器が小さく，水の通りが悪く加熱が強いと危険で

ある．冷却器の送水が，水道の断水や減圧のために，とまったり弱くなったりすることがあるから，これら可燃性溶媒を扱っているときは，実験中監視を怠ってはならない．加熱が過度になると同様に危険である．

（7） 湯浴で加熱するときは，中の湯がなくなって空焼することがあるから，監視を怠ってはいけない．思わぬ過熱になり発火事故を起こすことがある．

（8） 油浴を用いる場合は，バーナーの炎に注意しなければならない．バーナーに十分空気を送って，炎をなるべく小さく強くして，油浴の底部だけに炎があたるようにする．とくに 200°C 以上に熱する場合，油の蒸気がバーナーの炎から引火する危険があるから気をつける．燃えやすい油のかわりに，不燃性の シリコーン油 を使っておけば安全である．

（9） 実験中でも，加熱しているとき以外は，ガスをつけ放しにしておいてはいけない．バーナーの火は用がすんだらすぐに消す習慣をつけるのがよい．

（10） 引火性溶媒の付着したものを，直火または加熱乾燥器で乾燥しないこと．また可燃性溶媒で再結晶した結晶を，よく乾かぬうちに電熱乾燥器などに大量入れないこと．溶媒を追出した油状物質の場合も注意を要する．

（11） 一般的な事故の対策を心得て，自分の身のまわりにどんな設備があり，いざという時どうすればよいかを考えておく（3章 p. 12 参照）．

b. 消 火 対 策

火災が起こっても，ほんの小さな火の場合は，放置しておけば間もなく燃えつきて消えることが多い．時と場合によっては，却ってそのほうが賢明であるが，やや大きい火災なら適当な処置をしなければならない．普通は，火を出した本人はたいていあわてているから，周囲の者が率先して助力しなければいけない．時には本人は身をひいていたほうがよいこともある．放置してもすぐ消えそうな火ならばよいが，そうでない場合は，助けを求める．室内に人のいない時は，大声で人を呼ぶ．一人で消そうなどと思ってはならない．

（1） まず落ち着いて火の元（バーナーなど）を消す．そして，この場合はどう処置をしたらよいかを考える．

（2） 可燃性の溶媒や，危険性のあるものを遠ざける（とくに水を嫌う試薬）．場合によっては，室外へ運び出す．

（3） 小さな火のときは，ぬれ雑布か適当な蔽いなどを上から静かにかぶせる．

（4） 決して吹いて消そうとしてはいけない．吹くとかえって燃えひろがることが多

12・1 火　災

い．容器をひっくりかえさないよう，また衣服へ引火しないように注意する．

（5）　やたらに水をかけてはいけない．有機溶媒の火事は，水では消えないものが多く（有機溶媒が水の上に浮いて燃える），勢いよく水をかけると装置や容器をひっくりかえし，また火をひろげ，かえって大事に至ることがある．

（6）　溶媒が流れて火がひろがった場合は砂をまく，砂に炭酸水素ナトリウムを混ぜると一層よい．

（7）　備えつけの消火器を使う．消火器は，炭酸ガス消火器か携帯用の二酸化炭素のボンベが一番よい．状況により，泡沫消火器，粉末消火器（ドライケミカルズ），四塩化炭素消火器，一塩化一臭化メタン消火器を用いる（p. 13，消火器参照）．また，四塩化炭素や炭酸水素ナトリウムを直接振りかけてもよい．

（8）　火の消し方の要領は，まわりにひろがらぬよう，発火物質の性質に適した消し方をする．

（9）　衣類に引火した場合は，直ちに床の上に横になってころげまわり，火を押し消すようにする．このとき，付近の人達は直ちに毛布，実験着などで身体を包んで火を消してやり，あるいはぬれタオルや水を使って消す．やむを得ないときは消火器を使うか，炭酸水素ナトリウムをかける．四塩化炭素は有毒だから使ってはならない．本人はうろたえて走りまわってはいけない．走ると火はますます大きくなり，炎を吸いこんだりして大事になる．油じみた汚い実験服は危険である．長い頭髪に注意．

実験室の火災は，各種の危険試薬があるため，普通の火事とは様子が違う．試薬類は，高熱や燃焼によって多くの有毒ガスを発生し，爆発が起こり，煙が多い．消火剤として，四塩化炭素やクロルブロムメタンを用いると，その蒸気は有毒であるだけでなく，熱分解によってホスゲンが発生して危険である（クロルブロムメタンのほうが毒性が弱い）．これらの蒸気やガスを吸うと，中毒を起こし（頭痛，吐気，視覚障害，精神かく乱），激しいときは死亡する．したがって，これらの消火器を狭い場所で使うときは，極力注意し，できればガスマスクを着ける．消火が終ったら，直ちに窓や戸を開放して，完全に換気を行なう．

金属ナトリウム，カリウム類に対しては，水，四塩化炭素，クロルブロムメタン，二酸化炭素，泡沫消化器を用いてはならない（激しく反応する）．したがって，火災が起こったらすぐに，これらを遠ざけるか持出すのがよい．もし，これらが火災源になっているときは，完全に乾燥した黒鉛粉末，ソーダ灰，食塩，石灰などの不燃性の粉末を用いておお

うことである．

最後に，このような応急対策で間に合わなくなったら，近くの火災ベル，電話などで，本式に救援を頼むことである．消火に夢中になって，巻き込まれると，対策が遅れるだけでなく，一命を失うことにもなりかねない．

c. 火傷の処置

（1）第一度の火傷（皮膚が赤くなっただけ）　範囲が狭ければ大した処理はいらない．空気にさらすと疼痛が増すことがあるので，チンク油などを塗るか，滅菌ガーゼをあてて，かるく包帯しておく．殺菌パッドつきの絆創膏もよい．

（2）第二度の火傷（水泡になるもの）　1000倍の逆性せっけん液で洗い，水泡の上からガーゼをあててかるく包帯をする．水泡は破らないほうがよい．破れてしまったら，テラマイシン軟膏などの感染防止剤のはいった軟膏を，ガーゼに厚くぬって，しわのよらないように傷面にあてる．傷が径 10 cm 以上になると，激しい疼痛があるので鎮痛剤が必要である．

（3）第三度の火傷（皮膚の表面が黒く焼け死んだもの）　1000倍の逆性せっけん液で洗ったのち，ガーゼをあて，直ちに医者にみせる．いじってはいけない．身体の表面積の半分以上の大きな火傷は，生命に危険がある．老人，子供はそれ以下でも危い．直ちに医者をよぶと同時に，できるだけ静かに寝かせ，衣料ははさみで切って全部とり去る．のどの渇きを訴えるので，冷水を飲ませ，室内を温かくしておく．

12・2　薬　　害

化学実験で扱う試薬は，いろいろのかたちで人体に害を及ぼすものが多い．薬害は，皮膚に触れ，吸いこみ，飲みこみ，放射線にさらされた場合に現われる．薬物の及ぼす害は，正確にいえば，障害（chemical hazard）と毒害（toxity）に区分されるが，ここでは，いわゆる有毒性，有害性，腐食性の試薬の事故と対策を一括して述べる．人体に何らかの害を及ぼす化学薬品については，6・2, p. 154 に危険な試薬として述べてある．

皮膚に触れたり，飲みこんだりすることは，十分に注意すれば防げる．有害ガスは，ドラフト中で扱うとはいうものの，完全に吸わないですむことはなかなかむずかしい（ドラフトの使い方は 5・20, p. 147 を参照）．とくに少量の有害ガスの発生や，濃度の低い汚染の場合はあまり気にしないことが多い．これは決してよいことではないし，いわゆる有

害性薬品の慢性中毒は恐ろしい．また，有毒ガスは吸入だけでなく，皮膚からの吸収もあるから，注意しなければならない．薬害を受けたら，直ちに応急処置をして医者にみて貰わねばならない．

a. 一 般 対 策

皮膚に試薬のついたとき　すぐにそれをとり去らねばならない．局部をこすってはならない．**酸**であれば水道の水で十分に洗い流し，炭酸水素ナトリウムあるいは炭酸ナトリウムのうすい水溶液で洗った後，再び水でよく洗う．傷のひどいときは，軟膏類を塗って包帯する．**アルカリ**ならば，水道の水で十分に洗い流し，希酢酸溶液（1％）あるいはホウ酸液（1％）で洗い，再び水でよく洗っておく．傷のひどいときはやはり軟膏類を塗って包帯する．**塩素および臭素**にはチオ硫酸ナトリウムがよい．そしてグリセリンを十分に塗り，上からこする．

リンが皮膚についたら直ちに水の中へその部分を入れる（空気にふれると発火する）．30分間洗ってから 3％ の硫酸銅溶液を15分間作用させて，リンを銅塩とし，ピンセットで取り除く．リンは強い毒性があるので注意しなければならない．後で油をつけてはいけない．

その他の有機試薬で，すぐ害を与えるものは，直ちにアルコールで洗い，さらに温水で洗い，医者の手当をうける．手についたぐらいと思って無神経に放置するのは正しい態度ではない．薬品によっては，皮膚から吸収されて中毒を起こすものがあるから注意する．毛髪，靴の中などに薬品が残っていないかどうか注意する．やや大量の試薬のついた時は，安全シャワーを浴びる．

目にはいったとき　試薬類が目にはいることは，眼鏡をかけることによってたいていは防げるが，万一はいった場合は，直ちに洗面器に水道の水を流しながら，顔ごとつけて目をパチパチして十分に洗う．あるいはホースやゴム管を水道につなぎ，水を上向きにあまり強すぎないように噴出させて洗うのもよい．それでなお痛みのあるときはすぐに眼科医へゆき手当をうける．決して目をこすってはいけない．医者には，目にはいった試薬の名をはっきり告げることが大切である．

一般に強酸で犯された目は，直ちに害されてしまい，アルカリに犯された目は少しずつ蝕ばまれてゆく．恐ろしいのは酸よりもむしろカセイアルカリである．

中和剤による洗眼を救急処置として行なうのは必ずしも得策ではない．酸のときはうすい炭酸水素ナトリウム液，アルカリのときはホウ酸水溶液で洗えばよいが，いい加減な処

置は危いから，医者にまかせて，自分では水洗だけ十分にやるようにするとよい．

また目の中へ液体，固体試薬のはいったときだけでなく，刺激性の有害蒸気で犯された場合も，同様にする．

吸入したとき　直ちに新鮮な空気の場所に移し（タンカ，板戸などにのせ毛布をかける），静かに寝かせる．顔が青白く唇や爪が紫色になった場合や，呼吸器を刺激するガスを吸入したときには，とくに酸素の吸入が必要である（つぎの＜意識を失った場合の処置＞参照）．救助者は，不用意に無防備で汚染環境に飛込まないこと．

飲みこんだとき　患者の意識がある場合にはつぎのような応急処置をする．

食塩水（1：5）あるいは温せっけん水などをコップに5杯ぐらい与えて，吐かせる．または，指をのど深く突き込んで吐かせる．この処置を少なくとも3回繰り返す．

毒物に対する解毒剤がはっきりわかっていれば，それを飲ませる．チオ硫酸ナトリウムはたいていの場合有効な解毒剤である．毒物がわからないときは，吸着剤を飲ませるのもよい．活性炭（2部），酸化マグネシウム（1部），白陶土（1部），タンニン酸（1部）の混合物を茶さじ山盛一杯，コップ一杯の水にうかべて飲ませる．

毒物が吐かれて胃が空になったら，牛乳，生卵，湯でねった小麦粉などを与え，横に寝かせて安静にする．

飲みこんだ毒物が不明の場合，早くそれを発見する．環境，実験の様子，薬品の容器，皮膚の着色，呼吸の臭気などを参考にする．

安静と保温　薬害だけに限らず，火傷の場合でも，重態になった患者は，医者に任せるまでは安静と保温が大切である．胸や腹を圧迫せぬように衣服をゆるめ，あるいははさみで切りとり，寒くないよう十分に保温する．あまり重い症状のようにみえなくても，少なくとも数時間は安静が必要である．ハロゲンや二酸化イオウのように肺水腫を起こすおそれのある被毒のときは，人工呼吸はかえっていけないことがある．

b. 意識を失った場合の処置

（1）　呼吸が正しければ，安静にして医者を待つ．顔面蒼白なら枕をはずしてやる．

（2）　無理に意識をさますようなことはしない．

（3）　気管に異物がはいって，のどをふさがないよう気をつける．舌，入歯なども危い．注意深くこれを引出し，顔を横に向けてあおむけにねかせる．口からは何も与えない．

（4）　顔面蒼白で，唇や爪が紫色になったら，酸素吸入を行なわせる．5％ほど二酸化

表 12・1　主要薬害救急法（主として"化学実験の安全指針"（丸善）による）

化合物	毒性	処置	備考
塩素	刺激・窒息傷害	エーテルとエタノール1：1混合物の蒸気をかがせるか，エタノールを吸入させると，塩素の刺激を柔げ，せきを止める．飴をなめさせるのもよい．肺水腫を予防するため，軽い場合でも24時間ぐらいは安静を保たせる．	
臭素	同上	同上．うすいアンモニアをかがせるとよい．皮膚についたら，よく水洗し（30分），炭酸水素ナトリウム水溶液か食塩水に浸す．あとグリセリンをぬる．	
シアン化水素	中毒（中枢）	とくに迅速な処置が必要．保温安静にしてねかせ，後頭部を冷す．亜硝酸アミルのアンプルをガーゼやハンカチに包んだまま割って，鼻口にかざしてかがせる．これを1分間に15～30秒の割合でくりかえす（手当している人はかいではいけない）．呼吸が止ったら，ただちに人工呼吸を始めるが，その間も亜硝酸アミルをつづける．	中毒後10分ぐらい生命を保つなら，死ぬことはない．
シアン化合物	中毒（中枢）	皮膚は十分にせっけん水で洗う．眼にはいったら大量の水で15分以上洗う．飲みこんだら，意識のあるときは，1杯の微温湯か食塩水を飲ませ，指をのどに入れて吐かせる．その後で，約500mlの1％チオ硫酸ナトリウム水溶液を1杯ずつ，15分間に1回の割合で2回与える．亜硝酸アミルをかがせる．	
一酸化炭素	中毒（中枢）	直ちに，新鮮な空気の所へ静かに運び，絶対安静と保温をする．できれば日光の直射にあて，カフェイン，安息香酸などの中枢興奮剤を注射する．酸素吸入をする．呼吸がよくできないときは，人工呼吸をする．	無色無臭のため，救助者は注意!!
リンおよびその化合物	刺激・中毒腐食	飲みこんだら硫酸銅（3gを水200mlに溶かして）を与える．または大量の水または食塩水を飲ませ，のどに指を入れて吐かせる．蒸気を吸入したら，持続的に酸素吸入をする．皮膚や目をやられたら，十分に洗ってとる．有機リン化合物の場合は，硫酸アトロピンが効く．	p.249を参照せよ．
ヒ素化合物 水銀化合物	中毒（中枢）	一般法しかない．チオ硫酸ナトリウムを飲ませ，吐かせて胃を空にする．	
硫化水素	中毒（中枢）	新鮮な空気の場所に移し，一般法．また，ごく薄い塩素ガスを吸入させるとよい．眼が痛むから，暗室におき，冷湿布，頭に氷のうをする．	
二硫化炭素	中毒（中枢）	一般法．酸素吸入．人工呼吸．	
二酸化イオウ 酸化窒素	刺激・窒息	うがい（1～3％炭酸水素ナトリウム水溶液）をくりかえす．せきを止めるには飴をなめる．硫酸ナトリウム20～30gを大量の水に溶かして飲ませる（解毒）．肺水腫を起こすおそれがあるので，24時間ぐらいは安静にする．	
フェノール類	中毒（中枢）腐食	皮膚は，その臭気がなくなるまで流水で完全に洗う（せっけんもよい）．大量の70％エタノールか，20％のグリセリンで洗うことができれば一層よい．そのあと，3％チオ硫酸ナトリウム水溶液を浸した湿布で包帯する．飲んだら，大量の食塩水を飲ませて，フェノール臭のなくなるまで吐かせる．その後で硫酸ナトリウム1さじを水にまぜて与える．	
ホルムアルデヒド	刺激	ガス吸入の場合は，一般法に従って処置し，濃いコーヒーか茶を与える．飲みこんだら，まず牛乳を多量に飲ませる．または炭酸水素ナトリウムを茶さじ1杯，水と共に与えてから，吐かせる．	
メタノール	中毒（神経）	大量（4g）の炭酸水素ナトリウムを15分ごとに4回飲ませる．この中毒は，起こってから数時間して急に悪くなることがあるので，軽いようでも24時間は医師の監督のもとにあること．	
ニトロベンゼン アニリン	中毒（中枢）	コーヒー，ジュースを飲ませる．普通の頭痛薬はいけない．コデインで頭痛は軽減する．	

炭素を含んだ酸素がよい．100% 酸素を直接に吸入すると，呼吸中枢のまひが助長される．

（5）呼吸が止ったら，人工呼吸をする（不必要な人工呼吸はむしろ安静を妨げる）．緊急の場合の人工呼吸は，口移し法がよい*．

（6）心臓が止ったら，心臓マッサージをする．

c. 主要薬害の救急法

一般にとられている方法を，表 12・1 にまとめて示す．毒物に対する反応は個人差もあるし，状況によっても異なるから，臨機の処置が必要である．表 6・2 も参照せよ．

12・3 爆　　発

爆発とは急速に化学反応が進んで，急激に多量の気体を生じ著しく体積を増大する現象である．そこで急速に化学反応が進む可能性のある化合物——すなわち爆発性の物質の性質を知って，爆発が起こるような条件を避けるように注意するのが唯一の対策である．爆発は起こってしまえば瞬時で，起きてからの対策ということは考えられない．もしあるとすれば，火傷，傷害やショックの手当であり，また試薬をかぶった場合は，薬害の手当になる．とくに眼の保護に注意することで，プラスチックの保護眼鏡をかけるとよい．

爆発性ということばは，正確にいうと，爆発の難易すなわち感度と，爆発の強弱すなわち威力との二つの要素からなっている．火薬として使われるには，爆発を起こしやすいものが起爆薬として他種の火薬類に爆発を起こさせ（例：ジアゾニトロフェノール），爆発力の強いものが炸火薬として威力を発揮する（例：ダイナマイト）．実験室では，爆発は簡単には起こらないが，一般には前者すなわち感度の高い爆発しやすい化合物の取扱いに注意しなければならない．一般に爆発力はそれほど強くないが，爆発しやすいものとしては，ジアゾ化合物，有機過酸化物，アセチレン系化合物などがあり，爆発しにくいが強力なものの代表としてニトロ化合物などがある．このほか，他物質と混合した場合に爆発性を示す化合物（酸化性試薬）がある．酸化剤と可燃性物質の組合わせである（過酸化水素と無水ヒドラジン；硝酸カリウムとイオウ，木炭など）．

爆発を起こす原因としては，火炎，加熱，衝撃，まさつ，電気火花などがある．このうちとくに問題になるのは，熱，衝撃，まさつである．衝撃とまさつは，それによって局部

---

* 人工呼吸法は専門書か，日本化学会編：化学便覧・応用編（丸善）を参照．

12・3 爆　　発　　253

的に加熱された個所ができて，そこで加熱されたときと同じ熱分解が起こり，その際の発生熱量が失なわれる熱量より大きいと，自己加熱され，分解速度が急激に増加して爆発になる．

a. 爆発予防の注意

（1）　ナトリウム，カリウム，黄リンなどは自然発火するだけでなく，大量の場合は常に爆発の危険を伴うから，指示に従って注意して扱うこと．

（2）　ナトリウム，カリウムは脂肪族ハロゲン化物，たとえばクロロホルム，四塩化炭素などと猛烈に反応して爆発するおそれがあるから注意すること（乾燥剤には使えない）．

（3）　水と激しく反応する物質について警戒せよ．ナトリウム，カリウムのようなアルカリ金属に，水は絶対に禁物であるばかりでなく，カーバイドのような化合物も，水との取扱いには注意しないと危い．そのほか無水塩化アルミニウムや生石灰なども，普通の場合はそれほどのことはないが，大量扱う場合には，水に注意しないと危険な場合がある．

（4）　分解して急激にガスの出るものは危険である．とくにニトロ化合物には爆発性のものが多い．融点測定は加熱することになるから，爆発性のものの場合は注意を要する．

（5）　一般に酸化反応を行なうときは，十分に注意して急激な反応を極力避けること．また，いわゆる酸化剤といわれるものの取扱いには十分気をつけることである．酸化性爆発物は，いわゆる混合危険による（p. 155, 254 参照）．

（6）　実験室でよく用いるクロム酸混液は，あまり濃くすると危険である．薄くても，これに急にニトロ化合物など入れると，爆発することがある．

（7）　酸化反応に準ずるものとして，ニトロ化反応がある．ニトロ化は一般に発熱反応で，冷却する必要があるが，冷しすぎるとかえってニトロ化剤とニトロ化される物とを早く混合する結果になり，後で一度に反応が起こり爆発することがある．

（8）　引火性液体は空気と共存するとき，爆発混合物をつくる．その蒸気の爆発の限界温度が室温に近い場合は，爆発しやすい．メタノール，エタノール，エーテル，ベンゼンなどは，この意味で引火だけでなく爆発にも注意しなくてはならない．

（9）　多量の引火性，揮発性溶媒を水道の流しに捨ててはいけない．

（10）　一般に蒸留の際に最後に液が少なくなった時は注意を要する．たとえばエーテルを回収するため廃エーテルを蒸留すると，ほとんど蒸留が終ったと思われる瞬間によく爆発する場合がある．これは廃エーテル中にエーテル過酸化物が生成していて，蒸留によって濃縮された結果である．とくに古いエーテルが危いし，またニトロ化合物などの蒸留の

ときも気をつけねばならない.

なお,エーテルを無色すり合わせびんに入れておくことは,種々の意味で危険である.自動酸化が進み,すり合わせでこすられて爆発する.

b. 爆発性化合物の種類

酸化剤（混合危険）

液体酸素,液体空気,過酸化水素,過酸化物(無機,有機), 過塩素酸,過塩素酸塩,塩素酸塩,過マンガン酸塩,重クロム酸塩,硝酸,発煙硝酸,硝酸塩(無機,有機), 二酸化窒素,四酸化二窒素

一般に液体酸化剤とアミン類との混合は,分解発火しやすい.固体酸化剤と強酸の混合も爆発しやすい.

一般に過酸化物は,容易に分解して酸素を与えるため爆発性である.無機過酸化物は,他の可燃物との混合によって強力な爆発を起こすのであるが,有機過酸化物は他の可燃物がなくても,それ自身で爆発性を内臓している.有機過酸化物は,他の可燃物と混合しても,反応性のない溶媒でうすめても,その爆発性にはあまり変化がない.過酸化ベンゾイルは,古くから一種の火薬として用いられている（爆発性物質に入れられている）.過酢酸は加熱したガラス棒でかきまぜるか,あるいは 110°C に加熱すると爆発する.過酸化水素は 75 wt% 以上になると,単独でも爆発する.一般にこれらの物質は,それが不純であれば,それ自身に爆発性があるものとみなけ ればならない.

ニトロ化物,硝酸エステル

ニトロ基の数の多いほど爆発力は強い.ニトロ化合物は,湿っている場合は安定であるので,ポリニトロ化合物などは水の中に貯えて,自然爆発の危険を防ぐ.硝酸エステルは衝撃によって容易に爆発する危険な物質である.

その他

アルカリ金属,カーバイド,アセチレン,アセチリド,ジアゾ化合物（ジアゾメタンを含む）,雷酸塩,アジド（無機,有機）

12・4 傷　害

実験中はどんな外傷をしやすいか,どうすれば防げるか,傷害にはどんな処置をすればよいか,一般的な常識を述べる.有機実験では,こまごましたガラス器具を多く使うし,

皮膚を荒す試薬を扱うので，手に傷をしやすく，また傷をすると困ることが多い．したがって，できるだけ外傷をしないよう，日常の注意が肝要である．爆発などの場合は，総合的な複雑な外傷を受ける．ガラスで傷をすると，深い場合は出血が大きいので，適当な止血法をしなければいけない．

ガラス器具による傷には，いろいろの場合があるが，ガラスおよびガラス器具の性質と正しい扱い方をよく心得ていれば，片輪になるほどの大けがをしなくてすむ．ガラス器具による傷には，切り傷，突き刺す傷，爆発による傷などがある．

ガラス器具を安全に扱う常識として，つぎのようなことがあげられる．

（1） ガラス管，蒸留フラスコの枝，温度計などをコルク栓やゴム栓に差し込むときは，十分注意しないと，ガラスが折れて手を突き刺す（p. 75 の注意を参照せよ）．

（2） ガラス器具は，あまり力をいれて持ってはいけない．また相当量の液のはいったビーカーのふちを手でもってはいけない．液の重みでふちが割れる．このような場合，手を切りやすい．

（3） ガラス器具を洗っているとき，よそ見をしてはいけない．とくに，せっけんを混ぜてあるクレンザーを使って洗うときは，泡立ちヌルヌルしてすべるから注意せよ．洗浄中のガラス器具破損率は割合に大きい．

（4） 減圧蒸留の場合，外気圧によって容器が粉砕することがある．普通の三角フラスコのような，機械的に弱い容器は絶対に使わないようにして，厚肉のなす形フラスコ，そのほか指示された丈夫な容器だけを使うよう気をつける．

応　急　処　置

（1） 傷の部分をたしかめ，傷の周囲にマーキュロクロムを塗る．傷がよごれているときは，過酸化水素水（3%）でよく洗う．油類のよごれは，ベンジンで傷のまわりから外に向ってぬぐい，その後をアルコールで同じようにふく．

（2） 傷口のあたりを軽くおさえて，痛みを感ずるなら，ガラスの破片が内部に残っている証拠であるから，これをとり出す．破片は，傷口を強く押してピンセットではさみ出す．

（3） 消毒ガーゼをあてて包帯する．殺菌パッドつき絆創膏も便利である．

（4） もし血がつづいて出るようだったら，きれいなろ紙あるいは脱脂綿で，しばらく切り口を抑えていると止まることが多い．傷が大きいか，あるいは急所の傷で出血がはなはだしいときは，傷の場所よりも心臓に近いところの脈どころを強くしばって止血法を講

ずる．しばり方は強すぎてはいけないし，2時間以上しばりつづけてはいけない．そして直ちに医者の手当を受けなければならない．また爆発で受けた傷も，すぐ医者の手当を受ける．これらの手当の方法はガラスの場合だけでなく，他の器具による場合もまったく同様である．薬害のある試薬類が，ガラスと共に身体にくい込んだり皮膚についたりした場合は，薬害に対する手当のほうを先に行なわなければならない．

（5） もしガラス片などが目にとびこんだときは，もっとも始末が悪い．異物がただとびこんだだけの時は，下を向いて目をあいていると涙と共に流れ出すことがあるし，流水で目を洗うか，洗面器の水の中に顔をつけて目をパチパチしていると流れ出すことがある．目の中に入った異物が見えるときには清潔な脱脂綿を湿らせて上手にとり出すこともできる．小さいガラス片などが眼球にささったり傷つけたりする場合が多いから，ちょっと水で洗ったぐらいで出てこないときは，やたらに洗ったりこすったりしないで，そのままにしてすぐ眼科医に手当を受けなければいけない．

（6） 爆発などで，大きな傷をうけて倒れた場合は，意識，脈，呼吸などを調べてから，傷と出血の手当をすると共に，医者を呼ぶ．

化学実験の安全対策のための参考書類

(1) 日本化学会編：化学実験の安全指針，丸善
(2) 日本化学会編：防災指針（I～V），丸善
(3) 日本化学会編：化学便覧・応用編，丸善，「化学工業安全」の章
(4) 防災ハンドブック，技報堂
(5) H.A.J. Pieters, J.W. Creyghton: Safety in the Chemical Laboratory, Butterworths, London. 邦訳，奥田重喜：化学実験室の災害防止，三共出版
(6) I. Guelich: Chemical Safety Supervision, Reinhold
(7) 文部省：理科教育資料，1，小中高校理科実験における事故の防止，明治図書

器材索引

あ 行

足ふみふいご　50*
アスピレーター　33*
アダプター
　　減圧蒸留用——　106*
圧力計　47*, 106
アブデルハルデン乾燥器　132*
洗いばけ　55*
アリン冷却器　24*
アンプル　186
アンプルカット　51*

石綿つき金網　55*
いはい型圧力計　47*

ウィドマー分留管　25*, 26
上皿天秤　46*

枝つきフラスコ　22*
L形温度計　26*
エルレンマイヤーフラスコ　20*
塩化カルシウム管　28*
円筒ろ紙　57
塩浴　81

折りたたみろ紙（ひだつきろ紙）　90*
温度計　26*

か 行

開管圧力計　47*
かきまぜ機　87
かきまぜ装置　88*
かきまぜ棒　27*, 88
カセロール　39*
架台　39, 40*

過熱水蒸気発生装置　44*
加熱盤　83*
ガラス細工用バーナー　41*, 42
ガラスフィルター（グラスフィルター）　30*, 32
ガラスろ過器（グラスフィルター）　30*, 32
乾燥器　35*, 49, 50*, 132*
還流冷却器　23, 24*, 83

吸引びん　91
吸引ポンプ　33*
共栓びん　64*
共通すり合わせ器具　29*
金属浴　81

空気冷却器　23, 24*
薬さじ　52*
グーチのるつぼ　30*, 32
クライゼンフラスコ　106*
グラスフィルター　30*, 32
クランプ　39, 40*, 77
グリニャールフラスコ　21*
クロマトグラフィー装置　144*

ケルダールフラスコ　20*, 197*
減圧蒸留装置　106*
減圧蒸留フラスコ　23*
減圧蒸留用毛管　69*, 107

高圧ガス容器　146
コニカルビーカー　20*
駒込ピペット　52*
ゴム栓　72
コルク栓　72
コルクプレス　50*, 73
コルクボーラー　51*, 73
コルベン（フラスコ）　20*
コンデンサー（冷却器）　23*

〔注〕 * 印は器具の図のあるページ，斜体数字は使用法の記してあるページを示す．

258　器材索引

さ 行

砂浴　81
三角フラスコ　20*
三　脚　40,41*
サンプルチューブ　55*

試験管　19
試験管立て　19*
自動上皿天秤　46*
ジムロート冷却器　24*,25
蛇管冷却器　24*
シャーレ　54*
常圧蒸留装置　*100**
常圧蒸留フラスコ　22*,*100*
消火器　13*
蒸発皿　38,39*
蒸留フラスコ　22*,*100*
試料びん　55*
伸縮架台　40*
振盪機　46*

水銀封　88,89*
水蒸気蒸留装置　*112**
水蒸気発生器　44*,*111*
水蒸気浴　80
水　浴　42,43*,*79*
水流ポンプ　33*
スクリューコック　54*
スターラー　87
スタンド　39,40*,*77*
スパイラルコンデンサー　24*
スパチュラ（スパーテル）　52,53*
スパーテル　52,53*
スプーン（薬さじ）　52*
スポイト　52*
素焼板　53*
すり合わせ器具　*63*
すり合わせ共栓フラスコ　20*

石綿つき金網　55*
セパラブルフラスコ　21*
洗気びん　36*
洗浄鎖　61*
洗びん　35,36*

ソックスレー抽出器　37*

た 行

玉入冷却器　24*
抽出器　37*
定温蒸気浴　82*
T字管　72*
滴下漏斗　32*
テクルバーナー　41*,42
デシケーター　35*,*65*
手ふいご　50*
電気定温乾燥器　49,50*
点滴びん　54*

湯　浴　42,43*,*79*
時計皿　54
ドラフト　148*
トーンプレート　53*

な 行

なす形フラスコ　20*
ナトリウム圧搾器（ナトリウムプレス）48*,133
ナトリウムプレス　48*,133

二重管温度計　26*
乳　鉢　39*
乳　棒　39*

ヌッチェ　30*,31,*91*

熱漏斗　30*,32,*95*

は 行

パーコレーター　37*
バーナー　40,41*,*78*
万能組立スタンド　40*

ビーカー　20*
ひだつきろ紙　90*
平底フラスコ　20*
ピンセット　51,52*
ピンチコック　54*

〔注〕＊印は器具の図のあるページ，斜体数字は使用法の記してあるページを示す．

器材索引　259

ふいご　50*
フィルターアダプター　30*,31
フィルターステッキ　30*,31,*198*
沸石（沸騰石）　56
沸騰石　56,*84*,*100*
ブフナーの漏斗　30*,31
フラスコ　20*
フラスコ台　21*,22
ふりまぜ機　46*
ブローパイプ　41*,42
分液漏斗　32*,*96*
ブンゼンバーナー　41*,42
分留管　25*,26*

閉管圧力計　47*
ペトリ皿　54*

棒状温度計　26*
保温漏斗　30*,32,*95*
ホットプレート　83*
ボーラー　51*,*73*
ホールダー　39
ボンベ　146

ま　行

マグネチックスターラー　44,45*
マクラウド真空計　47*,48
マノメーター　47*,*106*
丸底フラスコ　20*
マントルヒーター　43*

ミクロバーナー　41*,42,193
三つ口フラスコ　20*,*21*

目　皿　29,30*,31
メスシリンダー　34
メスピペット　34
メッケルバーナー　41*,42

モーター　44
モーターつきかきまぜ装置　44*

や　行

薬さじ　52*
やすり　51*

U字管　28*
融点測定管　38*,*136*
融点測定用毛管　70,*136*
湯浴　42,43*,*79*
油浴　42,*80*

四つ口フラスコ　20*

ら　行

リービッヒ冷却器　24*,*100*,*112*
リング　39,40*

冷却器　23,24*,*86*
　　水蒸気蒸留のための——　115*
冷却指　194*
冷却漏斗　30*,32

ろ過鐘　30*,31
ろ過びん　29,30*,*91*
ろ紙　57,*90*
ロータリーエバポレーター　48*
漏斗　29,30*

Abdampfschale（蒸発皿）　38,39*
Abderhalden 乾燥器　132*
air condenser（空気冷却器）　23,24*
Allihn 冷却器　24*
Anschütz フラスコ　23*
applicator stick　56
aspirator（アスピレーター）　33*
Aspirator（アスピレーター）　33*

beaker（ビーカー）　20*
Becherglas（ビーカー）　20*
boiling stone（沸騰石）　56,*84*,*100*
boiling tube　56
Brenner（バーナー）　40,41*,*78*
Buchner 漏斗　30*,31
Bunsen 型スタンド　40*

〔注〕　*印は器具の図のあるページ，斜体数字は使用法の記してあるページを示す。

器材索引

Bunsen バーナー　41*, 42
burner（バーナー）　40, 41*, 78

capillary dropper　52*
casserole（カセロール）　39*
Claisen フラスコ　23*
clay plate（素焼板）　53*
clump（クランプ）　39, 40*, 77
cold finger（冷却指）　194*
cold funnel（冷却漏斗）　30*, 32
condenser（冷却器）　23, 24*, 86
cork borer（コルクボーラー）　51*, 73
cork press（コルクプレス）　50*, 73

Dampfbad（水蒸気浴）　80
desiccator（デシケーター）　35*, 65
Destillierkolben（蒸留フラスコ）　22*, 100
Dimroth 冷却器　24*, 25
distilling flask（蒸留フラスコ）　22*, 100
Dreifuss（三脚）　40, 41*
dropper　52*
dropping funnel（滴下漏斗）　32*

Emery フラスコ　22*
Erlenmeyer フラスコ　20*
evaporating dish（蒸発皿）　38, 39*
Exsikkator（デシケーター）　35*, 65
extractor（抽出器）　37*
Extraktionsapparate（抽出器）　37*

Feile（やすり）　51*
file（やすり）　51*
filter adapter（フィルターアダプター）　30*, 31
filter flask（ろ過びん）　29, 30*, 91
filter paper（ろ紙）　57, 90
filter pump（吸引ポンプ）　33*
filter stick（フィルタースティック）　30*, 31, 198
Filtrierpapier（ろ紙）　57, 90
flask（フラスコ）　20*
fractionating column（分留管）　25*, 26*
Fraktionierkolonne（分留管）　25*, 26*
funnel（漏斗）　29, 30*

glass filter（グラスフィルター）　30*, 32
Glocke（ろ過鐘）　30*, 31
Gooch るつぼ　30*, 32
graduated cylinder（メスシリンダー）　34

Grignard フラスコ　21*
Heisstrichter（熱漏斗）　30*, 32, 95
Heizmantel（マントルヒーター）　43*
Hempel 分留管　25*
Hirsch 漏斗　30*, 31
Hofmann 型スタンド　40*
holder（ホールダー）　39
hot funnel（熱漏斗）　30*, 32, 95
hot plate（ホットプレート）　83*
Houben フラスコ　23*

jar bell（ろ過鐘）　30*, 31

Kasserolle（カセロール）　39*
Kjeldahl フラスコ　20*, 197*
Kolben（フラスコ）　20*
Korkbohrer（コルクボーラー）　51*, 73
Korkpress（コルクプレス）　50*, 73
Kühler（冷却器）　23, 24*, 86

L形温度計　26*
Le Bel-Henninger 分留管　26*
Liebig 冷却器　24*, 100, 112
Löffel（薬さじ）　52*
Luftkühler（空気冷却器）　23, 24*

MacLeod 真空計　47*, 48
magnetic stirrer
　（マグネチックスターラー）　44, 45*
manometer（圧力計）　47*, 106
Manometer（圧力計）　47*, 106
mantle heater（マントルヒーター）　43*
measuring pipet（メスピペット）　34
medicine dropper　52*
Méker バーナー　41*, 42
mercury seal（水銀封）　88, 89*
Messpipette（メスピペット）　34
Messzylinder（メスシリンダー）　34
metal bath（金属浴）　81
Metallbad（金属浴）　81
Michel 冷却器　24*, 25
Mörser（乳鉢）　39*
mortar（乳鉢）　39*
motor（モーター）　44
Motor（モーター）　44
Muencke 洗気びん　36*

〔注〕 ＊印は器具の図のあるページ、斜体数字は使用法の記してあるページを示す。

器材索引

Müncke フラスコ　23*

Nutsche（ヌッチェ）　30*, 31, *91*

oil bath（油浴）　42, *80*
Ölbad（油浴）　42, *80*

perforated disk（目皿）　29, 30*, 31
pestle（乳棒）　39*
Petri dish（ペトリ皿）　54*
pincette（ピンセット）　51, 52*
pinch clump（ピンチコック）　54*
pinch cock（ピンチコック）　54*
Pinzette（ピンセット）　51, 52*
Pistill（乳棒）　39*
porous plate（素焼板）　53*
Pozzi-Escot 装置　197*
Pregl filter　30*, 32

Quecksilberverschluss（水銀封）　88, 89*

Reagenzglas（試験管）　19
reflux condenser（還流冷却器）　23, 24*, *83*
rotary vacuum evaporator
　　（ロータリーエバポレーター）　48*
Rückflusskühler（還流冷却器）　23, 24*, *83*
Rührer（かきまぜ棒）　27*, *88*

salt bath（塩浴）　81
Salzbad（塩浴）　81
sample tube（試料びん）　55*
Sandbad（砂浴）　81
sand bath（砂浴）　81
Schale（シャーレ）　54*
Scheidetrichter（分液漏斗）　32*, *96*
Schüttelmaschine（ふりまぜ機）　46*
screw clump（スクリューコック）　54*
screw cock（スクリューコック）　54*
separating funnel（分液漏斗）　32*, *96*
separatory funnel（分液漏斗）　32*, *96*
shaker（ふりまぜ機）　46*
Siedestein（沸騰石）　56, *84, 100*
Soxhlet 抽出器　37*

Spatel（スパーテル）　52, 53*
spatula（スパーテル）　52, 53*
specimen tube（試料びん）　55*
spoon（薬さじ）　52*
Spritzflasche（洗びん）　35, 36*
stand（スタンド）　39, 40*, *77*
Stativ（スタンド）　39, 40*, *77*
steam bath（水蒸気浴）　80
stirrer（かきまぜ棒）　27*, *88*

T字管　72*
Teclu burner（テクルバーナー）　41*, 42
test tube（試験管）　19
thermometer（温度計）　26*
Thermometer（温度計）　26*
Thomas ミクロバーナー　41*, 42
Tichwinski 分留管　26*
Tonplatte（素焼板）　53*
Trichter（漏斗）　29, 30*
tripod（三脚）　40, 41*
tweezers（ピンセット）　51, 52*

U字管　28*
Uhrglas（時計皿）　54

vial（試料びん）　55*
Vigreux 分留管　25*

Walter 洗気びん　36*
Waschflasche（洗気びん）　36*
wash bottle（洗びん）　36*
washing bottle（洗びん）　35, 36*
Wasserbad（湯浴）　42*, *79*
Wasserstrahlpumpe（水流ポンプ）　33*
watch-glass（時計皿）　54
water-bath（湯浴）　42, 43*, *79*
water-jet pump（水流ポンプ）　33*
Widmer 分留管　25*, 26
Willstätter nail　30*, 31
Witt 目皿　30*, 31
Woulff 洗気びん　36*
Würtz 分留管　25*

―――

〔注〕　* 印は器具の図のあるページ，斜体数字は使用法の記してあるページを示す。

事項索引

あ 行

アルカリの濃度　159

液体クロマトグラフィー　143
塩酸の比重と濃度　160
塩　析　98
塩　浴　81

か 行

化学辞典　212
化学消火器一覧表　14
化学の術語　226
化学の略記号　226
化学文献　201
　　――の略記法　234
かきまぜ　87
　　還流中の――　89
かきまぜ装置　88
学術雑誌　207
学術書　204
攪　拌　87
火災の対策　245
火傷の処置　248
活性炭　122
加　熱　77
　　加熱浴による――　79
　　電熱による――　82
　　バーナーによる――　78
加熱浴　79
ガラス器具
　　――の乾燥　62
　　――の洗浄　61
　　――の良否　18
ガラス細工　66
ガラスの種類　16
カラムクロマトグラフィー　142
寒　剤　85

乾　燥　127
　　液体物質および溶液の――　132
　　気体の――　134
　　共沸による――　134
　　金属ナトリウムによる――　133
　　固体物質の――　129
乾燥剤　128
　　――一覧表　130
　　溶媒用の――　117
還　流　83
　　少量物質の――　194

器具の値段　59
危険薬品一覧表　155
記号一覧表
　　化学の――　228
　　有機化学の――　232
気体物質の取扱い　146
吸引ろ過　90
　　目皿を使う――　93
救急法一覧表　251
吸着剤（クロマトグラフィーの）　143
共通すり合わせ器具　29
許容濃度　158
ギリシャ文字一覧表　233
ギリシャ文字記号一覧表　232
記録と報告　236
金属ナトリウムの扱い方　133
金属浴　81

クロマトグラフィー　142
クロム酸混液　61

結晶性誘導体　188
結晶の純度　124, 125
減圧下の沸点　109
減圧昇華　127
減圧蒸留　106
減圧蒸留用毛管　69
減圧装置　34

事　項　索　引　　263

減圧濃縮　120
研究報文雑誌　208

硬質ガラス　17
合成実験の道すじ　182
合成反応　164
混合溶媒　123
混融曲線　141
混融試験　141

さ　行

再結晶　120
　　――用の溶媒　121
　　少量物質の――　199
雑　誌　207
砂　浴　81
酸の濃度　159

自然ろ過　89
実験の記録　237
実験の準備　169
実験ノートの書き方　238
実験報告　238
　　――の書き方　240
辞　典　212
試　薬　149
　　――の純度　150
　　――の使い方　153
　　――の保存　151
　　危険な――　154
　　有毒有害性――　157
収率の計算　184
収　量　184
常圧蒸留　100
昇　華　126
　　少量物質の――　199
傷害に対する応急処置　254
消火器一覧表　14
硝酸の比重と濃度　161
蒸　発　119
蒸　留　99
　　エーテルの――　104
　　吸湿性物質の――　102
　　減圧――　106
　　高沸点物質の――　103
　　少量物質の――　105, 195
　　真空――　106
　　水蒸気――　111

　　低沸点引火性物質の――　104
　　分別――　105
　　有毒物質の――　103
小量実験　190
抄録雑誌　211
序数一覧表　234
シリコーン油（ケイ素油）　81
試料の保存　186
真空蒸留　106
振　盪　87

水銀封　88
水蒸気蒸留　111
　　固体物質の――　113
　　少量物質の――　196
水蒸気浴　80
すり合わせ器具の取扱い　63

セミミクロ法　193
栓の扱い方　72

総説雑誌　211
ソーダガラス　17

た　行

ダイレクション　165
単位一覧表　233

抽　出　96
　　少量物質の――　197
沈殿の洗浄　95

定温蒸気浴　81

湯　浴　79
特許文献　212
ドラフト　147

な　行

ナトリウムの扱い方　133
軟質ガラス　17

熱風乾燥　63
熱ろ過　95

264　事項索引

は行

廃ガスの処理　146
爆発に対する注意　252
ハンドブック　212
反応速度　174
半融　137

沸点　102
　　減圧下の――　109
沸騰石　56, 84
　　――の代用品　56
振りまぜ　87
文献　201
　　――の略記法　234
分配型クロマトグラフィー　142
分別結晶　126
分別蒸留　105
分離　164
分離と確認の要領　186

ペーパークロマトグラフィー　142

ホウケイ酸ガラス　17

や行

薬害　248
薬害救急法一覧表　251
やけどの処置　248

有害有毒性薬品一覧表　157
有機分析　164
有機溶媒一覧表　117
融点測定　134
　　――標準物質　140

――用の毛管　70
高融点物質の――　138
微量物質の――　139
融点の補正　139
湯浴　79
油浴　80

溶解　115
溶解性　116
　　――試験　187
溶剤（溶媒）
溶媒
　　――一覧表　117
　　――の機能　176
　　引火性――　155, 245
　　クロマトグラフィーの――　143
　　混合――　119
　　再結晶用――　121
　　抽出用――　99

ら行

略記号一覧表
　　化学の――　228
　　学術文書一般の――　227
硫酸の比重と濃度　160

冷却　85
冷却剤　85
レポートの書き方　240

ろ過　89
　　吸引――　90
　　自然――　89
　　少量物質の――　93, 198
　　熱――　95
論文の書き方参考書　243

Ausbeute（収量，収率）　184
Aussalzen（塩析）　98
Ausziehung（抽出）　96

Beilsteins Handbuch　215
boiling stone（沸騰石）　56, 84

Chemical Abstracts　223
Chromatographie（クロマトグラフィー）　142

chromatography（クロマトグラフィー）　142
cleaning solution（クロム酸混液）　61
column chromatography
　　（カラムクロマトグラフィー）　142
cooling（冷却）　85

Dampfbad（水蒸気浴）　80
Dampfdestillation（水蒸気蒸留）　111
Destillation（蒸留）　99

事項索引

distillation（蒸留）　99
drying（乾燥）　127

Erhitzung（加熱）　77
evaporation（蒸発）　119
extraction（抽出）　96

filtration（ろ過）　89
Filtrieren（ろ過）　89
fractional crystallization（分別結晶）　126
fractional distillation（分別蒸留）　105
fraktionierte Destillation（分別蒸留）　105
fraktionierte Kristallisation（分別結晶）　126

heating（加熱）　77

Kühlung（冷却）　85

liquid chromatography
　（液体クロマトグラフィー）　143

mercury seal（水銀封）　88
metal bath（金属浴）　81
Metallbad（金属浴）　81
Mischprobe（混融試験）　141
mixed melting point test（混融試験）　141

oil bath（油浴）　80
Ölbad（油浴）　80

paper chromatography
　（ペーパークロマトグラフィー）　142
partition chromatography
　（分配型クロマトグラフィー）　142

Quecksilberverschluss（水銀封）　88

reagent（試薬）　149
recrystallization（再結晶）　120
reflux（還流）　83
Rose の合金　81
Rückfluss（還流）　83

salt bath（塩浴）　81
salting out（塩析）　98
Salzbad（塩浴）　81
Sandbad（砂浴）　81
sand bath（砂浴）　81
Schütteln（振りまぜ）　87
shaking（振りまぜ）　87
Siedestein（沸騰石）　56, 84
sintering（半融）　137
steam bath（水蒸気浴）　80
steam distillation（水蒸気蒸留）　111
stirring（かきまぜ）　87
sublimation（昇華）　126
Sublimierung（昇華）　126

Trocknen（乾燥）　127

Umkristallisierung（再結晶）　120
Umrühren（かきまぜ）　87

vacuum distillation（真空蒸留）　106
Vakuumdestillation（真空蒸留）　106
Verdampfung（蒸発）　119

Wood の合金　81

yield（収量, 収率）　184

表 の 索 引

表 3・1　化学消火器概要　14
表 4・1　市販実験器具類の価格一覧　59
表 5・1　加熱浴一覧　79
表 5・2　塩類を飽和させた湯浴　80
表 5・3　金属浴に用いる金属　81
表 5・4　定温浴用液体と沸点　82
表 5・5　冷却剤と得られる最低温度　85
表 5・6　主要有機溶媒一覧表　117
表 5・7　混合溶媒の例　119
表 5・8　主要乾燥剤と用法　130
表 5・9　融点測定標準物質　140
表 6・1　危険薬品の区分と取扱い法　155

表 6・2　有害有毒性薬品と危険性　157
表 6・3　硫酸の比重と濃度　160
表 6・4　塩酸の比重と濃度　160
表 6・5　硝酸の比重と濃度　161
表 10・1　学術文書の一般略語　227
表 10・2　化学略語および記号一覧表　228
表 10・3　有機化学の記号　232
表 10・4　単位　233
表 10・5　ギリシャ文字　233
表 10・6　序数　234
表 12・1　主要薬害救急法　251

著者の略歴
畑　一夫
東京都立大学名誉教授　理学博士
昭和10年　東京大学理学部卒
渡辺健一
東京都立大学名誉教授　理学博士
昭和24年　東京工業大学卒

新版　基礎有機化学実験

昭和43年4月1日発行・昭和49年2月20日第3版発行
令和5年4月10日　第3版第46刷発行

著作者　　畑　　　一　夫
　　　　　渡　辺　健　一

発行者　　池　田　和　博

発行所　　丸善出版株式会社
　　　　〒101-0051　東京都千代田区神田神保町二丁目17番
　　　　編集：電話(03)3512-3263／FAX(03)3512-3272
　　　　営業：電話(03)3512-3256／FAX(03)3512-3270
　　　　https://www.maruzen-publishing.co.jp

Ⓒ Kazuo Hata, Kenichi Watanabe, 1968

組版印刷・中央印刷株式会社／製本・株式会社松岳社

ISBN 978-4-621-08128-0 C3043　　　　Printed in Japan

本書の無断複写は著作権法上での例外を除き禁じられています。

減 圧 下 沸 点 換 算 図 表

（使用法はp.110を見よ）

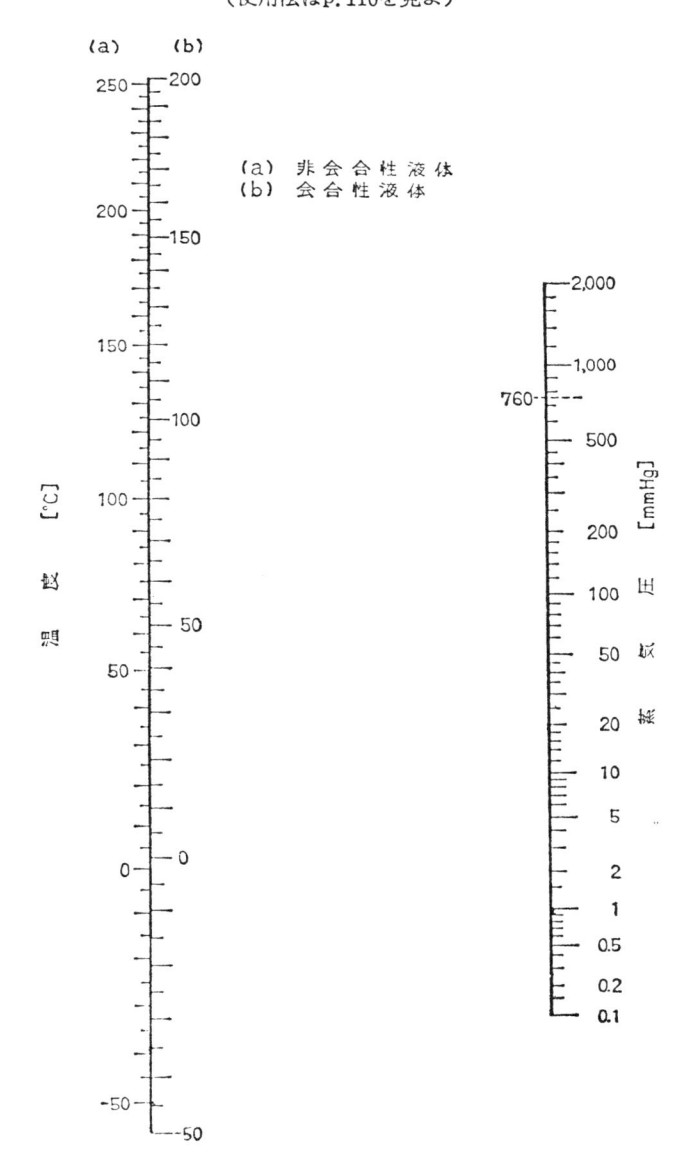

(a) 非会合性液体
(b) 会合性液体